AF567518

Selbstverpflichtung zum nachhaltigen Publizieren
Nicht nur publizistisch, sondern auch als Unternehmen setzt sich der oekom verlag konsequent für Nachhaltigkeit ein. Bei Ausstattung und Produktion der Publikationen orientieren wir uns an höchsten ökologischen Kriterien. Dieses Buch wurde auf 100 Prozent Recyclingpapier, zertifiziert mit dem FSC®-Siegel, gedruckt. Auch für den Karton des Umschlags wurde ein Papier aus 100 Prozent Recyclingmaterial, das FSC®-ausgezeichnet ist, gewählt. Alle durch diese Publikation verursachten CO_2-Emissionen werden durch Investitionen in ein Gold-Standard-Projekt kompensiert. Die Mehrkosten hierfür trägt der Verlag.
Mehr Informationen finden Sie hinten im Buch und unter:
www.oekom.de/allgemeine-verlagsinformationen/nachhaltiger-verlag.html

Bibliografische Information der Deutschen Nationalbibliothek:
Die Deutsche Nationalbibliothek verzeichnet diese Publikation in der Deutschen Nationalbibliografie; detaillierte bibliografische Daten sind im Internet über http://dnb.d-nb.de abrufbar.

Gesellschaft für ökologische Kommunikation mbH,
Waltherstraße 29, 80337 München

Umschlaggestaltung: Jorge Schmidt
Lektorat: Laura Kohlrausch, oekom verlag
Korrektur: Maike Specht, Berlin
Layout & Satz: Ines Swoboda, oekom verlag

Druck: Friedrich Pustet GmbH & Co. KG, Regensburg

ISBN 978-3-96238-109-7

HANNES PETRISCHAK

Expedition Artenvielfalt

Heide, Sand & Seen als Hotspots der Biodiversität

Unter der Mitarbeit von
Ralf Donat, Jörg Fürstenow, Tim Funkenberg, Jörg Müller,
Peter Nitschke und Matthias Wichmann

Herausgegeben von der Heinz Sielmann Stiftung

Inhalt

Füllhorn der Biodiversität

Vorwort

Wo gibt es bei uns die größte Artenvielfalt? In Naturschutzgebieten, möchte man meinen. Ja, richtig, aber nicht in den üblichen Schutzgebieten, sondern in solchen mit besonderer Vorgeschichte, die scheinbar nicht viel mit Naturschutz zu tun hat. Militärisches Übungsgelände, früheres genauso wie bestehendes, und Tagebaufolgeflächen nehmen in Bezug auf Artenreichtum die Spitzenpositionen ein. So gut wie alles, was rar ist oder außerordentlich scheu und zurückgezogen lebt, kommt darin vor: von höchst seltenen Sandlaufkäfern, den »Wölfen« unter den Insekten, bis zu echten Wölfen, von weithin ausgestorbenen Schmetterlingen und Urzeitkrebsen bis zum Ziegenmelker, einem äußerst seltsamen Vogel, und von Orchideen und anderen reizenden Pflanzen bis zu Wisenten. Kaum zu glauben, aber es ist eine bittere Tatsache: Nirgends geht es der Natur so gut wie dort, wo Krieg gegen Menschen geübt wird, aber Friede mit der Natur herrscht; wo Panzer alles niederwälzen, was nicht rechtzeitig fliehen kann, und wo scharf geschossen wird, aber nur auf leblose Ziele. Und nirgendwo sonst kann sich Natur so gut von selbst entwickeln wie auf großen Tagebauflächen, auf denen die ganze Vorgeschichte der Bewirtschaftung durch den Abbau ausgelöscht worden ist und ungestörte Neuanfänge ablaufen können.

Was heißt das für uns, die wir an der Natur interessiert sind und ihre Erhaltung anstreben? Welche Lehren sollten wir aus der Lebensvielfalt von militärischen Übungsflächen und Bergbaufolgelandschaften ziehen? Davon handelt dieses Buch.

Allein der Blick auf die Bilder zeigt, dass es ganz Besonderes enthält: eine beeindruckende Fülle, die wirklich die Charakterisierung »Vielfalt« verdient, verbunden mit Lehrstücken zum Umgang mit der Natur; mit jenen Restflächen wenigstens, die dank der besonderen Umstände erhalten geblieben sind. Die Vernichtung des Vorhandenen wurde in Sielmanns Naturlandschaften die Basis für Neues, das doch wieder Altes ist, nämlich die Rückkehr der früher weitverbreiteten Artenvielfalt. Sowohl militärische Übungsflächen als auch Bergbaufolgelandschaften waren Sperrgebiete, die eine intensive landwirtschaftliche Nutzung verhinderten. Stark beschränkt bleibt die Zugänglichkeit der Gebiete auch heute – weshalb das so sein muss, zeigen die folgenden Kapitel. Sie zeigen aber auch, dass die großartige Artenvielfalt dieser Gebiete durchaus erlebbar ist, auf ausgesprochen attraktive Weise sogar. Denn was dort praktiziert wird, ist Naturschutz, der wirkt, aber dennoch uns Naturfreunde, die wir nicht stören wollen, nicht aussperrt. Der staatliche Naturschutz stuft uns dagegen von vornherein als Störenfriede ein, mit dem Ergebnis, dass sich immer weniger Menschen, vor allem Kinder und Jugendliche, die von diesem Aussperr- und Verbotsnaturschutz betroffen sind, für die Tiere und Pflanzen und ihre Erhaltung interessieren.

Der Artenschwund geht weiter, weil er die Falschen trifft. Längst hat er katastrophale Ausmaße angenommen. Selbst die früheren militärischen Übungsflächen und die Tagebaufolgeflächen, auf die wir in diesem Buch einen Blick werfen, sind keine glückseligen Inseln in paradiesischem Naturzustand. Düngende Stoffe, die auf dem Luftweg kommen, wirken auf sie ein. Wenn man hier nicht aktiv eingriffe, würden die offenen, besonders artenreichen Flächen daher rasch zuwachsen. Wald würde sich darauf entwickeln. Zwar wäre dieser immer noch weit artenreicher als die gepflanzten und bewirtschafteten Forste, aber ein Großteil der besonderen Arten, der echten Raritäten, würde verschwinden.

Die speziell auf die Erhaltung der Artenvielfalt ausgerichteten Pflegemaßnahmen der Heinz Sielmann Stiftung sorgen dafür, dass die Gebiete ein Zuhause für diese seltenen Arten bleiben. Ihre Naturschutzkonzepte, die auf den ehemaligen Truppenübungsplätzen der Döberitzer Heide, der Kyritz-Ruppiner Heide, der Tangersdorfer Heide, an den Groß Schauener Seen und in der Bergbaufolgelandschaft Wanninchen umgesetzt werden, beweisen, dass es sehr wohl möglich ist, die Artenvielfalt zu erhalten und weiter zu fördern. Sie gehören damit zu den Vorzeigeprojekten des Naturschutzes in Deutschland. Natürlich kosten sie Geld, viel Geld. Aber sie sind es wert; weit mehr als so manche Naturschutzaktivität, die sich lediglich als Aktionismus ohne Wirkung herausstellt – oder als Etikettenschwindel wie die Naturschutz-

Ein Weibchen des Wachtelweizen-Scheckenfalters (Melitaea athalia) *in der Döberitzer Heide. HP*

maßnahmen, in die EU-Agrarförderungsmittel fließen. In diesen stecken mehr Millionen als in den Projekten der Heinz Sielmann Stiftung.

Warum ist das so? Die kurze Antwort lautet: Artenvielfalt braucht strukturelle Vielfalt der Landschaft(en) und »magere«, nährstoffarme Verhältnisse. Mangel ist die Grundlage der Vielfalt, Überfluss ihr Ende. Die Ausräumung der Fluren zugunsten möglichst großer, einheitlicher Produktionsflächen und Überdüngung sind die Hauptursachen für den gewaltigen Schwund der Biodiversität im letzten halben Jahrhundert. Längst übertreffen sogar die Großstädte »das Land« an Artenvielfalt und damit auch an Lebensqualität. Aber diese »Stadtnatur« kann nur einen Teil und nicht die ganze Artenvielfalt sichern. Nicht alle Arten von Tieren und Pflanzen sind in der Lage, in den Städten zu leben, auch wenn man sie dort leben ließe. Für größere und große Tierarten sind die Flächen, die es innerhalb der Städte für sie gäbe, oft einfach zu klein. Die Bergbaufolgelandschaften und die militärischen Übungsflächen sind hingegen groß genug, der Fläche nach übertreffen sie die meisten Naturschutzgebiete. Das macht sie so wertvoll. Für die Erhaltung der Artenvielfalt sind sie unentbehrlich und durch die üblichen Naturschutzgebiete nicht zu ersetzen. Diese Feststellung ist nicht übertrieben – das geht aus diesem Buch höchst eindrucksvoll hervor. Es weist den Weg zu einem nachhaltigen Naturschutz. Ich bin begeistert davon!

Josef H. Reichholf, Februar 2019

Eine Heidekraut-Sandbiene (Andrena fuscipes) *an Besenheide* (Calluna vulgaris). *HP*

Expedition in heimische Gefilde

Drei ehemalige Truppenübungsplätze als Refugien für viele höchst gefährdete Arten, eine idyllische Seenkette und eine Mondlandschaft, die sich seit dem Rückzug der Braunkohlebagger längst in ein Naturparadies verwandelt hat – das sind Sielmanns Naturlandschaften in Brandenburg. Auf einer Fläche von zusammen über 12.000 Hektar werden hier einzigartige Lebensräume geschützt und erlebbar gemacht. Kurioserweise verdanken dabei die wertvollsten Lebensräume ihre Existenz den historischen Kräften von Panzern und Baggern.

Artenvielfalt in Sielmanns Naturlandschaften

Wer sich auf Expedition begeben möchte, um seltene Tiere und Pflanzen in einzigartigen Lebensräumen zu entdecken, muss dafür nicht nach Afrika, in den Himalaja oder an den Amazonas reisen.

In der Döberitzer Heide beispielsweise, direkt westlich von Berlin, hat man in der Wüste – so heißt dort tatsächlich ein Offenlandbereich, der früher Übungsstrecke für Panzerfahrer und damals noch viel »wüstenhafter« war – mit etwas Glück freie Sicht auf Gruppen der einst fast ausgestorbenen Wisente und Przewalski-Pferde. Im Frühling ertönt in dieser Landschaft entlang der insgesamt 55 Kilometer langen Wanderwege ein vielstimmiges Konzert von Grau- und Goldammer, Braun- und Schwarzkehlchen, Feld- und Heidelerche. Immer wieder erklingen die unverwechselbaren Rufe von Wiedehopf und Pirol.

Ebenso ein Sammelbecken für Artenvielfalt ist die skurril karge und doch reich mit Sanddünen und Wasserflächen strukturierte Landschaft, die die Braunkohlebagger in Wanninchen im Süden Brandenburgs hinterlassen haben. Im Herbst kann man hier dem Einflug der rastenden Kraniche zusehen. Manchmal gesellt sich am gegenüberliegenden Ufer vor den Augen staunender Beobachter sogar der eine oder andere Wolf dazu. Im Winter sammeln sich Singschwäne und Seeadler an den Wasserflächen der Bergbauseen.

Die Heinz Sielmann Stiftung betreut als ideelles Erbe des legendären Tierfilmers Heinz Sielmann rings um Berlin fünf solcher großflächiger Gebiete, in denen jeder Naturfreund auf seine Kosten kommt. Wer sich für Schmetterlinge begeistert, wird sich an den Argus-Bläulingen im rotviolett blühenden Meer aus Heidekraut in der Kyritz-Ruppiner Heide im Nordwesten Brandenburgs nicht sattsehen können – und manche Expedition findet schon auf den sandigen Wegen ihr Ziel, auf denen man beobachten kann, wie Wegwespen erbeutete Spinnen vergraben oder Filzbienen versuchen, in die Bodennester von Seidenbienen einzudringen.[1] Sogar wer mitten im Winter in der Heide wandert, kann sich über die rot leuchtenden Rasen aus Becherflechten freuen, die eine kaum überschaubare Vielfalt an Flechtenarten auf dem Sandboden andeuten.

Die Vergangenheit der fünf Landschaften mag zunächst verwundern: Militärische Schießübungen und der Abbau von Braunkohle entsprechen nicht gerade der Idealvorstellung einer Welt mit Zukunft. Und doch haben gerade diese menschlichen Tätigkeiten ganz wesentlich die Voraussetzung dafür geschaffen, dass Arten wie der Steinschmätzer und der Eisenfarbige Samtfalter in Deutschland noch nicht ausgestorben sind. Einst waren diese Arten viel weiter verbreitet und deutlich häufiger;

Typische Naturbeobachtung in der Döberitzer Heide im Spätwinter: Ein Wisent stärkt sich an Baumrinde. HP

sie haben sogar von den menschlichen Aktivitäten in einer reich strukturierten Kulturlandschaft profitiert. Aus der heutigen intensiv genutzten, monotonen, mit Dünger und Pestiziden überfrachteten Agrarlandschaft sind sie jedoch längst verschwunden, und unzählige weitere Arten sind ebenfalls auf dem Rückzug. Unsere Landschaften werden eintöniger und stiller. Stichworte wie »Insektensterben« und das »Verstummen der Vögel« haben zwar das öffentliche Bewusstsein inzwischen zumindest teilweise erreicht, aber ein echter Wandel hat trotz vieler ermutigender Initiativen noch nicht eingesetzt.

Daher wollen wir einen Blick in diese Refugien der Artenvielfalt werfen, um die Augen für das zu öffnen, was es hier zu entdecken, zu erleben und zu schützen gilt. Ein einzelnes Buch kann das natürlich nicht in vollem Umfang leisten, sondern muss sich mit Schlaglichtern begnügen. Einblicke in das Verhalten, den Lebenszyklus und die ökologischen Wechselwirkungen von Tieren, Pflanzen und Pilzen sollen dabei Zugänge zu einem besseren Verständnis und zu einem bewussteren Erleben der Natur in ihrer überwältigenden Vielfalt ermöglichen.

Bevor wir die Arten näher betrachten, seien die Stiftung und die Landschaften mit ihren bewegten Geschichten kurz selbst vorgestellt. Die Heinz Sielmann Stiftung wurde im Jahr 1994 von Heinz und Inge Sielmann gegründet. Ihre Ziele umfassen neben dem Erhalt und der Entwicklung gefährdeter Lebensräume eine Umweltbildung, bei der das persönliche Erleben der Natur im Vordergrund steht, die Sensibilisierung und Aktivierung der Öffentlichkeit für den Naturschutz sowie die Bewahrung des Naturfilmarchivs von Heinz Sielmann für eine künftige Nutzung. In »Sielmanns Naturlandschaften Brandenburg« hat die Stiftung über 12.000 Hektar Fläche für den Naturschutz gesichert. Bei den Schutzgebieten in Brandenburg handelt es sich mit der Döberitzer Heide (3.600 Hektar), der Kyritz-Ruppiner Heide (4.000 Hektar Nationales Naturerbe) und der erst im Jahr 2016 erworbenen Tangersdorfer Heide (279 Hektar) um ehemalige Truppenübungsplätze, die hochgradig munitionsbelastet sind. Die Groß Schauener Seen (1.150 Hektar) bilden eine eiszeitlich entstandene Seenkette. Wanninchen (3.300 Hektar) umfasst hauptsächlich die erwähnte Bergbaufolgelandschaft in der Niederlausitz, aber beispielsweise auch Moore und alte Laubwälder. Die Aspekte des Naturschutzes in diesen Landschaften sind sehr vielfältig; dazu zählen etwa die schrittweise Wiedervernässung von Mooren, die durch den Braunkohletagebau in Wanninchen in Mitleidenschaft gezogen wurden, die Mitwirkung von Wisenten und Przewalski-Pferden beim Erhalt einer strukturreichen Landschaft in der Döberitzer Heide und die Möglichkeiten einer zielgerichteten Landschaftspflege auf munitionsbelasteten Flächen.

Einzigartiges Landschaftsmosaik: die Döberitzer Heide

Die Naturlandschaft Döberitzer Heide liegt in direkter Nachbarschaft zu Berlin-Spandau und nördlich von Potsdam. Sie umfasst zu großen Teilen die beiden Naturschutzgebiete Döberitzer Heide und Ferbitzer Bruch und ist sowohl ein Schutzgebiet gemäß der Fauna-Flora-Habitatrichtlinie der Europäischen Union (FFH) als auch europäisches Vogelschutzgebiet (SPA, *Special Protection Area*). Das Gebiet gehört zum ehemaligen Truppenübungsplatz Döberitz. Die Döberitzer Heide liegt im Jungmoränengebiet der Weichselvereisung und ist hinsichtlich ihrer Relief- und Bodenstruktur sehr vielfältig: Durch das Gebiet zieht sich von Nordwesten nach Südosten eine Endmoräne aus sandig-kiesigen bis sandig-lehmigen Ablagerungen. Daran grenzt südwestlich eine eiszeitliche Schmelzwasserrinne mit dem heutigen Ferbitzer Bruch an, in der ein äußerst bedeutendes Feuchtgebiet auf Niedermoorböden liegt. Nordöstlich des Höhenzuges finden sich ebene Flächen aus Geschiebemergel, der meist von sandig-kiesigen Schmelzwasserablagerungen überdeckt wird. Darin eingebettet sind einige eiszeitlich entstandene, teils rinnenartige Hohlformen mit Mooren.[2]

Die ersten militärischen Aktivitäten fanden hier ab 1713 statt, was die Döberitzer Heide zu einem der ältesten Truppenübungsgelände Deutschlands macht. Nach der Ausweisung eines großen Teils des Gebiets als Truppenübungsplatz im Jahr 1895 wurde der damals vorhandene Wald fast flächendeckend abgeholzt und die in dem Gebiet liegende Ortschaft Döberitz aufgelöst. Es folgte eine fast 100 Jahre dauernde intensive militärische Nutzung durch kaiserliche Armee, Reichswehr, Wehrmacht und russische Truppen. 1936 löste sich auch die zweite auf dem Gebiet liegende Ortschaft Ferbitz infolge der Truppenplatzerweiterung auf. Zahlreiche Panzer zerpflügten das Gebiet bis Anfang der 1990er-Jahre und hielten große Sandbereiche frei von Vegetation. Durch die großen offenen Sandflächen gab es immer wieder Sandstürme, auch Brände gehörten zu den häufigen Erscheinungen. Zudem wurden regelmäßig Treib- und Drückjagden durchgeführt – die Döberitzer Heide war daher nahezu wildfrei. Es fanden Zielübungen statt, und aus Panzerausbildungsschießständen wurde mit kleinem 23-Millimeter-Rohr aus den Panzern heraus geschossen. Manöver wurden überwiegend in Bataillonsstärke abgehalten, also mit etwa 300 bis 400 Mann. Auf dem Truppenübungsplatz befanden sich außerdem eine Panzerabwehrlenkraketenschießbahn, ein Pionier- und ein Handgranatenübungsplatz, ein Lager für taktische Raketen und der älteste Militärflugplatz in Deutschland.

1992 endete schließlich die militärische Nutzung, und 2004 erwarb die Heinz Sielmann Stiftung die Döberitzer Heide. Südöstlich der Heide befindet sich noch heute ein 560 Hektar großer Standortübungsplatz der Bundeswehr.

Die Landschaft repräsentiert ein deutschlandweit wohl einzigartiges Mosaik verschiedener wertvoller Lebensräume wie Eichenwälder, Trockenrasen, Heiden, Flugsandfelder, Binnendünen, Moore, Pfeifengraswiesen, Röhrichte und Kleingewässer. Etwa die Hälfte der Fläche ist als Kernzone nicht zugänglich; in diesem umzäunten Bereich leben neben Rotwild derzeit rund 80 Wisente und 25 Przewalski-Pferde, die auf »natürliche« Art die Erhaltung der Offenlandschaft unterstützen. In der teilweise von Wanderwegen durchzogenen Ringzone wird diese Aufgabe von Schafen, Ziegen, Galloway-Rindern, Wasserbüffeln, Eseln, Aueroxen und Konik-Pferden übernommen. Ein 22 Kilometer langer Wanderweg führt um die Kernzone herum, weitgehend direkt am Zaun entlang, sodass man einen guten Blick auf die Kernzone und ihre Bewohner hat.[3]

Düne in der Kyritz-Ruppiner Heide. JF

In den größten Heideflächen Deutschlands: die Kyritz-Ruppiner Heide

Die Kyritz-Ruppiner Heide befindet sich in der Nähe der Städte Wittstock/Dosse, Neuruppin und Rheinsberg, direkt angrenzend an den Naturpark Stechlin-Ruppiner Land. Sie zeichnet sich vor allem durch ausgedehnte Zwergstrauchheiden mit dem dominierenden Heidekraut *(Calluna vulgaris)* aus. Die Landschaft ist Teil des FFH-Gebiets Wittstock-Ruppiner Heide, das bundesweit die größte Fläche des Lebensraumtyps Trockene europäische Heide umfasst (zum Vergleich: In der Lüneburger Heide gibt es davon etwa 3.000 Hektar, hier etwa 5.000 Hektar). In der Weichseleiszeit haben sich 15 bis 30 Meter dicke Sanderflächen, also von eiszeitlichen Schmelzwässern abgelagerte Sandschichten, gebildet.

Nach der Eiszeit wurden bedeutsame Binnendünen aufgeweht, deren Bildungsprozesse später durch die militärische Nutzung zeitweilig sogar wieder neu aktiviert wurden, weil dabei die Vegetation entfernt wurde, die den Sand längst überwachsen und damit festgelegt hatte.

Nach Jahrhunderten wechselvoller Nutzung durch Landwirtschaft und Aufforstung mit Kiefern begannen 1942 militärische Nutzungen, bevor ab 1948 die Rote Armee hier Schießübungen abhielt. Es folgten großflächige Entwaldungen durch Abholzungen sowie durch Brände, die durch die militärischen Aktivitäten ausgelöst wurden. Nach Jahrzehnten intensiver Beanspruchung als Truppenübungs- und Bombenabwurfplatz zogen die Streitkräfte der Russischen Föderation 1993 ab. Danach plante die Bundeswehr, das Gebiet weiter als Truppenübungsplatz zu verwenden, was jedoch von Beginn an von öffentlichen Protesten begleitet wurde – 2011 löste die Bundeswehr den Truppenübungsplatz schließlich auf.

Das Gebiet befindet sich noch heute im Eigentum des Bundes. Ende 2012 erhielt die Heinz Sielmann Stiftung 4.000 Hektar im Süden des Gebietes zur Nutzung (Nießbrauch) zum Zwecke des Naturschutzes.[4] Forstliche Aktivitäten und Landschaftspflege erfolgen durch den Bundesforstbetrieb Westbrandenburg; vorrangige Ziele sind dabei die Erhaltung der wertvollen Offenlandlebensräume und die Entwicklung dichter Kiefernbestände in den Randbereichen zu naturnahen Kiefern- und Laubholzmischwäldern. Aufgrund der hohen Munitionsbelastung dürfen die Flächen öffentlich nicht betreten werden; allerdings wurde nach entsprechender Munitionsberäumung ein rund 13 Kilometer langer Wanderweg freigegeben, der von den Ortschaften Neuglienicke, Pfalzheim und Rossow aus erreichbar ist und einen Aussichtspunkt (»Sielmann-Hügel«) mit Aussichtsturm beinhaltet. Von hier aus ist die Heidelandschaft eindrucksvoll erlebbar.[5]

Jüngstes Sielmann-Mitglied: die Tangersdorfer Heide

Die Tangersdorfer Heide liegt innerhalb des Naturparkes Feldberg-Uckermärkische Seenlandschaft im Naturschutzgebiet »Kleine Schorfheide« nahe der Stadt Lychen. Begrenzt wird die Tangersdorfer Heide im Südwesten von der Havel. Geologisch gesehen, umfasst der Bereich hauptsächlich Sander und Dünenkomplexe sowie eine glaziale Rinne, die tief in die ebene Hochfläche der sprichwörtlichen Streusandbüchse eingeschnitten ist.[6]

In der Vergangenheit wurde die Tangersdorfer Heide durch die Sowjetarmee intensiv als Truppenübungsplatz militärisch genutzt. Diese Nutzung begann im Jahr 1949 mit der Einrichtung eines geplanten Artillerieschießplatzes der Garnison Vogelsang.[7] Dafür wurden um Tangersdorf bis 1950 auf insgesamt 3.200 Hektar Holzbodenfläche Bäume gerodet. Aus der geschaffenen Freifläche entstand schließlich ein Übungsplatz für eine Panzerdivision, sodass auf dieser Fläche durch ständige Feuer und Bodenverletzungen die Wiederbewaldung aufgehalten wurde. Große Mengen von Blindgängern und Militärschrott im Boden sind das Erbe dieser Zeit. Seit Dezember 1991 fand keine militärische Nutzung mehr statt.[8]

Im nördlichen Teil der Tangersdorfer Heide erstreckt sich ein in weiten Teilen monotoner Kiefernforst. Um zukünftig eine naturnahe Waldstruktur zu fördern, sollen die vorhandenen Laubbaumgruppen gefördert werden. Ziel dabei ist die Entwicklung artenreicher, strukturreicher und stabiler Mischbestände. Eine landschaftliche Besonderheit des Gebietes ist das »Totalreservat Milten«, die so genannte Miltenrinne, ein Gewässer in einer glazialen Rinne. Das ehemals langgestreckte Gewässer ist heute streckenweise verlandet und bietet einer Vielzahl von Sumpf- und Wasserpflanzen einen Lebensraum. Auch der Biber ist in der Miltenrinne zu Hause. Er baut hier Dämme und beeinflusst so die gesamte Gewässerdynamik. Nur ein rund 60 Hektar großer Bereich der Tangersdorfer Heide war bis zum Ende der militärischen Nutzung offen gehalten worden, auf dem sich bald Zwergstrauchheiden mit Besenheide *(Calluna vulgaris)* angesiedelt haben. Nach inzwischen mehr als 25 Jahren konnten aber in diesen Heiden auch zahlreiche Bäume Fuß fassen. Vorwälder mit Kiefern *(Pinus sylvestris)*, Birken *(Betula pendula)* und Espen *(Populus tremula)* etablierten sich zunehmend und drohten die Heide zu verdrängen, mit all ihren seltenen Arten. Um dieser Entwicklung entgegenzusteuern und die wertvollen Offenlandbereiche zu erhalten, wurden im Jahr 2018 auf großer Fläche die Gehölze entnommen und die überalterten Heidebestände wieder revitalisiert.
Auf diese und weitere Naturschutzmaßnahmen in Sielmanns Naturlandschaften geht das Schlusskapitel dieses Buches näher ein.

Wasserwelten: Groß Schauener Seen

Die Groß Schauener Seenkette liegt rund 50 Kilometer südlich von Berlin nahe der Stadt Storkow im Naturpark Dahme-Heideseen. Einst durch Nährstoffeinträge aus Geflügelhaltung und durch intensive Fischerei geschädigt, haben sich die Flachwasserseen und ihre Uferbereiche mittlerweile zu einem echten Naturparadies entwickelt, in dem auch Heinz Sielmanns Lieblingstier, der Fischotter *(Lutra lutra)*, heimisch ist. Von besonderem natur-

Fischotter (Lutra lutra). *RD*

Fischadler (Pandion haliaetus). *MP*

schutzfachlichen Wert sind die Binnensalzstellen in der Umgebung der Seen mit einer ganz speziellen Pflanzenwelt, die man sonst eher an der Nordseeküste erwartet. Seit 2001 zählen Wasserflächen und Uferabschnitte zu Sielmanns Naturlandschaften. Hinter ausgedehnten Röhrichtbeständen führt entlang des Seeufers ein rund 1,5 Kilometer langer, im Jahr 2017 neu gestalteter Naturlehrpfad durch einen außergewöhnlichen Erlenbruchwald mit fließenden Übergängen zum höher gelegenen Kiefernwald und schließlich entlang von Feuchtwiesen und Feldgehölzen zu einem hölzernen Aussichtsturm bei dem Ort Selchow. Von hier aus bietet sich ein weiter Blick über Schilf- und Wasserflächen – nicht selten zeigt sich der Fischadler *(Pandion haliaetus)* als Teil der überaus reichen Vogelwelt, zu der auch Rohrdommel *(Botaurus stellaris)* und Blaukehlchen *(Luscinia svecica)* zählen.

Neues Leben nach der Kohle: Wanninchen

Der Braunkohletagebau hat die Landschaft in der Niederlausitz über viele Jahrzehnte dramatisch verändert und kennzeichnet noch heute weite Teile Südbrandenburgs durch aktiven Kohleabbau oder große Sanierungsflächen. Über Jahrhunderte gewachsene Kulturlandschaft, Dörfer und ihre Bewohner sowie wertvolle Lebensräume für viele Tiere und Pflanzen mussten der Kohle weichen. War ein Tagebau ausgekohlt, begann der nächste. Mit den Erdmassen neuer Tagebaue wurden die alten verfüllt. Mit der politischen Wende und der unter marktwirtschaftlichen Bedingungen infrage gestellten Kohleförderung wurde dieses System in einigen Gebieten unterbrochen. Nun lagen riesige Flächen unsaniert brach, und eine Neuorientierung war notwendig. Die Erarbeitung von Sanierungsplänen, die sowohl die bergrechtlichen Belange als auch die künftigen Nutzungsansprüche in der Bergbaufolgelandschaft berücksichtigen, erfolgte ab Anfang der 1990er-Jahre. In Abschlussbetriebsplänen wurden die künftige Nutzung der Flächen und die dazu erforderlichen Maßnahmen festgeschrieben. Der überwiegende Teil der neuen Flächen wurde in diesem Zuge für die Land- und Forstwirtschaft rekultiviert. Vor allem an den großen Seen (Lausitzer Seenland) entwickelten sich Angebote für Naherholung und Tourismus.

Die Bergbaufolgelandschaft um Wanninchen entstand aus den beiden Tagebauen Schlabendorf-Nord (1957–1977) und Schlabendorf-Süd (1975–1991) im Nordraum des Lausitzer Reviers. Aus einer Tiefe von bis zu 40 Metern wurden dort auf einer Fläche von fast 5.800 Hektar mehr als 300 Millionen Tonnen Braunkohle gefördert. Dabei mussten sieben Ortschaften mit insgesamt 745 Einwohnern den Tagebaufeldern weichen.

1991 wurde hier die Förderung von Braunkohle eingestellt und Planungen für neue Aufschlüsse verworfen. Nun lagen riesige Flächen brach, denn eine vorgesehene Sanierung, insbesondere die Verfüllung der Restlöcher, war auf Erdmaterial neu aufzuschließender Tagebaue angewiesen – und diese waren nicht mehr vorgesehen. Mit der vorhandenen Landschaft und dem Wissen, dass durch einen geplanten Grundwasserwiederanstieg aus den Löchern große Seen und grundwassernahe Vernässungsflächen entstehen würden, mussten neue Nutzungskonzepte entwickelt werden. Große Anstrengungen wurden unternommen, um im öffentlichen Kontext eine Sanierungsplanung, also die Wiedernutzbarmachung der Flächen, zu erarbeiten.

Dank eines sehr präsenten ehrenamtlichen Naturschutzes in der Niederlausitz mit dem Wissen über naturschutzfachliche Besonderheiten und Entwicklungspotenziale dieser Landschaft gelang es durch die frühzeitige Beteiligung an der Sanierungsplanung, Naturschutzvorrangflächen zu definieren und bereits

Noch bis Ende der 1980er-Jahre war das Bild um Wanninchen von tiefen Löchern und riesigen Baggern gekennzeichnet. RD

Wie Dünen muten die alten Abraumhalden an, die für die Spezialisten unter den Tier- und Pflanzenarten neue Lebensräume bieten. RD

Durch Niederschläge entstandene Wasseransammlungen bilden die ersten aquatischen Lebensräume für einige Wasserinsekten und Amphibien. Oft sind es nur Tümpel, die als Wildschweinsuhle dienen und im Laufe des Jahres austrocknen. RD

Der Wellenschlag nagt an den Rändern der Bergbauseen und lässt strukturreiche Uferbereiche entstehen. Abbruchkanten formen die Landschaft immer wieder neu und ermöglichen Uferschwalben ideale Brutplätze. RD

Immer wieder kommt es zu Grundbrüchen in Wanninchen, bei denen Flächen wegsacken und neue Strukturen entstehen. RD

1996 die ersten Naturschutzgebiete auszuweisen. Bewusst wurden auch die ehemaligen Bergbauflächen in das Konzept des 1997 eröffneten Naturparks »Niederlausitzer Landrücken« aufgenommen. Trotz des Engagements für den Schutz dieser ökologisch wertvollen Flächen standen jedoch zunächst die Rekultivierung, Wiedernutzbarmachung und Verwertung der Flächen im Vordergrund. Im Jahr 2000 erwarb dann die Heinz Sielmann Stiftung die ersten 772 Hektar der unsanierten Bergbaufolgelandschaft. Hier entstand die erste »Sielmanns Naturlandschaft« in Brandenburg. Neben der Artenvielfalt auf den Flächen, einer reichen Strukturvielfalt sowie Großflächigkeit, Unzerschnittenheit und Nährstoffarmut sah Heinz Sielmann hier vor allem die Möglichkeit, Naturschutz auf großen, durch Eigentum langfristig gesicherten Flächen umzusetzen. Gleichzeitig sah die Stiftung die Chance, sich als Flächeneigentümer in die bergrechtlich erforderliche Sanierungsplanung und -umsetzung mit dem Ziel einzubringen, beispielhaft eine naturschutzorientierte Sanierung zu realisieren und dabei die Strukturvielfalt zu erhalten oder neu zu schaffen.

Heute stellt Sielmanns Naturlandschaft Wanninchen als einzigartiges Naturparadies mit einer Größe von über 3.000 Hektar eines der größten Naturschutzprojekte in den Bergbaufolgelandschaften Deutschlands dar. Ein Großteil der Flächen gehört strengen Schutzgebietskategorien an: 100 Prozent der Fläche liegen im SPA-Gebiet »Luckauer Becken«, 66 Prozent sind Schutzgebiet gemäß der europäischen Fauna-Flora-Habitat-Richtlinie (FFH) und Naturschutzgebiet gemäß dem Bundesnaturschutzgesetz (NSG). Wanninchen umfasst vegetationslose Sanddünen, ausgedehnte Trockenrasenflächen, große Seen, Vernässungsbereiche, junge Wälder und Heckenstrukturen. Tertiäre, aus der Tiefe hervorgebaggerte Sande verhindern an vielen Stellen eine rasche Besiedlung von Pflanzenarten und verlangsamen somit die Sukzession, also die Abfolge der Neubesiedelung durch Vegetation. Steppenartige Trockenrasen, offene Sandflächen sowie unterschiedliche Sukzessionsstadien geben der Bergbaufolgelandschaft ein abwechslungsreiches Bild. Die meist extremen Standorte bilden Lebensgrundlagen für Spezialisten unter den Pflanzen und Tieren. Ein wesentliches Merkmal der Bergbaufolgelandschaft ist die enorme Dynamik der Landschaftsentwicklung: Das für die Kohleförderung bis auf 45 Meter tief abgesenkte Grundwasser ist wieder angestiegen, und es entstanden ausgedehnte Sumpfgebiete sowie Seen unterschiedlichster Strukturen. Aus einer vorbergbaulich gewässerarmen Region wurden so weite Seenlandschaften. Schon heute werden diese Seen und Vernässungsbereiche von mehreren tausend Kranichen als

Rastplatz sowie von mehreren zehntausend nordischen Gänsen als Schlafplatz genutzt. Fischotter und Wolf, aber auch viele bundesweit stark gefährdete Insekten haben hier neue Lebensräume gefunden.[9]

Allerdings beeinträchtigen geologische Störungen die touristische Entwicklung der Flächen. Der Wiederanstieg des Grundwassers, die Struktur des Bodensubstrats sowie die Lage der Flächen in Hangneigung am Rande des Niederlausitzer Landrückens verursachen Grundbrüche und Rutschungen, bei denen oft mehrere Hektar ohne erkennbaren Auslöser mehrere Meter zusammenbrechen. Derzeit sind daher die wenigsten Flächen von Sielmanns Naturlandschaft Wanninchen betretungssicher im Sinne des Bergrechts. Grundbrüche, Bodensenkungen und Geländerutschungen verursachen regelmäßig dynamische Prozesse, die unvorhergesehen eintreten können, das Landschaftsbild stetig ändern und eine Gefahr für Besucher darstellen. Vorsorglich ist ein Großteil des Gebietes gesperrt. Ursachenermittlung, Entwicklung von Sanierungstechnologien und -umsetzung auf der Fläche werden noch mehrere Jahre in Anspruch nehmen.

Im einzigen Gebäude, das die Kohlebagger 1985 vom Dorf Wanninchen übrig ließen, befindet sich direkt am Schlabendorfer See das Heinz Sielmann Natur-Erlebniszentrum Wanninchen. Es ist zugleich das offizielle Besucherzentrum des Naturparks Niederlausitzer Landrücken. Ausstellungen informieren über die Entwicklung der Bergbaulandschaft, die Geschichte der abgebaggerten Dörfer sowie vor allem die Tier- und Pflanzenwelt der Region. Zahlreiche Exkursionen, Naturfotoseminare und Vorträge füllen den Veranstaltungskalender das ganze Jahr über. Während der Hauptsaison – zur herbstlichen Rast der Kraniche – werden eine Vielzahl von Beobachtungen und Veranstaltungen angeboten. Die Aktionstage, Camps und Erlebnisveranstaltungen der Wildnisschule richten sich vor allem an Kinder und Jugendliche. Im weitläufigen Außengelände können Reptiliengehege, Findlingsgarten, Erlebnisweiher und Moorsteg erforscht werden. Eine barrierefreie Aussichtsplattform bietet einen Panoramablick in Sielmanns Naturlandschaft Wanninchen.

Mit der Kamera in der Hand lernen Teilnehmende der Naturfotocamps, die Natur im Fokus zu erkunden. RD

Kranichcamps für Kinder und Jugendliche gehören seit vielen Jahren zu den beliebten Angeboten. Hier tauchen die Teilnehmenden in das Leben der Kraniche ein. RD

Sumpf-Knabenkraut (Orchis palustris) *auf den Pfeifengraswiesen im Ferbitzer Bruch. HP*

Faszinierende Pflanzen und Pilze in Sielmanns Naturlandschaften

Heidekraut prägt das Landschaftsbild in weiten Bereichen der ehemaligen Truppenübungsplätze. Dies beruht auf speziellen Anpassungen dieser Pflanze an nährstoffarme, offene Standorte. Zum besonderen Reichtum der Landschaften gehören aber auch Sandtrockenrasen, Pfeifengraswiesen und Binnensalzstellen mit zahllosen botanischen Kostbarkeiten von Sand-Strohblume über Erdbeer-Klee bis zum Sumpf-Knabenkraut. Rund ums Jahr lohnt sich auch ein genauer Blick auf die Vielfalt der Moose, Pilze und Flechten.

Die Besenheide – zwischen Dominanz und Pflegebedürftigkeit

Die Besenheide *(Calluna vulgaris)* gehört zur Familie der Heidekrautgewächse (Ericaceae), verholzenden Zwergsträuchern. Sie prägt im August und September mit einem prächtigen Blütenteppich das Bild weiter Flächen der Kyritz-Ruppiner, der Tangersdorfer und teilweise auch der Döberitzer Heide und ist kennzeichnend für die nach europäischem Recht zu schützenden und zunehmend gefährdeten Lebensraumtypen »Trockene europäische Heiden« und »Trockene Sandheiden mit *Calluna* und *Genista* (Dünen im Binnenland)«, in denen viele seltene und attraktive Tierarten leben.

Die Blüten der Besenheide erscheinen im Spätsommer und sind in einseitswendigen, also zu einer Seite gerichteten Trauben angeordnet. Die Einzelblüten haben eine doppelte Krone aus jeweils vier rot-violetten Blütenblättern. Die äußere Krone ist, botanisch gesehen, der Kelch, der aber hier wie die eigentliche Krone gefärbt ist und diese sogar überragt. Besenheide kann bis zu einen Meter hoch und bis zu 40 Jahre alt werden. Neben dem allgemeingültigen Namen Besenheide trägt die Pflanze weitere, oft regionaltypische Namen wie zum Beispiel »Heide«, »Blutheide«, »Brüsch«, »Hei« und »Brauttreue«.

Nur sehr wenige Arten höherer Pflanzen schaffen es, sich an die nährstoffarmen und trocken-sandigen Bedingungen von Heidelandschaften anzupassen. Die Besenheide ist so ausgestattet, dass sie ihren Stoffwechsel dauerhaft unter den harten Lebensbedingungen durchführen kann. So bilden die Stängel zunächst eine Vielzahl von Haaren und verholzen schließlich. Dadurch reduzieren sie die Verdunstung und helfen, Wasser effektiv zu nutzen. Die Blätter sind klein und schuppenartig. Aufgrund einer verstärkten Außenschicht der Blätter fühlen sich diese ledrig an. Die außen liegende Zellschicht der Blätter (Epidermis) ist mit einem Festigungsgewebe untersetzt, und die abschließende Wachsschicht (Kutikula) ist besonders stark ausgeprägt. Die Spaltöffnungen, über die der Gasaustausch stattfindet,

Mitte August steht die Besenheide (Calluna vulgaris) *in voller Blüte. MW*

Sehr schön ist in der Detailansicht der Blüten die Doppelkrone aus zweimal vier farbenprächtigen Blütenhüllblättern zu erkennen. MW

Die Früchte der Besenheide werden von den vergilbten Kelchblättern umschlossen. MW

finden sich nur auf der Blattunterseite und sind in die Epidermis eingesenkt. Das Wurzelwerk der Besenheide ist sehr ausgedehnt und dringt tief in den Boden ein, um möglichst große Mengen der in der Heidelandschaft knappen Ressourcen Wasser und Nährstoffe aufnehmen zu können. An ihrer Oberfläche bieten die Wurzeln außerdem Lebensraum für Pilze, die die Stickstoffversorgung der Besenheide verbessern. Diese Form der Symbiose zwischen Pilz und Pflanze wird »Mykorrhiza« genannt.

Der Preis für diese umfangreiche Ausstattung der Pflanze sind für die Besenheide geringe Zuwachsraten und in besonders trockenen Jahren der Ausfall von Blüten und damit eine ausbleibende Samenproduktion. Der Gewinn jedoch ist enorm, denn auf diesen Extremstandorten gibt es kaum Konkurrenz: Die Besenheide kann offene Sandflächen nahezu vollständig besetzen.

Die bestandsbildende Dominanz der Besenheide ist aber zeitlich begrenzt, da der Vegetationstyp, in dem sie brilliert, einer dynamischen Sukzession unterliegt, also einer Abfolge verschiedener Pflanzengesellschaften. Freie Sandflächen entstehen durch drastische und seltene Ereignisse wie große Brände, Flussverlagerung, Windwurf oder durch landwirtschaftliche beziehungsweise militärische Nutzung durch den Menschen. Sind die offenen Flächen einmal vorhanden, werden sie zuerst von einigen kurzlebigen Pionierarten besiedelt. Neben den einjährigen Arten wie Bauernsenf gehört dazu das Silbergras *(Corynephorus canescens)*.

Dieses erste Stadium dauert wenige Jahre. Die Besenheide wandert zunächst nur langsam über den Anflug von Samen ein und etabliert einzelne Pflanzen. In einem zweiten Schritt wachsen aus den Samen der ersten Besenheidepflanzen viele weitere Pflanzen, und die Besenheide wird bestandsbildend. Diese Phase kann einige Jahrzehnte andauern. Durch die Ansammlung von Humus und den Aufschluss von Nährstoffen verbessern sich in dieser Phase die Lebensbedingungen auf der Fläche auch für andere Pflanzenarten. So wandern jetzt weitere Gräser wie das Landreitgras *(Calamagrostis epigejos)*, aber auch Kiefern und Birken ein. Gleichzeitig erreichen die einzelnen Pflanzen der Besenheide ihr Höchstalter, brechen auseinander und sterben. Die Regeneration aus Samen ist für die Besenheide wegen der veränderten Vegetation nun schwieriger. Kiefern und Birken wachsen heran und bilden als weiteres Sukzessionsstadium einen Vorwald.

Im günstigsten Fall würde die Besenheide von hier aus andere Standorte besiedeln und dort wiederum einige Jahrzehnte überdauern. In der heutigen, überwiegend intensiv vom Menschen genutzten und dabei oft mit Nährstoffen überfrachteten Landschaft finden sich solche Standorte aber fast nirgends mehr. Aus Sicht des Naturschutzes ist es darum wichtig, die Besenheide und die mit ihr im Lebensraumtyp verbundenen Arten zu erhalten und dafür die zur Verfügung stehenden Flächen so zu pflegen, dass die Besenheide dort dauerhaft existieren kann. Möglichkeiten zum Pflegen der Heide

Junge Besenheidepflanzen in der Silbergras-Flur. MW

Kontrolliert gebrannte Heidefläche in der Kyritz-Ruppiner Heide. Hier hat die Besenheide die Chance, sich zu verjüngen. MW

sind zum einen die Mahd der Heide, die Wachstum und Blütenbildung fördert und das Auseinanderbrechen alternder Heidebüsche verzögert. Dies ist in etwa mit dem Rückschnitt bei Obstbäumen oder Kopfweiden vergleichbar. Zwei weitere Möglichkeiten sind das »Schoppern«, eine sehr tiefe Mahd, bei der alle oberirdischen Teile und auch die Streuschicht entfernt werden, sowie das »Plaggen«, eine noch tiefere Bearbeitung, bei der der gesamte Humushorizont entfernt und der mineralische Boden freigelegt wird. Beides entzieht der Fläche Nährstoffe und fördert stärker als die einfache Mahd die Regeneration alter Heidepflanzen sowie die Etablierung neuer Heidepflanzen aus Samen.

Eine besonders spektakuläre Methode ist das kontrollierte Brennen der Heide, bei dem ebenfalls ein Großteil der oberirdischen Vegetation entfernt wird. Heidesträucher können dann ähnlich wie nach der Mahd neu austreiben. Da ein Teil der Humusschicht mitverbrennt, kann die Besenheide neue Pflanzen aus Samen bilden. Nährstoffe werden entzogen, und andere aufwachsende Gehölze wie Kiefer oder Birke werden zurückgedrängt. So wird die Bildung eines Vorwaldes verzögert.

Sehr bewährt ist außerdem die Beweidung mit Schafen und Ziegen, die einerseits durch Verbiss das Wachstum alter Heidebüsche anregen und andererseits

Nach dem Brand keimt hier eine neue Besenheide-Pflanze aus. MW

durch Verbiss und Tritt offenen Boden für Regeneration aus Samen schaffen. Problematisch ist, dass durch den Kot der Tiere die Nährstoffe auf der Fläche verbleiben oder sogar zusätzlich eingetragen werden. Idealerweise werden auf einer Fläche mehrere dieser Pflegemaßnahmen kleinräumig parallel oder in zeitlicher Abfolge angewandt, denn so ist für jeden Anspruch, für die Besenheide und alle mit ihr verbundenen Arten, die richtige Nische vorhanden, und die höchstmögliche Biodiversität kann erhalten werden.

Die Einjährigen in der Sandheide: Nacktstängeliger Bauernsenf

Einige einjährige Pflanzen wie der Nacktstängelige Bauernsenf *(Teesdalia nudicaulis)* verfolgen in den extremen Bedingungen der Sandheidelandschaften eine Strategie des »Kurzda, schnellwiederweg«. Sie verbringen den Großteil des Jahres, insbesondere den unwirtlich heißen Sommer, ruhend in Form von Samen, während die eigentliche Pflanze mit aktivem Stoffwechsel nur wenige Wochen lebt – der Bauernsenf hält sozusagen »Sommerschlaf«. Er »erwacht« im Herbst oder manchmal auch erst im nächsten Frühjahr. Wenn Niederschläge und längere Nächte zu anhaltend höherer Bodenfeuchtigkeit führen und die Temperaturen ausreichend warm sind, keimt der Samen. Die Laubblätter liegen beim Bauernsenf direkt am Boden und zeigen sternförmig in alle Richtungen. Dies wird als »Rosette« bezeichnet. Werden im Frühjahr um die Tagundnachtgleiche die Tage zunehmend länger, erhebt sich über der Rosette der Stängel, der am oberen Ende mehrere Blüten bildet. Der Stängel trägt in der Regel keine Laubblätter; er ist »nackt« – dies ist mit dem wissenschaftlichen als auch dem deutschen Namen beschrieben (*nudicaulis* = nacktstängelig).

Der Bauernsenf bildet sehr kleine Blüten (2 bis 5 Millimeter Durchmesser) mit vier weißen Blütenblättern und sechs Staubblättern mit gelben Pollensäcken. Der Pollen der Staubblätter wird auf die Narbe derselben (Selbstbestäubung) oder anderer Blüten (Insektenbestäubung) übertragen. Damit ist die Funktion der meisten Blütenteile erfüllt; Kelch-, Blüten- und Staubblätter verwelken nun und fallen ab. Zurück bleibt der Fruchtknoten, der nun zur Schote, der typischen Frucht der Kreuzblütengewächse (Brassicaceae), heranwächst. Im Inneren

Die Blattrosette des Bauernsenfs liegt direkt dem Boden auf. MW

Im April blüht der Nacktstängelige Bauernsenf. MW

Fruchtender Bauernsenf mit vollständigen Früchten sowie mit Früchten, bei denen die Fruchtklappen bereits abgefallen sind und nur noch Scheidewand (Sepulum) oder Rahmen (Repulum) zurückbleiben. MW

der herzförmigen, gewölbten Schote befinden sich die Samen. Sobald diese reif sind, öffnet sich die Schote mit zwei Fruchtklappen, die alsbald abfallen. Zurück bleibt der »Rahmen« der Schote (Repulum), der oft noch im nächsten Jahr an den vertrockneten Stängeln zu sehen ist. Zuvor fallen die Samen ab und werden vom Wind ausgebreitet. Sie überdauern den Sommer und beginnen dann den Lebenszyklus der Pflanze von Neuem.

Pflanzen, die wie der Bauernsenf maximal ein Jahr lang leben und ihren Fortbestand zügig durch die Produktion von Samen sichern, heißen »Annuelle« beziehungsweise in diesem Fall »Winterannuelle«. Diese Strategie, den kargen Bedingungen der Heide zu begegnen, wird auch von weiteren Arten gelebt, etwa dem Frühlingsspark *(Spergula morisoni)*, dem Frühlingshungerblümchen *(Erophila verna)* und dem Einjährigen Knäuel *(Scleranthus annuus)*.

Sandheiden und Sandrasen

So weit das Auge reicht, werden die weiten Sandheiden von Heidekraut dominiert. Doch im Mai tauchen in diesem graugrünen Meer plötzlich hellgelb leuchtende Inseln auf. Es ist der Haar-Ginster *(Genista pilosa)*, ein charakteristischer Begleiter des Heidekrautes in der Kyritz-Ruppiner Heide. Er ähnelt in Statur und Größe dem Heidekraut und fällt eigentlich nur während seiner Blütezeit auf, wenn seine leuchtend gelben Blütentrauben zahlreiche Insekten anlocken. Da die Heide während dieser Jahreszeit für Bestäuber wenige Ziele bietet, ist der Haar-Ginster für Insekten eine hochwillkommene Nektaroase im späten Frühjahr.

In Bereichen mit tiefem lockeren Sand wie auf Dünen lichten sich die Zwergstrauchbestände. Hier haben die blaugrünen Horste des Silbergrases *(Corynephorus canescens)* ihren bevorzugten Wuchsort. Dank ihrer tiefen Wurzeln können sie solche extrem trockenen Standorte besiedeln. Zusätzlich leiten die borstigen Blätter und Halme der igelartigen Büschel auch spärlichsten Niederschlag oder Morgentau direkt zu den Wurzelballen. Mit diesem kunstvoll ergatterten Wasser geht das Silbergras dann sehr sparsam um: Durch Einrollen der Blätter werden die Spaltöffnungen versteckt, wodurch der Wasserverlust durch Verdunstung verringert wird. Silbergras ist in den Sandheiden ein beliebtes Futtergras für Rothirsch, Reh und Wildpferd.

Haar-Ginster (Genista pilosa) *in der Kyritz-Ruppiner Heide. HP*

Verschmäht werden dagegen die rauen, kieselsäurereichen Blätter der Heide-Segge *(Carex ericetorum)*, die auch in solchen Sandrasen heimisch ist. Dieses Sauergras wächst in flachen, aufgelockerten Horsten und schiebt seine kurzen derben Blätter aus dem tief unterirdisch liegenden Wurzelstock empor. Dadurch ist es unempfindlich gegenüber der Brandpflege, die zur Erhaltung der Heidelandschaft gern angewendet wird. Auch Übersandung kann der Heide-Segge nichts anhaben. Ein weiteres Sauergras, das aus tiefen Sandschichten heraus solche Extremhabitate zu besiedeln vermag, ist die Sand-Segge *(Carex arenaria)*. Sie wird ihres Wuchses wegen auch »Soldatensegge« genannt, denn wie in Reih' und Glied stehen die hoch aufgeschossenen starren Triebe in immer gleichen Abständen, der Länge nach von groß nach klein angetreten. Der Grund für diese Formation ist, dass all diese Triebe aus einem geradlinig wachsenden unterirdisch kriechenden Rhizom entsandt werden. Dieser kräftige Kriechspross vermag es, viele Meter weit seitlich in Dünen einzuwandern, ohne in solchen wüstenartigen Flecken aus einem Samen heraus neu keimen zu müssen. Den gleichen Trick wendet auch das Sand-Straußgras *(Agrostis vinealis)* an, ein zartes Gras, das ebenfalls sehr typisch für Flugsandgebiete ist.

Viel buntblumiger als die Dünen präsentieren sich die Sandmagerrasen, die insbesondere in der Döberitzer Heide großflächig ausgeprägt sind. Leuchtend pink blühen darin gern die Heide-Nelke *(Dianthus deltoides)* und die Karthäuser-Nelke *(Dianthus carthusianorum)*. Ihre Blütenfarbe lockt besonders Schmetterlinge wie zum Beispiel Dickkopffalter an, die gut auf den Kronblättern landen und den tief in der Blüte verborgenen Nektar mit ihrem langen Rüssel einsaugen können. Ein zarteres Pink haben dagegen die Blüten der Sand-Grasnelke *(Armeria elongata)* und der Grauen Skabiose *(Scabiosa canescens)*. Beide Arten bilden sogenannte Köpfchenblumen – Sammelblütenstände, die aus vielen Einzelblüten zusammengesetzt sind. Bei der Grauen Skabiose sind die Kronblätter der äußeren Blüten dabei viel größer als die der inneren Blüten, was die Schauwirkung auf Insekten erhöht. Insbesondere die Schmetterlingsfamilie der Widderchen hat eine Vorliebe für Grasnelken und Skabiosen, aber auch die kurzrüsseligen Nektarinteressenten kommen hier zum Zuge. Prächtige himmelblaue Farbakzente setzen der Liegende Ehrenpreis *(Veronica prostrata)* und das Berg-Sandglöckchen *(Jasione montana)*. Letzteres spielt im Trockenlebensraum Sandmagerrasen eine besonders wichtige Rolle. Dank seiner sehr tiefen Wurzeln und der dichten Behaarung der Blätter übersteht das Berg-Sandglöckchen längere Trockenperioden und bietet im Hochsommer oft die letzte verlässliche Nektarquelle für Käfer, Falter, Fliegen, Wespen und Bienen. Auch dadurch, dass die 100 bis 200 Einzelblüten ihres Blütenstandes erst nach und nach reifen und aufblühen, bietet eine solche Pflanze über einen langen Zeitraum Nahrung für viele Insekten.

Unter den Gräsern zählt das Zierliche Schillergras *(Koeleria macrantha)* zu den charakteristischen Arten der Sandrasen in der Döberitzer Heide. Seinen Namen verdankt es seiner seidigen Behaarung, die ihm bei Sonnenschein einen silbrigen Glanz verleiht. Wo es gedeiht, kann man auf einen kalkreichen Standort schließen, der das Vorkommen einer Reihe weiterer seltener Pflanzenarten verspricht.

Das Echte Labkraut *(Galium verum)* lockt zu Beginn des Hochsommers mit seinem honigsüßen Duft besonders Bienen an seine üppigen dottergelben Blütenrispen. Die Blätter sind zu acht oder bis zu zwölft in Quirlen an den Stängeln angeordnet. Sie sind sehr schmal und derb, fast wie Fichtennadeln, und bieten der Sonne so kaum Angriffsfläche. Echtes Labkraut war zu früheren Zeiten eine begehrte Nutzpflanze. Es lieferte das so wichtige Lab, mit dessen Hilfe man aus Frischmilch Dickmilch herstellen konnte, eine Vorstufe zur Käseproduktion. Man sagte dem Labkraut auch Heilkräfte für den Geburtsvorgang nach, was dem Kraut den Namen »Unser lieben Frauen Bettstroh« einbrachte.

Eher grünlich gelb blüht die Zypressen-Wolfsmilch *(Euphorbia cyparissias)*. Sie lockt mit halbmondförmigen Nektardrüsen, die offen liegen und somit vielen Insekten eine leicht zugängliche Zuckerquelle bieten. Blätter und Stängel dagegen verschmäht jedes Tier wegen des scharfen giftigen Milchsaftes, der bei kleinster Verletzung dieser Pflanze hervorquillt. Nur die dicken Raupen des Wolfsmilchschwärmers sind gegen das Gift immun und haben dadurch eine exklusive Nahrungsquelle.

Allgegenwärtig in den Sandrasen ist der Kleine Sauerampfer *(Rumex acetosella)*. Er gilt als schmaler Lückenbüßer, der aber bei Raupen von Feuerfaltern und Spannern hochwillkommen ist. Durch die Bildung von leicht giftiger Oxalsäure versucht sich der Kleine Sauerampfer vor Verzehr zu schützen. Mit zunehmender Anreicherung dieses Stoffes verfärben sich die Blätter knallrot und stehen in ihrer Leuchtkraft den Blüten der Sandmagerrasen in nichts nach. Ein stark entwickeltes Wurzelsystem und die Vermehrung durch Wurzelbrut sichern dem Kleinen Sauerampfer langfristig das Überleben, auch wenn oberirdisch scheinbar jeder Trieb verschwunden ist.

Im August, wenn viele zarte Kräuter in den Sandrasen längst vertrocknet sind, bricht die Zeit für das Farbfeuerwerk der Sand-Strohblume *(Helichrysum*

Die Sand-Grasnelke (Armeria elongata) *ist eine häufige Art der Sandrasen. HP*

Der Liegende Ehrenpreis (Veronica prostrata) *blüht bereits im Mai. HP*

Sand-Strohblume (Helichrysum arenarium) *mit Seidenbienenmännchen* (Colletes *sp.). HP*

Die Graue Skabiose (Scabiosa canescens) *ist eine deutschlandweit gefährdete Art wärmebegünstigter Sandtrockenrasen. JF*

arenarium) an. Alle Gelbtöne zwischen Weiß, Zitronengelb, Goldgelb und Tieforange finden sich in den Blüten dieser Pflanze. Diese stehen im hübschen Kontrast mit der fast schneeweißen, wolligen Behaarung der Blätter und Stängel, die als Strahlungs- und Austrocknungsschutz fungiert. Das Verblühen der Sandstrohblume läutet den Herbst endgültig ein, aber ihre alten strohigen Blütenstände sind lange haltbar und erinnern mit ihrem blassen Gelb noch bis in den Winter hinein an das sommerliche Insektenparadies auf den Sandmagerrasen.

Ein Highlight Brandenburgs: farbenprächtige Pfeifengraswiesen

Im Ferbitzer Bruch, im südwestlichen Teil der Döberitzer Heide, umschließen kalkreiche Pfeifengraswiesen breit und gürtelförmig ein riesiges Schilfröhricht. Solche Feuchtwiesen waren vor der Intensivierung der Landnutzung weit verbreitet. Sie wurden vor allem zur Gewinnung von Stalleinstreu bei der Tierhaltung genutzt – als Futter war das gewonnene Heu wegen der geringen Nährstoffe eher ungeeignet. Jetzt gibt es vor allem im Flachland von diesen Streuwiesen nur noch klägliche Reste. Im Ferbitzer Bruch verhinderte das Militär die Intensivierung und Vernichtung der wertvollen Wiesen. Charakteristisch für kalkreiche Pfeifengraswiesen sind eine geringe Verfügbarkeit von Nährstoffen, wechselfeuchte Verhältnisse mit langen Überschwemmungen während der Wintermonate, aber nur mittlere bis geringe Wasserverfügbarkeit im Sommer sowie basische Bedingungen mit hohen pH-Werten. Diese spezielle Kombination hindert sonst sehr konkurrenzstarke Pflanzenarten daran, hier zu gedeihen. Stattdessen finden in den Pfeifengraswiesen viele normalerweise konkurrenzschwächere, aber an diesen Standort besser angepasste Arten ihren Lebensraum. Deshalb beherbergen diese Wiesen besonders viele Pflanzenarten. Voraussetzung für ihr Bestehen ist eine jährliche späte Mahd. Während der Militärzeit nutzten auch die russischen Soldaten die Pfeifengraswiesen im Ferbitzer Bruch und ernteten Heu für die Tiere, die vor Ort zur Eigenversorgung gehalten wurden. Während der militärischen Aktivitäten kam es sogar vor, dass ab und zu ein Panzer quer durch das dicht- und hochwüchsige Röhricht donnerte. Schon im darauffolgenden Jahr waren die so entstandenen Panzerfahrspuren wegen der nun fehlenden Konkurrenz übersät mit blühenden Orchideen.

In seiner Ausdehnung sowie wegen der ungewöhnlichen Artenfülle sucht das Ferbitzer Bruch in Brandenburg und sogar darüber hinaus seinesgleichen. Das für den Lebensraum namensgebende Blaue Pfeifengras *(Molinia caerulea)* kommt im Spätsommer zur Blüte und ist an seinen langen schmalen Rispen und an seinen über dem Grund knotenlosen Stängeln gut zu erkennen.

Allein in den Pfeifengraswiesen des Ferbitzer Bruchs kommen sechs Orchideenarten vor. Sie sind ästhetisch sehr ansprechend und stehen auf der Prioritätenliste des Naturschutzes oft ganz oben. Orchideen sind verlässliche Indikatoren für die Verschlechterung oder auch Verbesserung des Standortes, da sie äußerst empfindlich auf Umweltveränderungen reagieren. Unter den Orchideen des Ferbitzer Bruchs gibt es vier Arten von Knabenkräutern. Die größte unter ihnen ist das deutschlandweit stark gefährdete Sumpf-Knabenkraut *(Orchis palustris)*, welches bis zu einen halben Meter hoch werden kann. Es hat lineal-lanzettliche Blätter und rosafarbene Blüten und wächst von allen hier genannten Orchideenarten an den nassesten Stellen der Wiesen. Selbst bei anstehendem Wasser kommt diese schöne Pflanzenart noch zum Blühen. Über längere Zeit trockene Füße und ein Ausbleiben der Mahd mit einhergehender Verfilzung der Grasnarbe bekommen dem Sumpf-Knabenkraut allerdings gar nicht gut – sein Bestand reduziert sich dann schnell. In günstigen Jahren und bei guter Wiesenpflege dagegen kann man mehrere hundert blühende Exemplare dieser Art zählen.

Pfeifengraswiese Ende Mai: Hier sind unter anderem Breitblättriges Knabenkraut (Dactylorhiza majalis) *und zartgelb die Gelbe Spargelerbse* (Lotus maritimus) *zu erkennen. HP*

Die weniger nassen Bereiche der Wiesen werden von den anderen drei Knabenkräutern bevorzugt. Das besonders ansehnliche Helm-Knabenkraut *(Orchis militaris)* ist durch die namensgebenden helmartig verwachsenen oberen Blütenblätter charakterisiert. Mit diesem Helm schützt die Pflanze die wichtigsten Teile ihrer Blüte. Bei dem Breitblättrigen Knabenkraut *(Dactylorhiza majalis)* sind die Laubblätter mit schwarzen Punkten versehen, und das von der Blüte her ähnliche Fleischfarbene Knabenkraut *(Dactylorhiza incarnata)* hat, wie der Name verrät, hellrosafarbene Blüten.

Alle Knabenkräuter sind auf Insektenbestäubung angewiesen und locken ihre Dienstleister mit einer großen auffälligen Unterlippe an, auf der die Insekten gut landen können. Dummerweise bieten die Knabenkräuter den Bestäubern aber keinen Nektar an – sie werden nur vom schönen Schein getäuscht und fliegen hungrig wieder ab. Dann haben sie aber schon das Pollenanhängsel am Kopf, das ihnen die Pflanze beim Blütenbesuch angeheftet hat, und tragen es zur nächsten Blüte. Bestäuberfreundlicher verhält es sich bei der ebenfalls

In Deutschland gibt es nur noch wenige Vorkommen des Sumpf-Knabenkrauts (Orchis palustris). *HP*

Auch das Steifblättrige oder Fleischfarbene Knabenkraut (Dactylorhiza incarnata) *gilt in Deutschland als stark gefährdet. HP*

Die Sumpf-Stendelwurz (Epipactis palustris), *auch Sumpf-Sitter genannt, blüht als letzte Orchidee im Ferbitzer Bruch erst Anfang Juli. HP*

In den etwas höher gelegenen, trockeneren Bereichen der Pfeifengraswiesen blüht im Juni die Große Händelwurz (Gymnadenia conopsea). *HP*

Das Helm-Knabenkraut (Orchis militaris). *HP*

Wahrhaft prächtig: die Pracht-Nelke (Dianthus superbus). *HP*

rosa blühenden Großen Händelwurz *(Gymnadenia conopsea)*. Diese Orchidee besitzt besonders lange, sehr schlanke Sporne an den Blütenblättern, die wirklich Nektar enthalten. Ebenso ohne Betrug verhält es sich beim Sumpf-Sitter *(Epipactis palustris)*, der weiß-grünliche, oft violett überlaufene Blütenblätter besitzt und im Hochsommer blüht.

Bei allen Orchideen enthalten die Fruchtkapseln Tausende kleinster Samen. Diese können zwar leicht vom Wind weggetragen werden, bei der Keimung benötigen die jungen Pflanzen allerdings einen symbiotischen Pilz, der ihnen beim Wachstum in der Anfangszeit zur Seite steht, da ihre Samen keinen eigenen Nährstoffvorrat als Startkapital enthalten. Deshalb ist die Neuansiedelung von Orchideen nicht einfach und hängt von speziellen Bedingungen ab, bei denen der passende symbiontische Pilz auf seinen Partner wartet.

Ab Ende Mai stehen die Pfeifengraswiesen in voller Blüte und bilden ein Meer aus Farbtupfern. Diese Pracht ist nicht nur den Orchideen zu verdanken, sondern auch zahlreichen anderen Pflanzenarten, die durch Mitnahmeeffekte vom Erhalt der Orchideen profitieren. Besonders trägt dazu die Färberscharte *(Serratula tinctoria)* mit ihren leuchtend violetten Kronblättern bei, die hier häufig gedeiht. Sie wurde früher zum Färben von Leinen verwendet und erzeugte eine gelbe Farbe. Auch das Schopf-Kreuzblümchen *(Polygala comosa)* stimmt mit seinen purpurnen Blüten ins Farbenkonzert ein. Dazu gesellen sich die sehr großen, einzelnen gelben, oft rot überlaufenen Blüten der Spargelerbse *(Lotus maritimus)*. Rotviolette Blütentrauben des Roten Zahntrostes *(Odontites vulgaris)* bereichern die Wiesenpracht des Hochsommers. Besonders auffallend ist zudem die Prachtnelke mit ihren großen – eben »prächtigen« – purpurfarbenen Blüten. Auch die Herbst-Zeitlose *(Colchicum autumnale)* besitzt im Ferbitzer Bruch ein natürliches Vorkommen und zeigt sich mit zarten violetten Blüten im Herbst. Noch auffälliger ist diese äußerst giftige Pflanze im nächsten Frühjahr, wenn ihr Fruchtknoten aus der Erde herausgeschoben wird, zur Frucht heranwächst und dabei von einer Rosette aus großen, breiten Blättern umschlossen wird.

Salzwiesen im Binnenland

Viele Pflanzen haben sich im Laufe ihrer Evolution an besondere Umweltbedingungen angepasst. In Sielmanns Naturlandschaften finden wir beispielsweise oft Pflanzen, die die Fähigkeit entwickelt haben, auf den trockenen, nährstoffarmen Böden ehemaliger Truppenübungsplätze zu gedeihen, so zum Beispiel die Besenheide. Sielmanns Naturlandschaft Groß Schauener Seen beherbergt ganz andere Spezialisten: In den Uferbereichen wachsen Pflanzen, die erhöhte Gehalte an Salz im Boden ertragen.

Diese Salzpflanzen werden wissenschaftlich Halophyten genannt (griechisch *háls* = Salz und *phytón* = Pflanze) und wachsen in Deutschland in der Regel an den Meeresküsten von Nord- und Ostsee, wo das Salz über das Meerwasser angereichert wird. In den küstennahen Wiesen finden wir so eine ganz eigene Vegetation. Im Binnenland sind solche Salzstellen selten. Sie entstehen durch über 200 Millionen Jahre alte salzhaltige Ablagerungen des Zechsteinmeeres, das vor etwa 258 bis 250 Millionen Jahren das heutige Mitteleuropa bedeckte. Diese salzhaltigen Ablagerungen liegen unter den Ablagerungen der Eiszeit und sind daher in der Regel mit Schichten aus sehr feinem, wasserundurchlässigem Material bedeckt, die eine Anreicherung des Grundwassers mit Salz verhindern. An wenigen Stellen finden sich jedoch Löcher in diesen Tonschichten, die ermöglichen, dass mit dem Grundwasser auch Salz an die Oberfläche tritt und sich dort anreichert. Sielmanns Naturlandschaft Groß Schauener Seen besteht zu einem kleinen, aber sehr besonderen Anteil aus so entstandenen Salzwiesen am Woppbusch bei Selchow. In der Region um die Groß Schauener Seen gibt es weitere Salzstellen, auf denen die Heinz Sielmann Stiftung in Abstimmung mit Eigentümern und Pächtern Pflegemaßnahmen umsetzt, um diese Salzwiesen dauerhaft für den Naturschutz zu erhalten.

Die Pflanzen der Salzwiesen werden oft als halophil (wörtlich: salzliebend) beschrieben. Dies ist jedoch irreführend, denn die meisten Halophyten wachsen bei entsprechender Pflege ebenso gut oder oft sogar besser auf Standorten mit geringerem Salzgehalt. Werden andere Pflanzen entfernt und so der Konkurrenzdruck aus-

Wiese mit Erdbeer-Klee (Trifolium fragiferum) *an einer Binnensalzstelle an den Groß Schauener Seen. MW*

geschaltet, gedeihen etwa die Halophyten Strand-Aster *(Tripolium pannonicum)* und Strand-Beifuß *(Artemisia maritima)* besser auf Gartenerden als auf natürlichem salzhaltigen Substrat.[1] Halophyten wachsen auf salzarmen Standorten also eigentlich nur deshalb nicht, weil konkurrenzstärkere Arten diese Standorte mit ihren eigenen spezifischen Fähigkeiten dominieren. Auf salzhaltigen Böden fehlt ihre Konkurrenz – in dieser ökologischen Nische sind die Halophyten im Vorteil. Dass viele Halophyten nicht an Standorte mit hohem Salzgehalt gebunden sind, wird vielleicht bei einem bekannten Gartengemüse deutlich: dem Sellerie *(Apium graveolens)*. Wir kennen diese Art als Suppengemüse, im Garten gedeiht sie meist hervorragend und entwickelt dicke Knollen. Ohne menschliche Pflege kommt die Art aber fast ausschließlich auf Böden mit hohem Salzgehalt vor.[2]

Der Fruchtstand des Erdbeer-Klees erinnert unverkennbar an eine Erdbeere. MW

Zu den prominentesten Halophyten gehört der Erdbeer-Klee *(Trifolium fragiferum)*. Er sieht dem häufigen Weiß-Klee *(Trifolium repens)* zunächst zum Verwechseln ähnlich, bildet ebenso kriechende Stängel am Boden und blüht weiß mit einer etwas stärkeren Tendenz zu rosa. Bei beiden Arten (und all ihren Verwandten aus der Gattung *Trifolium*) fallen nach der Blüte die welken Blüten- und Kelchblätter nicht ab, sondern umhüllen die sich entwickelnden Früchte mit den darin liegenden Samen. In diesem Stadium ist der Erdbeer-Klee eindeutig zu erkennen, denn die oberen Blütenhüllblätter wölben sich nun blasig auf und geben dem aus vielen Einzelblüten bestehenden Blütenkopf ein sehr kompaktes Aussehen, das wegen der rötlichen Farbe an eine Erdbeere erinnert.

Während der Erdbeer-Klee im Durchschnitt auf Böden mit geringem bis mäßigem Salzgehalt zu erwarten ist, wächst der Strand-Dreizack *(Triglochin maritimum)* auf Böden mit sehr hohem Salzgehalt und gilt als sehr gute Salzzeigerpflanze.[3] Begibt sich der botanische Beobachter auf Augenhöhe mit der Vegetation der Salzwiesen, fallen die dichten Blütenähren des Strand-Dreizacks sofort auf. Anders als bei der Schwesterart Sumpf-Dreizack *(T. palustre)*, die auf gering salzhaltigen Böden wächst, stehen hier die Einzelblüten sehr dicht am Stängel. Jede der Blüten hat sechs Narben – analog zerfällt die Frucht in sechs Teilfrüchte (statt nur je drei bei *T. palustre*). Die Blätter sind flach grasartig, wachsen unmittelbar über dem Boden und besitzen ein auffallend langes Blatthäutchen.

Der Strand-Dreizack (Triglochin maritimum) *ragt aus den Salzwiesen an den Groß Schauener Seen heraus. MW*

Blüten und Früchte des Strand-Dreizacks. MW

Auch die zu den Farnen gehörende Natternzunge *(Ophioglossum vulgatum)* wird manchmal zu den Salzpflanzen gezählt, da sie gelegentlich auf leicht salzhaltigen Böden vorkommt. In Sielmanns Naturlandschaften finden wir große Vorkommen der Natternzunge im Ferbitzer Bruch, dem Feuchtgebiet im Westen der Döberitzer Heide. Viele Farne weisen nur eine Art von Blättern auf, die sowohl der Photosynthese dienen als auch, meist auf der Unterseite, die zur Ausbreitung und Verbreitung dienenden Sporen in vielen Sporangien (Sporenbehältern) tragen. Die Natternzunge dagegen ist ein heterophyller Farn, besteht also aus zwei unterschiedlichen Blattteilen, nämlich einem eiförmig flachen, der zur Photosynthese dient, und einem lang aufrecht stielartigen Teil, der zwei senkrechte Reihen mit je 10 bis 35 Sporangien trägt und so die Form einer Ähre annimmt. Jede Pflanze bildet im späten Frühjahr genau ein Blatt, das bis zu 25 Zentimeter hoch werden kann. Die Natternzunge lebt in sehr enger Gemeinschaft mit Pilzen, die die Wurzeln der Natternzunge besiedeln, für sie anorganische Nährstoffe zur Verfügung stellen und dafür im Austausch Lebensraum und organische Kohlenhydrate erhalten (Mykorrhiza-Symbiose).

Der stielartige, sporentragende Teil des Blattes der Natternzunge (Ophioglossum vulgatum) *wird von dem flachen, der Photosynthese dienenden Teil eingefasst. MW*

Eine weitere charakteristische Art der Salzwiesen ist der Schmalblättrige Hornklee *(Lotus tenuis)* auf Böden mit hohem Salzgehalt. Das Blatt ist wie bei allen Hornklee-Arten typischerweise in fünf Blättchen geteilt, von denen zwei direkt am Blattgrund, also am Stängel, sitzen. Während die übrigen Hornkleearten geruchlose Blüten bilden, duften die hellgelben Blüten des Schmalblättrigen Hornklees angenehm. Hier sind auch die Blättchen schmaler und länger als bei den Schwesterarten, so wie es der Name nahelegt. Weitere für die Salzwiesen im Binnenland typische Arten, die auf den Salzwiesen rund um die Groß Schauener Seen oder im Ferbitzer Bruch in der Döberitzer Heide vorkommen, sind Salzbinse *(Juncus gerardii)*, Strand-Wegerich

Schmalblättriger Hornklee (Lotus tenuis). *MW*

(Plantago maritima), Gewöhnliche Strandsimse *(Bolboschoenus maritimus)*, Salz-Teichsimse *(Schoenoplectus tabernaemontani)*, Gelbe Spargelerbse *(Lotus maritimus)*, Entferntährige Segge *(Carex distans)*, Zusammengedrückte Binse *(Juncus compressus)* und das Sumpf-Knabenkraut *(Orchis palustris)*.

Moose der Sandheiden und Bergbaufolgelandschaften

Moose sind kleine urtümliche Wesen, die als erste Pflanzen vor 450 Millionen Jahren den Schritt vom Leben im Meer aufs trockene Festland wagten. Sie ähneln in manchen Merkmalen den höheren Pflanzen, sind aber größtenteils deutlich von ihnen verschieden. Von vornherein sind Moose natürlich viel, viel kleiner. Die Organe der Moospflanzen, etwa die Blättchen, sind sehr einfach gebaut, oft nur aus einer einzigen Zelllage bestehend. Allen Moosen fehlt eine Epidermis, also eine Schicht, die die Pflanze vor Austrocknung bewahrt. Deshalb sind Moose stark auf Feuchtigkeit angewiesen. Ihr Stoff- und Wassertransport geschieht größtenteils passiv, denn auch echtes Leitungsgewebe gibt es nicht. Zur Verankerung mit dem Untergrund haben Moose nur fädige Rhizoide, die im Gegensatz zu echten Wurzeln keine Wasser- oder Nährstoffaufnahmefunktion haben. Stattdessen sind alle Mooszellen der Blättchen imstande, sowohl Wasser als auch Nährstoffe direkt über die Oberfläche aufzunehmen. Diese Stoffaufnahme erfolgt ohne spezielle Barriere, sodass auch Gifte oder Schadstoffe schnell aufgenommen werden. Dies erklärt die große Sensitivität der Moose gegenüber Luftverschmutzung. Von der Anwesenheit bestimmter empfindlicher Moosarten kann man daher auf eine entsprechend hohe Luftqualität schließen. Moose pflanzen sich üblicherweise durch kleine Sporen fort, die aus Kapseln in die Freiheit entlassen werden. Insbesondere bei trockenen Bedingungen klappt die Sporenfreisetzung sehr gut. Ein leichter Wind genügt auch schon, die winzigen Sporen mit auf eine weite Reise zu nehmen. Durch die extreme Kleinheit haben Moose einen viel größeren Ausbreitungsradius als Gefäßpflanzen mit schwereren Samen.

Grundsätzlich unterscheidet man bei den Moosen drei Großgruppen, die nicht näher miteinander verwandt sind und evolutionär von ganz unterschiedlichen Vorfahren abstammen. Die artenärmste der drei ist die Klasse der Hornmoose, die allerdings in den hier betrachteten Lebensräumen keine Rolle spielen. Die zweite Klasse sind die Lebermoose, die ihrerseits in zwei Großgruppen eingeteilt werden: in thallose Lebermoose mit lappenförmiger Gestalt, die meist auf Erde wachsen, und

Nach Ende des Winters beginnt in den Heiden das Purpurstielige Hornzahnmoos (Ceratodon purpureus) *zu fruchten, das seinem Namen alle Ehre macht. JM*

Das Fettglänzende Ohnnervmoos (Aneura pinguis) *ist ein typisches Beispiel eines thallosen Lebermooses. Es wächst in einer alten Kiesgrube in der Döberitzer Heide. JM*

foliose Lebermoose mit Blättchen und Stämmchen, die auch gern an Laubbäumen wachsen oder auf morschem Holz zu finden sind.

Die bei uns mit Abstand artenreichste und häufigste Gruppe bilden die Laubmoose. Hauptmerkmal der Laubmoose ist die grundsätzliche Gliederung der Moospflanze in Stämmchen und Blättchen. Die Kapseln sind anfangs noch von einer Haube, der Kalyptra, bedeckt und wachsen auf einem borstenartigen Stiel, der Seta. Grob können Laubmoose in zwei Gruppen eingeteilt werden: unverzweigt wachsende, gipfelfrüchtige Moose (Akrokarpe) und die verzweigt wachsenden, seitenfrüchtigen Moose (Pleurokarpe).

Das wahrscheinlich häufigste Moos in Sielmanns Naturlandschaften ist das Zypressen-Schlafmoos (Hypnum cupressiforme) *– ein Vertreter der seitenfrüchtigen Echten Laubmoose. JM*

Betonruinen: künstliche Gebirge im Flachland

Sielmanns Naturlandschaften bieten aufgrund ihrer großen landschaftlichen Vielfalt einer hohen Zahl von Moosarten eine Heimat. Neben sehr naturnahen Lebensräumen wie Mooren und Wäldern beinhalten diese Landschaften auch das Erbe langjähriger menschlicher Nutzung. Häufige Hinterlassenschaften des Militärs auf den ehemaligen Truppenübungsplätzen Tangersdorf, Döberitzer Heide und Kyritz-Ruppiner Heide sind alte Bunker und Ruinen aus Beton. Diese Betonruinen bestehen oftmals aus besonders hartem Material, das sich von dem üblichen Beton in unseren Städten unterscheidet. Das wundert nicht, wurden doch auf Übungsplätzen gezielt neue, besonders harte Betonmischungen getestet, die Beschuss standhalten sollten. Zudem baute man Zieldarstellungen aus hartem Betonmaterial, um daran wiederum betonbrechende Bomben zu erproben. Oft genug war der angemischte Beton hart genug, den Übungsbeschuss zu überstehen, und auch mehr als

Zerschossenes Betonsegment in der Kyritz-Ruppiner Heide mit reicher Moosflora. JM

Das Kalk-Drehzahn-Moos (Tortula calcicolens) *wächst auf einem Bunker inmitten des Ferbitzer Bruches. JM*

hundert Jahre Verwitterung konnte vielen dieser Bauten kaum etwas anhaben. Als Ergebnis finden wir immer wieder große künstliche Kalkfelsen in Sielmanns Naturlandschaften.

Nicht nur Steinschmätzer oder Fledermäuse sind Fans dieser Immobilien. Inzwischen hatten auch speziell angepasste Moosarten viel Zeit, sich dort anzusiedeln. Die Zeit ist hierbei ein nicht zu unterschätzender Faktor, gibt es doch im norddeutschen Tiefland natürlicherweise sonst kaum Vorkommen von Kalk liebenden Felsmoosen. Somit kommt es nur ganz selten vor, dass sich einmal eine Spore Hunderte Kilometer weit aus den Mittelgebirgen bis hierher verirrt, und diese muss dann auch noch das unglaubliche Glück haben, auf einem geeigneten Kalkfelsen zu landen. Im Laufe der Jahrzehnte geschieht dies aber doch hin und wieder, und die weit entfernten Vorkommen besiedelten die neuen künstlichen Außenposten durch Fernausbreitung per Luftpost.

Das Gedrehtfrüchtige Glockenhutmoos (Encalypta streptocarpa) *auf alter Zieldarstellung aus Beton. JM*

Heide

Im Allgemeinen gelten Moose als die Lückenbüßer unserer Flora. Moosen bleiben oftmals nur solche Standorte zum Wachsen übrig, auf denen Gefäßpflanzen ein Problem haben, sich anzusiedeln. Deshalb fallen uns Moose besonders an extremen Standorten wie in nassen Mooren, auf hartem Fels, senkrecht an Baumstämmen oder in finsteren Wäldern auf. Diese Standorte sind für höhere Pflanzen meist ungeeignet, und die Moose kommen dort zur Entfaltung.

Auch Heiden sind vergleichsweise extreme Habitate. Hier ist die Wasserverfügbarkeit auf den oft sandigen Böden sehr schlecht, insbesondere im Sommerhalbjahr. Hinzu kommen die hohe Sonneneinstrahlung und die schnelle Wärme- und Hitzeentwicklung in Heiden, die das Wasserdefizit besonders während der Vegetationsperiode noch verschärfen. Die Nährstoffverfügbarkeit ist ebenfalls viel schlechter als auf humosen Böden. Nur speziell angepasst genügsame Pflanzen wie die Besenheide können hier zur Massenentfaltung gelangen, bevor irgendwann die Wiederbewaldung einsetzt. Zwischen und unter den Heidebüschen tun sich aber auch geeignete Nischen für Moose auf, die auf den nährstoffarmen Böden stellenweise Massenvorkommen bilden. Abgesehen von den dürren Heidestrünken, gelangen Moose hier sogar zur Dominanz und unterbinden beziehungsweise verzögern die Ansiedlung von Gräsern, Kräutern oder Baumkeimlingen.

In Heiden kommt vielen Moosen zugute, dass sie schon bei geringer Temperatur vollständig aktiv sind, also Photosynthese betreiben und wachsen können. Dies ermöglicht den Moosen die Nutzung der kalten Jahreshälfte, wenn Gefäßpflanzen Winterruhe halten und nicht wachsen können. Besonders milde, feuchte Winter wirken sich daher günstig für Moose aus. Bis zum Frühjahr profitieren die Moose von den meist feuchten Bedingungen und vollziehen ihren Stoffwechsel außer

Männliche Antheridienstände des Glashaar-Haarmützenmooses (Polytrichum piliferum) *im Mai in Heiden und Sandrasen. JM*

An den Glashaaren des invasiven Kaktusmooses (Campylopus introflexus) *können kleinste Wassertröpfchen aus der feuchten Luft kondensieren und befeuchten so die Blättchen. JM*

Ein Spezialist für hagere Heideböden ist das seltene Unechte Gabelzahnmoos (Dicranum spurium). *Die Art ist gut an den salatkopfartigen Stämmchenenden zu erkennen und bildet in der Kyritz-Ruppiner Heide große Massenbestände. JM*

Besonders nach nassen Sommern entwickeln sich bis zum Frühjahr viele Kapseln des Koboldmooses (Buxbaumia aphylla). *In der Döberitzer und Kyritz-Ruppiner Heide ist die Art sehr häufig zu finden. JM*

Konkurrenz. Wenn es wärmer wird und die Wasserverfügbarkeit sinkt, stellen die Moose ihr Wachstum ein. Im Sommer trocknen sie oft vollständig aus, werden aber bei Befeuchtung schnell wieder vital, spätestens im Herbst. Besonders Arten, die schon mit geringstem Nährstoffangebot zufrieden sind und auf saurem sandigen Boden wachsen können, sind prädestinierte Heidearten. Eine Reihe davon kommt auch in hageren Nadelforsten vor, wo am Boden ganz ähnliche Bedingungen wie in Heiden herrschen. Mit steigender Nährstoffverfügbarkeit werden solche Arten aber schnell durch andere Nährstoff liebende Arten auskonkurriert.

Auf offenen Sandstellen kommt sehr häufig das Glashaar-Haarmützenmoos *(Polytrichum piliferum)* vor. Es ist an jedem seiner Blättchen mit einem langen weißen Glashaar ausgestattet. Dieses dient als Strahlenschutz, an ihm können aber auch kleinste Wassertröpfchen aus feuchter Lust kondensieren, die dann das Blättchen befeuchten. Die Blättchen haben mehrere hochkant stehende Zellschichten, die wie Sonnenkol-

Das Federchenmoos (Ptilium crista-castrensis) *ist typisch für ehemalige Truppenübungsplätze. JM*

Das Etagenmoos (Hylocomium splendens) *schiebt aus dem Fiederzweig des Vorjahres den neuen Trieb, mit dem es eine neue Etage bildet. JM*

lektoren in kurzer Zeit viel Photosynthese leisten können. Trocknet die Moospflanze aus, rollen sich die Blättchen zusammen, und die stehenden Schichten sind vor Beschädigung geschützt. Den Trick mit dem Glashaar wendet das Kaktusmoos *(Campylopus introflexus)* ebenfalls an. Diese Moosart kommt erst seit wenigen Jahrzehnten in unseren Breiten vor – es stammt aus Neuseeland und fühlt sich in den Heiden sehr wohl. Leider vermag die Art auf offenen Sandböden schnell dichte Decken zu bilden, sodass typische Arten der Silbergrasrasen zunehmend verdrängt werden.

An ganz steilen, ausgehagerten Sandkanten kann man das Blattlose Koboldmoos *(Buxbaumia aphylla)* beobachten. Das Moos gehört zu den seltsamsten heimischen Moosarten. Pflanzen ohne Kapseln sind bei dieser Art praktisch nicht auffindbar; man sieht nicht die für Moose übliche grüne Moospflanze. Die Kapseln sind ungewöhnlich groß und sehen umgedrehten Pferdehufen ähnlich. Jede Kapsel ist in der Lage, über die anfangs grüne, abgeflachte Seite Photosynthese zu betreiben, und wird während des Wachstums wie ein Kollektor zum Licht hin ausgerichtet. Die hauptsächliche Versorgung der Kapsel erfolgt aber über die Mutterpflanze am Fuß, die entsprechende Nährstoffe über einen Mykorrhiza-Pilz bezieht. Das Koboldmoos kommt in Heiden, aber auch in lichten Eichenmischwäldern vor.

Eine ausgesprochen hübsche Erscheinung der Mooswelt ist das Federchenmoos *(Ptilium crista-castrensis)*. Diese relativ große Art fällt durch seine ordentliche Fiederung auf, die einer Straußenfeder ähnelt. Etwas kleiner ist das allgegenwärtige Heide-Schlafmoos *(Hypnum jutlandicum)*. Dieses glänzt immer ein wenig und hat eine ausgeblichen gelblich grüne Farbe. Mit am häufigsten in Heiden ist das Rotstängelmoos *(Pleurozium schreberi)*. Diese Art besiedelt eher alte Heidebestände und ganz besonders Kiefernwälder. Man erkennt sie an den dicklichen Zweigchen mit dem durchscheinenden rötlichen Stämmchen darin. Ähnlich in der Färbung ist das Etagenmoos *(Hylocomium splendens)*. Dieses große Moos hat die Angewohnheit, im Herbst aus jeder alten Fieder eine neue Etage aufzubauen, indem sich ein langer stabiler Neutrieb ungefähr drei Zentimeter steil nach oben schiebt, von wo aus sich eine neue Fieder verzweigt. Das Etagenmoos kann durch diesen Trick schneller andere Moosarten übergipfeln und diese somit auskonkurrieren. In früheren Zeiten nutzte man diese großen Moosarten als Füllmaterial für Kissen und Matratzen, deshalb nannte man solche Arten »Schlafmoose«.

Moose in der Bergbaufolgelandschaft

Was die Bagger in Wanninchen zurückließen, gleicht einer landschaftlichen Wundertüte mit einem wilden Mosaik unterschiedlichster Standorttypen auf engstem Raum. Auf Schritt und Tritt wechseln die ökologischen Bedingungen zwischen den Extremen: nass oder trocken, sauer oder kalkreich. Genauso ändert sich das

Als breites gelbgrünes Band säumt das Kropfige Kleingabelzahnmoos (Dicranella cerviculata) *die Ufer des Schlabendorfer Sees in Wanninchen. JM*

Artenspektrum der Moose, das sich im Laufe der Zeit auf den sandigen Abraumhalden, lehmigen Steilhängen oder sumpfigen Ufern der alten Kohlegruben angesiedelt hat.

Aufgrund der teilweise frühen Sukzessionsstadien der Lebensräume haben sich längst noch nicht alle typischen Artengemeinschaften etabliert, wie man sie aus alten Landschaften kennt. Konkurrenzschwache Arten wurden hier noch nicht von stärkeren verdrängt. Dank dynamischer Landschaftsentwicklung, beispielsweise durch Erdrutsche, werden noch immer neue Standorte für Neusiedler geschaffen und bergen Überraschungen. Wer zuerst kommt, mahlt zuerst: So kommen anderswo seltene Arten hier zur ungewohnten Massenentfaltung, wie zum Beispiel das Kropfige Kleingabelzahnmoos *(Dicranella cerviculata)*, das die flachen Ufer des Schlabendorfer Sees für sich eingenommen hat. Sonst kennt man die kleine Art aus Mooren, wo sie vereinzelt auf torfigem Boden ein unauffälliges Dasein fristet.

Auf alten Abraumhalden im ehemaligen Tagebaugebiet siedelten sich vielerorts bereits Bäume an – Kiefern, Birken, aber auch Robinien. Einige Bereiche wurden auch gezielt aufgeforstet. Es gibt aber auch noch große offene Flächen, die von Heiden, Magerrasen oder sogar offenen Sandflächen eingenommen werden, die für die meisten Pflanzenarten kaum besiedelbar sind. Einerseits sind die Standorte extrem trocken, andererseits fehlen dort Nährstoffe. An solchen Extremstandorten konnten sich einige Spezialisten aus der Mooswelt ansiedeln, die es in der Normallandschaft schwer haben. Eine solche recht auffällige Art ist die Verlängerte Zackenmütze *(Racomitrium elongatum)*. Diese Art trägt an den Blättchen leuchtend weiße Glasspitzen, die in dem offenen Lebensraum einen Teil der Strahlung reflektieren. Gegen die Gefahr durch Übersandung bildet das recht große Moos büschelige Kurztriebe. Die Oberflächen der Blättchen sind durch mikroskopische Noppen (Papillen) so beschaffen, dass eine kleine Wassermenge genügt, eine vollständig ausgetrocknete Moospflanze im Nu zu benetzen.

Eine andere, sehr seltene Art der Sandflächen, die ebenfalls stark papillöse Blättchenoberflächen besitzt, ist das Geneigte Spiralzahnmoos *(Tortella inclinata)*. Auch diese Art entfaltet sich nach Wasserberührung schnell: von der trocken spiral-lockig-gekräuselten Erscheinung mit braun-gelber Farbe zu einem gelbgrünen Moospolster mit ausgebreiteten, langen, schmalen Blättchen. Wo das Geneigte Spiralzahnmoos wächst, kann auf einen gewissen Kalkanteil im Boden geschlossen werden.

Im Mai läuft die Sporenproduktion beim Kropfigen Kleingabelzahnmoos (Dicranella cerviculata) *wie am Fließband: sieben Kapseln pro Quadratzentimeter, das macht rund eine Milliarde Stück pro Kilometer Uferlinie des Schlabendorfer Sees. JM*

Auf sandigen Bergbauhalden wächst die Verlängerte Zackenmütze (Racomitrium elongatum) *mit den weißen Glasspitzen im farblichen Kontrast zum braungrünen Geschwollenen Schlafmoos* (Hypnum lacunosum). *JM*

Ein Pilzjahr in Sielmanns Naturlandschaften

Neben Pflanzen und Tieren bilden Pilze ein ganz eigenes Reich von Organismen. Sie führen oft ein für uns unauffälliges Leben und fallen erst durch die Bildung von Fruchtkörpern überhaupt auf. Jedoch spielen viele Arten für das Gesamtgefüge in Ökosystemen eine unentbehrliche Rolle als Zersetzer. In dieser Funktion sorgen sie dafür, dass die Nährstoffe von Pflanzen und Tieren nach deren Ableben wieder in den Kreislauf des Lebens zurückkehren können. Eine andere ökologische Gruppe der Pilze ist darauf spezialisiert, mit Pflanzen enge Symbiosen einzugehen, indem sie Baumarten, aber auch viele Kräuter und Gräser mit Nährstoffen versorgen, im Austausch gegen Zucker, den sie von den Pflanzen erhalten. Dies ermöglicht beiden Partnern Wachstum und Existenz an Standorten, die für einen Partner allein schlecht besiedelbar wären. Ihr Leben als Zersetzer oder Mykorrhiza-Partner findet zwar oft im Verborgenen, aber während des gesamten Jahres statt, nicht nur in der vermeintlichen »Pilzsaison«. Darüber hinaus sind Pilze auch nicht auf Wald beschränkt, sondern begegnen uns in den unterschiedlichsten Lebensräumen. Fruchtkörper von Pilzen lassen sich zu fast allen Jahreszeiten entdecken. Als allgemein geläufig gelten Pilzfruchtkörper wohl mit der Gliederung in Hut und Stiel. Es gibt daneben aber eine Unmenge an erstaunlichen Formen von Fruchtkörpern.

Die Pilze und ihre Verbreitung in Sielmanns Naturlandschaften sind bislang nur unvollständig erforscht worden. Der beste Kenntnisstand besteht für die Döberitzer Heide, in der bislang 622 Arten von Großpilzen registriert wurden.[4] Zu Großpilzen in den anderen Landschaften und zu Kleinpilzen gab es nur sporadische Erhebungen.

Die Holzabteilung

Besonders bei einem Winterspaziergang fallen in den Mischwäldern der Döberitzer Heide die vielen konsolenartigen Baumpilze auf, die an lebendem, sterbendem oder totem Holz von Eichen oder Birken oft Monate oder sogar mehrere Jahre alt werden. In den tiefen Poren und Zwischenräumen solcher dauerhaften Fruchtkörper finden viele Tiere Unterschlupf. Einige ernähren sich auch von Pilzen und ihren Sporen und kommen teils ausschließlich an solchen Porlingen vor. Neben den zähen Baumschwämmen gibt es im Winter auch zartere Vertreter der Gilde der Holzzersetzer, die in dieser Jahreszeit frische Fruchtkörper bilden. Dazu gehört auch eine Reihe geschätzter essbarer Arten wie Austernseitling *(Pleurotus ostreatus)*, Judasohr *(Auricularia auricula-judae)* und Winter-Samtfußrübling *(Flammulina velutipes)*.

Der Gemeine Samtfußrübling (Flammulina velutipes) *ist häufig an Laubholz zu finden und kommt als Speisepilz infrage. JM*

Die wichtigste Fähigkeit der holzzersetzenden Pilze besteht darin, effektiv Lignin und Cellulose abzubauen. Diese Stoffe als Hauptbestandteil von Holz können sonst durch keinen Pflanzenfresser verwertet werden. Somit kommt den Pilzen eine wichtige Rolle im Waldökosystem zu. Pilze benötigen für den Abbau des Holzes viele Jahre. Sie durchdringen den Holzkörper mit ihren Hyphen und bilden darin ein dichtes Geflecht, wobei jedes Pilzindividuum seinen besetzten Holzbereich gegenüber anderen Pilzen klar abgrenzt. Die Grenzen zwischen Pilzen lassen sich als dunkle Maserungen, die quer durchs Holz verlaufen, erkennen. Mit dem langsamen Abbau der Holzsubstanz verliert das Holz zunehmend seine Stabilität – das Holz wird morsch. Je nach Farbe des morschen Holzes unterscheidet man die dafür verantwortlichen Pilze entweder als Weiß- oder Braunfäuleerreger.

An den Groß Schauener Seen, wo Erlen häufig sind, fehlt auch der Erlenschillerporling (Inonotus radiatus) *nicht. Bernsteinfarbene Gutationstropfen sind sein Kennzeichen. JM*

Ein Weißfäuleerreger ist etwa der Erlen-Schillerporling *(Inonotus radiatus)*. Wie sein Name verrät, ist er ein Spezialist für das Holz von Erlen *(Alnus glutinosa)* und daran häufig zu finden. Solche Spezialisierung von Pilzen, nur an bestimmten Baumarten vorzukommen, hängt mit den Unterschieden der Holzqualität und der darin eingelagerten Fraßabwehrstoffe wie Harzen oder Gerbstoffen zusammen. Sehr große Unterschiede hinsichtlich des Pilzartenspektrums bestehen zwischen den Zersetzern von Nadelholz wie Kiefer oder Fichte und solchen mit Präferenz für Laubholz wie Pappel, Eiche oder Buche.

Geheimnisvolles Haareis

Vornehmlich an toten Buchenästen kann man im Winter bei frostigem Wetter mit etwas Glück Haareis beobachten. Diese geheimnisumwobene Naturerscheinung wird von einem holzzersetzenden Pilz mitverursacht – der Rosagetönten Wachskruste *(Exidiopsis effusa)*, einem Pilz aus der Familie der Drüslingsverwandten. Haareis findet man nur an solchem Holz, das von dieser Pilzart besiedelt ist. Bei der Haareisbildung gefriert aus den Holzporen austretendes Wasser an der Holzoberfläche. Durch das Gefrieren wird Kristallisationwärme abgegeben (um bis zu +2 °C). Dies wirkt als eine Art Gefrierschutz für den Pilz.[5] Das Wasser aus dem verpilzten Holz enthält zusätzlich ein Protein des Pilzes, das zur Stabili-

Bei konstanten Temperaturen leicht unter dem Gefrierpunkt, gleichzeitig hoher Luftfeuchtigkeit und wenig Wind kann man an morschen Buchenästen Haareis finden. JM

sierung des Eishaares beiträgt, sodass es nicht abbricht. Aus jeder Pore wächst durch den Nachzug von Wasser aus dem Holzinneren nach außen und dessen stetiger Kristallisation an der Oberfläche somit bei gleichbleibendem Frost ein langes, durch den Proteinfaden stabiles Haar. Die Tausenden, parallelen aus dem Holz herauswachsenden Eishaare bilden dann gemeinsam einen eindrucksvollen, schneeweißen auffälligen Bart, der immer länger wird, solange die moderaten Frostbedingungen konstant bleiben. Bei härterem Frost friert das Holz komplett durch, und es kann kein neues Wasser für das Haarwachstum nachfließen. Wird es wieder wärmer, taut die Pracht im Nu.

Bodennahe Becherchen

Verschwindet der Frost, fallen im Spätwinter auf kahlen Böden der Heide leuchtend orange Flecken ins Auge. Bei näherer Betrachtung entpuppen sich solche Erscheinungen oft als Becherlinge: kleine Schlauchpilze mit schüsselförmigen Fruchtkörpern. Solche Pilze haben ein recht kleines Myzel. Ihre Entwicklung hängt von feuchten Bodenbedingungen ab, und sie sind recht kurzlebig. Nach der Reife der Sporen vergehen die farbigen Schüsselchen schnell und sind bei trocken-warmen Bedingungen wieder verschwunden.

Eine Reihe dieser Arten lebt parasitär an Pflanzen. Unterirdisch zapfen sie ihre Wirte an und versorgen sich mit Stärke und Zucker. Die Beziehungen zwischen Wirt und Parasit sind oftmals sehr eng, das heißt, nur bestimmte Wirtspflanzen kommen für eine Becherlingsart infrage. Neben vielen Gefäßpflanzenparasiten gibt es sogar eine Reihe von Becherlingen, die Moose anzapfen, wie den Gemeinen Moosbecherling *(Octospora humosa)*, der an Purpurstieligem Hornzahnmoos *(Ceratodon purpureus)* und Glashaar-Haarmützenmoos *(Polytrichum piliferum)* parasitiert.

Neben solchen Parasiten führen viele Becherlingsarten auch ein Leben als Folgezersetzer auf abgestorbenem Pflanzenmaterial, etwa das Aggregatbecherchen *(Byssonectria terrestris)*. Diese Art kommt besonders an Stellen der Döberitzer Heide vor, wo durch Schafkot und -urin mit Harnstoff angereicherte Stellen entstanden sind.[6]

Das farbenfrohe Aggregatbecherchen (Byssonectria terrestris) *wächst gern in beweideten Heiden der Döberitzer Heide. JM*

Dem Gemeinen Moosbecherling (Octospora humosa) *geht es gut, das von ihm parasitierte Haarmützenmoos* (Polytrichum piliferum) *dagegen ist bereits abgestorben. JM*

Morcheln und Lorcheln

Mit den ersten warmen Tagen im April erscheinen auf feuchten, humosen Böden der Döberitzer Heide für kurze Zeit sehr seltsame Pilze mit wabenartigen, gerippten Hüten – Spitz-Morcheln *(Morchella elata)* und Speise-Morcheln *(Morchella esculenta)*. Beide Arten

Die Speise-Morchel (Morchella esculenta) *fällt durch ihren wabenartigen, gerippten Hut auf. JM*

werden aufgrund ihres einzigartigen Geschmackes sehr geschätzt und sind vielerorts selten geworden. Häufiger dagegen kann man die Frühjahrs-Giftlorchel *(Gyromitra esculenta)* bewundern. Diese Art zeichnet sich durch einen hirnartig geformten, rotbraunen Hut aus. Anders als die Verwandten kommt die Giftlorchel in trockenen Kiefernwäldern vor. Morcheln und Lorcheln sind Folgezersetzer, das heißt, sie ernähren sich durch Zersetzung von organischem Material wie Holzrückständen im Boden.

Die Frühjahrs-Giftlorchel (Gyromitra esculenta) *aus trockenen Kiefernwäldern galt früher als Speisepilz. Inzwischen sieht man das anders. JM*

Alles vernetzt

Eine große Anzahl von Pilzarten lebt in fester Partnerschaft mit Bäumen. Dichte Hyphengeflechte der Pilze umspinnen unterirdisch die Wurzeln der Bäume. Dort erhalten die Bäume Stickstoffverbindungen und Nährstoffe von den Pilzen, die Pilze dagegen Stärke als Produkt der Photosynthese. Ein Baum kann mit mehreren Pilzarten gleichzeitig vernetzt sein. Auch Pilze umspinnen gern einen weiteren Baum in der Nähe. Durch ein solches komplexes Beziehungsgeflecht stehen indirekt auch die Bäume eines Waldstückes miteinander in Verbindung und sind dank der Pilze in der Lage, miteinander Handel zu treiben.[7]

Zu solchen Pilzen gehört eine Reihe von Arten, die sich dank ihrer Eignung als hervorragende Speisepilze einer größeren Bekanntheit erfreuen, wie Pfifferling, Marone und Co. Schon ab dem Frühsommer im Juni bis in den Herbst hinein kann man diese schönen Arten in Sielmanns Naturlandschaften entdecken.

Für viele Mykorrhiza-Pilze gilt, dass sie von Bäumen besonders dort angelockt werden und sich Symbiosen zwischen Pilz und Baum etablieren, wo nährstoffarme Bedingungen herrschen. In kargen Heiden auf Sandböden ist dies oft der Fall. Wandeln sich solche Bedingungen durch anthropogene Überdüngung aus der Luft,

Der Sommersteinpilz (Boletus reticulatus) *lebt gern mit Eichen zusammen. JM*

In den lichten Wäldern der Kyritz-Ruppiner und Tangersdorfer Heide ist die Heide-Rotkappe (Leccinum versipelle) *ein willkommener Unterstützer der Birke. JF*

Unverkennbar in unseren Wäldern ist der Fliegenpilz (Amanita muscaria). *Dank seiner Flexibilität hinsichtlich der Mykorrhiza-Partnerwahl ist dieser Pilz häufig zu beobachten. JM*

Der Kiefern-Habichtspilz (Sarcodon squamosus) *besiedelt die flechtenreichen Kiefernwälder der Kyritz-Ruppiner Heide und lebt in Partnerschaft mit den Kiefern. JM*

natürliche Nährstoffanreicherung am Standort oder Einbringung von Arten, die ihre Stickstoffversorgung selbst in die Hand nehmen können (wie die Robinie), dann verschwinden solche Beziehungsgeflechte und schließlich die Pilzarten.

Kernkeulen und Keulchen

Das Glück, als Spore an einer geeigneten Stelle zu landen, ist für alle Pilze Grundvoraussetzung für ihre Entwicklung. Die meisten Pilzarten haben individuelle Bedürfnisse und Anforderungen an den Standort. In vielen Fällen sind solche Standorte in großer Zahl vorhanden. So bietet der leicht erreichbare Waldboden einigen Arten gute Wachstumsbedingungen. Einen sehr speziellen Anspruch an den Standort hat sich dagegen die Höckerige Kernkeule *(Cordyceps tuberculata)* erwählt. Sie besiedelt ausschließlich lebendige Schmetterlinge, die sie parasitiert. In einem solchen Fall infiziert sich der Falter mit einer Spore, die im Inneren des Tieres auskeimt. Schon bald stellt der Falter das Fliegen ein und setzt sich zum Sterben in die Vegetation. Nach dem Ableben des Tieres wird der gesamte Falterkörper von einem schimmelartigen Hyphengeflecht umsponnen und zersetzt. Schließlich bildet der Pilz viele kleine Keulchen, an deren höckerigen Enden die neuen Sporen gebildet werden. Dank der erhöhten Lage des Falterkadavers können die Kernkeulensporen leichter von Wind mitgenommen werden, um neue Falter zu infizieren.

Der Kernkeule grob morphologisch ähnlich sind die Fruchtkörper des Heide-Keulchens *(Clavaria argillacea)*. Verwandtschaftlich haben diese Arten jedoch nichts miteinander zu tun, handelt es sich doch bei Ersterem um einen Schlauchpilz, der den Becherlingen und Morcheln nähersteht; der Zweite gehört zu den Ständerpilzen, so wie Porling oder Steinpilz. Ähnlich wie der Steinpilz verfolgt das Heide-Keulchen auch eine partnerschaftliche Art der Lebensweise, indem es in Symbiose mit der Besenheide *(Calluna vulgaris)* wächst. Das Heide-Keulchen ist in weiten Teilen Mitteleuropas sehr selten und regional aufgrund massiver Anreicherung der Landschaft mit Stickstoffverbindungen akut vom Aussterben bedroht.[8] Somit sind die Massenvorkommen dieser Pilzart, die man im Herbst in Sielmanns Naturlandschaften entdecken kann, etwas sehr Besonderes.

Ein Nachtfalter in der Kyritz-Ruppiner Heide bildet das Substrat für die Höckerige Kernkeule (Cordyceps tuberculata). *JF*

In den weiten Heidegebieten der Kyritz-Ruppiner, Tangersdorfer und Döberitzer Heide ist das Heide-Keulchen (Clavaria argillacea) *in großer Zahl zu Hause. HP*

Der Gemeine Erdwarzenpilz (Thelephora terrestris) *steht mit dem Silbergras auf Augenhöhe und kann es sogar überwachsen, wenn es ihm im Weg ist. JM*

Der Gewimperte Erdstern (Geastrum fimbriatum) *kommt auf humusreichen Böden vor. JM*

Erdsterne, Erdwarzen

Nicht nur in Heiden kann man im Spätsommer und Herbst ungewöhnliche Entdeckungen von Pilzen machen – auch im schütter bewachsenen Silbergrasrasen. Hier fällt besonders der Erdwarzenpilz *(Thelephora terrestris)* auf. Sein Fruchtkörper bildet einen nestartigen Kranz, bestehend aus einigen welligen zähen Zungen, die aus dem Sandboden aufsteigen. Er überwächst dabei sogar Pflanzen. Erdwarzenpilze stehen mit kleinen Kiefern *(Pinus sylvestris)* in Symbiose. Die Fruchtkörper werden im Spätsommer gebildet und bleiben als bizarre Gebilde bis ins nächste Frühjahr erhalten.

Ebenfalls auf nacktem Boden kann man bei feuchter Witterung im Herbst Erdsterne finden. Diese hübschen Pilze fallen durch ihr sternförmiges Aussehen mit dem runden Sporenträger im Zentrum auf. Junge Erdsterne sind noch kugelrund und liegen unter der Erde. Mit der Reife reißt die äußere Hülle zu sechs etwa gleich großen Zipfeln auseinander. Dadurch schiebt sich das Gebilde über die Erdoberfläche. Bei Trockenheit krümmen sich diese Zipfel noch weiter, sodass der Pilz noch etwas weiter vom Erdboden abgespreizt wird. Genau bei solcher trockenen Witterung sind die Bedingungen für die Sporenfreisetzung und deren Mitnahme durch einen Windstoß günstig.

Bunte Saftlinge, Zärtlinge und Rötlinge

Der Herbst taucht das ganze Land in bunte Farben. Auch Pilze können zu diesem Farbenspiel beitragen. Besonders ungewöhnliche Nuancen zeigen die Vertreter der Saftlinge. Diese wachsen auf nährstoffarmen Magerrasen, besonders solchen, die extensiv beweidet werden.[9] Im Ferbitzer Bruch in der Döberitzer Heide gibt es eine solche »Saftlingsweide«. Als spektakuläre Arten, deren Name ihre Farbigkeit verrät, wachsen dort der Papageigrüne Saftling *(Gliophorus psittacinus)*, der Schwärzende Saftling *(Hygrocybe conica)*, der Safrangelbe Saftling *(H. acutoconica)* und der Gelbrandige Saftling (*H. insipida*, Rote Liste 3). Hinzu gesellen sich ebenso seltene wie hübsche Erscheinungen anderer Pilzgattungen wie der weiße Schnee-Ellerling *(Cuphophyllus virgineus)*, der Blaugerandete Rötling *(Entoloma caesiocinctum*, Rote Liste 3), der Schwarzblaue Rötling (*E. corvinum*), der Marmorierte Rötling *(E. excentricum*, Rote Liste 3) und

Schwärzende Saftlinge (Hygrocybe conica) *sind leuchtend orange gefärbt. Verletzte Stellen färben sich schnell tiefschwarz. JM*

Der geriefte Hutrand und die nicht ausblassende gelbe Farbe kennzeichnen den Safrangelben Saftling (Hygrocybe acutoconica). *JM*

Der Eichen-Zystidenrindenpilz (Peniophora quercina) *ist ein häufiger Pilz an morschen Eichenästen. JM*

Der Goldgelbe Zitterling (Tremella mesenterica) *ernährt sich »räuberisch« von fremden Pilzhyphen an morschen Eichenästen. JM*

der Braungrüne Zärtling *(E. incanum)*.[10] Viele dieser Arten werden anderswo zunehmend selten, weil sie durch Wiesendüngung oder Nutzungsauflassung bedroht sind.

Wabbeliger Räuber

Wenn sich das Jahr seinem Ende neigt und die bunten Saftlinge und roten Fliegenpilze verschwunden sind, geben wieder die Holz bewohnenden Pilze den Ton an. Auch unter ihnen befinden sich manch farbenfrohe Vertreter. An morschen Eichenästen wachsen zwar ganzjährig und zuhauf die rotbraunen Überzüge des Eichen-Zystidenrindenpilzes *(Peniophora quercina)*. Aber erst nachdem das Laub von den Bäumen gefallen ist, fallen sie richtig ins Auge. Dieser Pilz kommt oft gemeinsam mit dem weithin leuchtenden Goldgelben Zitterling *(Tremella mesenterica)* vor. Auch dieser holzbewohnende Pilz wächst ganzjährig, aber seine Fruchtkörper entdeckt man auch erst im Spätherbst oder Winter, wenn der Regen das gallertige Gebilde hat aufquellen lassen. Mit Wasser vollgesogen, misst der Pilz bis zu fünf Zentimeter im Durchmesser und erweist dann seinem Namen alle Ehre, wenn er bei Berührung zittert wie ein Wackelpudding. Die Besonderheit dieser Art ist, dass sie gar nicht selbst das Holz zersetzt, sondern sich »räuberisch« über den Zystidenrindenpilz hermacht und diesen auffrisst.

Exkurs

Flechten in Sielmanns Naturlandschaften

Flechten sind sonderbare Doppelwesen, die meist aus einem Pilz und einer Alge bestehen. Beide profitieren voneinander und begünstigen sich gegenseitig – sie bilden somit eine Symbiose. Dabei leben sie mehr oder weniger fest zusammen und bilden ein Lebewesen von völlig neuer Gestalt. Die Alge wird von den Pilzfäden oder Hyphen umschlungen und ist damit vor unwirtlichen Umweltbedingungen (Austrocknung, UV-Strahlung) hervorragend geschützt. Der Pilz erhält im Gegenzug Nährstoffe, die von der Alge durch Photosynthese gebildet werden. Weltweit gibt es etwa 25.000, in Mitteleuropa nahezu 2.000 Flechtenarten. In Sielmanns Naturlandschaften wurden bisher vorrangig die Flechten der Döberitzer Heide und der Kyritz-Ruppiner Heide näher erfasst. Es konnten jeweils weit über 100 Arten festgestellt werden.[11]

Infolge des Symbioselebens können Flechten extreme Standorte besiedeln, die im Allgemeinen von Blütenpflanzen gemieden werden. Dazu gehören beispielsweise sehr nährstoffarme und meist besonnte und sich stark aufheizende Sandflächen, daneben Steine, Felsen und Mauern, Grabsteine, Dächer, Baumrinde, Heiden und Moore – selbst im Wasser gibt es Flechtenarten. Flechten bilden ganz besondere Säuren, die als »Flechtenstoffe« bezeichnet werden. Diese verschiedenen Säuren sind auch die Ursache von Farbpigmenten, etwa die gelblich grüne Usninsäure, die gelbliche Vulpinsäure und das gelb-orange Parietin.

Flechten weisen keine echten Wurzeln auf – es werden höchstens Haftorgane mit einem wurzelähnlichen Aussehen gebildet. Alle Stoffe werden über die Oberfläche aufgenommen, Wasser zum Beispiel in flüssiger Form oder als Wasserdampf. Bei Frost müssen Flechten eine Pause einlegen – nur bei Temperaturen über null Grad Celsius funktioniert ihr Stoffwechsel. Allerdings können sie Frostzeiten und andere Extreme sehr lange überdauern. Der Pilz ist der bestimmende Partner in der Symbiose, da er die Wuchsform vorgibt und sich in der Flechtenverbindung auch sexuell fortpflanzen kann, die Alge hingegen nur vegetativ. Daher werden Flechten auch eher dem System der Pilze zugeordnet und sind keine Pflanzen.

Flechten in Dünen und Sandtrockenrasen

Solange der Pflanzenbestand in der Pioniervegetation der Sanddünen der Döberitzer Heide und Kyritz-Ruppiner Heide lückig bleibt, haben auch die konkurrenzschwächeren Moose und Flechten eine Chance, sich anzusiedeln und länger zu bleiben. Dabei kann es zur Häufung von Flechten kommen. Besonders fallen hier die größerwüchsigen Arten auf, wie die Milde Rentierflechte *(Cladonia mitis)*. Rentierflechten haben weder Schuppen noch Blättchen. Die Milde Rentierflechte ist reich verzweigt, hat eine grau-gelbliche Farbe sowie hohle Äste und liegt locker dem Boden auf. Die Spitzen sind nach einer Seite gekrümmt und gebräunt. Ebenfalls gelblich beziehungsweise gelbgrünlich gefärbt ist die Igel-Cladonie *(Cladonia uncialis)*. Sie steht den Rentierflechten nahe, ist aber nach allen Seiten ausgebreitet und bildet igelartige Horste. Die Igel-Cladonie kann größere Bestände bilden und ist dann schon von Weitem als grüner Bestand insbesondere zwischen blühendem Silbergras erkennbar. Den Rentierflechten im Aussehen ähnlich sind Gabel-Säulenflechte *(Cladonia furcata)* und Falsche Rentierflechte *(Cladonia rangiformis)*, wobei Letztere auf etwas basenreicheren Standorten zu finden ist und sich nahe der Basis teilt sowie auf den Ästen

Flörkes Säulenflechte (Cladonia floerkeana) *gehört zu den rotfrüchtigen Becherflechten. JF*

Die Blättrige Cladonie (Cladonia foliacea) *besitzt ein stark entwickeltes grundständiges Lager. JF*

Vom Aussterben bedrohter Sandspezialist: die Papillenflechte (Pycnothelia papillaria). *HP*

markante Flecken aufweist. Von den Cladonien oder Becherflechten gibt es zahlreiche weitere Arten, die auch das Bild der hiesigen Flechtenbestände prägen: Echte Scharlachflechte (*Cladonia coccifera* s.l.) mit ihren roten Fruchtkörpern und Gewöhnliche Becherflechte *(Cladonia pyxidata)* mit braunen Fruchtkörpern sowie Bechern mit groben bis scholligen Körnern. Daneben ist Flörkes Säulenflechte *(Cladonia floerkeana)* recht verbreitet. Sie bildet keine Becher aus, leuchtet aber durch ihre roten Fruchtkörper von Weitem und bildet nicht selten alleinherrschende Bestände. Außerdem kommt die Schlanke Becherflechte *(Cladonia gracilis)* sehr häufig und in großer Zahl vor, die nur kleine, schmale Becher aufweist. Die Schlanke Becherflechte ist eher grün gefärbt – sie kann aber auch völlig braun aussehen und dann dem kargen Heideboden einen steppenartigen Charakter verleihen.

Zopf's Becherflechte (Cladonia zopfii). *JF*

Bei der Blättrigen Cladonie *(Cladonia foliacea)* handelt es sich um eine besonders schöne und farblich ansprechende Flechtenart. Im Gegensatz zu den meisten hier vorgestellten Cladonien besitzt sie ein stark entwickeltes grundständiges Lager. Ihr Basallager ist aus vergleichsweise großen, zerschlitzten Blättchen zusammengesetzt, die eine grüne Oberseite besitzen. Letztere sieht man aber nur im feuchten Zustand – bei Trockenheit rollen sich die Blättchen ein, und die gelblich weiße Unterseite kommt zum Vorschein. An den Rändern der Blättchen finden sich zerstreut markante schwarze Faserbüschel.

Besonderheiten mit eigenartigem Aussehen stellen die beiden folgenden Arten dar, die deutschlandweit vom Aussterben bedroht sind: Zusammengepresste Korallenflechte *(Stereocaulon condensatum)* mit warzig-körnigem bis krustigem Grundlager und Papillenflechte *(Pycnothelia papillaria)*. Letztere weist eher ein krustig-warziges Lager auf, dem bis zehn Millimeter hohe Podetien (»Stängel«) mit endständigen Fruchtkörpern aufgesetzt sind. Sowohl Korallen- als auch Papillenflechte finden sich vor allem auf Sanddünnen beziehungsweise Flugsand. Vereinzelt gesellt sich auch Zopf's Becherflechte *(Cladonia zopfii)* hinzu. Sie besitzt blau- bis grünlich graue, mit spitzen Enden versehene Äste ohne Becher.

Einen braunen Thallus – so nennt man den Vegetationskörper der Flechten – besitzen die beiden in Sielmanns Naturlandschaften vorkommenden Hornflechtenarten. Es handelt sich bei diesen Strauchflechten zum einen um die recht häufige *Cetraria aculeata*, die sogar an Wegrändern zwischen schütterem Bewuchs zu finden ist. Die Art hat locker verzweigte, kantige bis grubige Stämmchen mit dornenartigen Fortsätzen. Ähnlich gebaut ist *Cetraria muricata*, die aber eine viel feinere Gestalt besitzt und deren gedrängt angeordnete Stämmchen nahezu stielrund sind. *Cetraria muricata* stellt an den Standort viel höhere Anforderungen und findet sich in der Kyritz-Ruppiner Heide.

Bei der Braunen Köpfchenflechte *(Baeomyces rufus)* handelt es sich um einen richtigen Hingucker – sie bildet schöne braune bis rote Fruchtkörper aus, die mit kleinen hellen Stielchen auf dem eigentlichen Lager befestigt sind. Ohne die Fruchtkörper wird diese inter-

Die fein verzweigte Hornflechte Cetraria muricata *ist ein anspruchsvoller Bewohner der Sandheiden in der Kyritz-Ruppiner Heide. HP*

essante Art aber leicht übersehen, da sie nur ein feinkrustiges Lager ausbildet, welches sich bei Feuchtigkeit wie ein grüner und bei Trockenheit eher wie ein grauer Samtteppich über den kargen Sandboden legt. Außer zwischen den Heidebeständen tritt die Braune Köpfchenflechte auch gern an sandigen Böschungen auf.

Flechten in Vorwäldern und Wäldern

Nahezu sämtliche Vorwälder und Wälder in Sielmanns Naturlandschaften zeichnen sich durch eine große Naturnähe und insbesondere in der Döberitzer Heide durch eine ungewöhnlich hohe Standortvielfalt aus. Infolge der häufigen militärischen Einwirkungen wie Beschuss, Brand und Grabungen wurde der Wald vielfach aufgelichtet oder zurückgedrängt, und es setzte an vielen Stellen die natürliche Waldverjüngung ein. Dementsprechend weisen viele Bäume nicht selten tief sitzende Äste sowie Vielstämmigkeit mit knorrigem Wuchs auf, insbesondere die dominierenden Eichen in der Döberitzer Heide. Dadurch liegen sehr günstige Ansiedlungs- und Wuchsbedingungen für eine große Vielfalt an Flechtenarten vor. In der Kyritz-Ruppiner Heide findet man vor allem lichte Birken- und Kiefernvorwälder mit am Boden teils vorherrschender Moos- und Flechtenvegetation.

Um die Jahrtausendwende hat infolge der Verbesserung der Luftqualität die Besiedlung mit Epiphyten, also Aufsitzerpflanzen, in der Döberitzer Heide zunächst viel schneller als im Umland eingesetzt – durch die Strukturvielfalt waren Äste und Stämme zum großen Teil recht schnell mit Moosen und Flechten bedeckt. Einzelne Arten konnten zu dieser Zeit anfänglich ausschließlich in der Döberitzer Heide beobachtet werden. Dazu gehört zum Beispiel die wunderschöne und durch ihre Großblättrigkeit sowie die gelblich bis graugrüne Farbe schon von Weitem gut sichtbare Caperatflechte *(Flavoparmelia caperata)*.

Neben dem häufigen und oft in großen Beständen vorkommenden Eichenmoos *(Evernia prunastri)* gibt es in dem Gebiet eine weitere bemerkenswerte Art aus der gleichen Gattung: die Sparrige Evernie *(Evernia divaricata)*, die typischerweise an Nadelbäumen in Gebirgslagen vorkommt und kühlfeuchte Verhältnisse bevorzugt, aber seit etwa 15 Jahren in der Döberitzer Heide zu finden ist und vor einigen Jahren auch in der Kyritz-Ruppiner Heide festgestellt wurde. Die Sparrige Evernie sieht aus wie eine Bartflechte, hat eine gelblich grüne Farbe, kantige bis abgeflachte, querrissige Abschnitte und wird bis zu 15 Zentimeter lang. In der Döberitzer Heide findet sie sich ausschließlich auf Eiche, in der Kyritz-Ruppiner Heide sowohl auf Eiche als auch auf Birke.

Die Sparrige Evernie (Evernia divaricata) *sieht aus wie eine Bartflechte. JF*

Das intensivste Gelb oder auch Gelbgrün hat aber der sogenannte Wolfstöter *(Vulpicidia pinastri)*. Es handelt sich dabei um eine bis vier Zentimeter große Blattflechte mit breiten Lappen. Der Wolfstöter tritt ebenfalls vor allem in Gebirgslagen bei kühlfeuchten Verhältnissen auf, findet sich aber auch in Sielmanns Naturland-

Junge Eichen in der Kyritz-Ruppiner Heide können mit epiphytischen Flechten, hier unter anderem mit Bartflechten (Usnea sp.) *und Baummoos* (Pseudevernia furfuracea)*, nahezu vollständig bewachsen sein. JF*

schaften recht häufig und oft in großer Zahl und bildet dann einen schönen Kontrast zu den hellen Birkenstämmen. Die enthaltene Vulpicinsäure ist stark giftig und verursacht die intensive gelbe Farbe. Bei den Arten der Gattung *Xanthoria* gesellen sich zur gelben Farbe noch Orangetöne – daher fallen diese Arten schon von Weitem auf. Besonders trifft dies bei der Wand-Gelbflechte *(Xanthoria parietina)* zu, die zum Beispiel die Stämme der Espe oder Zitterpappel *(Populus tremula)* völlig bedecken kann. Bei Feuchtigkeit schlagen die gelborangenen Farbtöne teils in andere Farben um, zum Beispiel in ein dunkles Grün. Gelbflechtenarten deuten auf eine hohe Nährstoffversorgung hin und treten nur ausnahmsweise im Waldesinneren oder weitab von Siedlungen, Verkehrstrassen und intensiv genutzten Flächen auf.

Wahre Kulturflüchter und auf naturnahe, weiträumige und gering genutzte Landschaften beschränkt sind die gelb- bis graugrünen Bartflechten. Neben der Gewöhnlichen Bartflechte *(Usnea dasypoga)*, die bis zu 30 Zentimeter lange hängende Äste bilden kann, ist die Buschige Bartflechte *(Usnea subfloridana)* in Sielmanns Naturlandschaften recht verbreitet. Deren Lager können bis zu 15 Zentimeter lang werden, sind allerdings eher aufrecht oder abstehend. Ähnliche hohe Habitatansprüche wie die Bartflechten haben die Moosbärte. Die häufigste Art ist der Braune Moosbart *(Bryoria fuscescens)*. Der Braune Moosbart hat stielrunde, fädige und bartförmige hängende Lager. Manchmal können dunkle Tierhaare, die an Baumrinden haften geblieben sind, mit dem Braunen Moosbart verwechselt werden. Es gibt noch weitere, meist grau bis braungrün gefärbte epiphytische Blattflechten. Dazu gehören etwa die Röhrige Blasenflechte *(Hypogymnia tubulosa)* mit röhrenartiger Lappenform und die Gabelflechte beziehungsweise das Baummoos *(Pseudevernia furfuracea)*. Beide Arten gehören zusammen mit der Gewöhnlichen Blasenflechte *(Hypogymnia physodes)* zu den häufigsten und oft Aspekt bestimmenden eher grau gefärbten Arten auf Rinde. In der Kyritz-Ruppiner Heide können so insbesondere junge Eichen nahezu völlig mit epiphytischen Flechtenarten bedeckt sein. Die strauchförmige Gabelflechte zeichnet sich durch bandartige Lappen aus, die oberseits meist grau sind und unterseits weißlich bis rosa und später dann auch schwärzlich sein können.

Flechten auf Steinen und Mauern

Sielmanns Naturlandschaften enthalten infolge ziviler und militärischer Nutzung viele künstliche Gesteine in Form von Gebäuderesten, Bunkern, Schießständen und Mauern. Bei den Geschieben oder Findlingen handelt es sich im Allgemeinen um saure Silikate, bei den künstlichen Gesteinen um basisch reagierende Oberflächen. Bei der Besiedlung mit Flechten spielen die vielen Bunker in der Döberitzer Heide eine bedeutende Rolle. So kommen hier vergleichsweise viele Arten vor. Diese Flechtengemeinschaft ist oft recht farbenfroh – wie beispielsweise die Zierliche Gelbflechte *(Xanthoria elegans)*. Sie tritt nur vereinzelt in Erscheinung, fällt dann aber durch die orangerote Farbe schon von Weitem auf.

Die Zierliche Gelbflechte (Xanthoria elegans) *fällt durch ihre orangerote Farbe auf. JF*

*Die Rotfrüchtige Becherflechte (*Cladonia coccifera *s. l.), auch Scharlach-Becherflechte genannt, ist bereits am Ende des Winters ein farbenprächtiger Blickfang im Schnee der ansonsten noch kargen Heide. HP*

Ein Männchen der Roten Röhrenspinne (Eresus kollari) in der Kyritz-Ruppiner Heide. HP

Erlebnisse mit kleinen und großen Tieren

Wespen vergraben Spinnen und Raupen im Sand, seltene Schmetterlinge und Wildbienen tummeln sich auf nektarreichen Blüten – Insekten sind die heimlichen Herrscher über Dünen, Heiden und Feuchtwiesen. Von ihnen profitieren extrem gefährdete Vögel wie Steinschmätzer, Wiedehopf und viele weitere Arten, die das Ornithologenherz höherschlagen lassen. Ob Hirschkäfer an alten Eichen, Rotbauchunken in Kleingewässern, Wisente und Przewalski-Pferde auf der »Wüste« oder rastende Kraniche im Herbst: Die Tierwelt in Sielmanns Naturlandschaften ist überwältigend vielfältig.

Raritäten in der Pfütze: Urzeitkrebse in der Döberitzer Heide

Die Döberitzer Heide ist weithin bekannt für ihre bedeutsamen Vorkommen von »Urzeitkrebsen«, die mit einer ganz speziellen Überlebensstrategie schon viele Erdzeitalter nahezu unverändert überlebt haben. In regenreichen Sommern wimmelt es in manchen Wegpfützen geradezu von ihnen.[1]

Tief in sandig-lehmigen Boden eingegrabene Fahrspuren stellen nach starken Niederschlägen temporäre Gewässer dar, die sich auf wenig beschatteten Wegabschnitten schnell erwärmen können. Wenn sie nicht schon nach wenigen Tagen austrocknen, sondern während des Sommerhalbjahres über mehrere Wochen bestehen bleiben, kann sich in ihrem schlammig-trüben Wasser urtümliches Leben regen: Am Rand der Pfützen lassen sich unter günstigen Bedingungen Dutzende Sommerschildkrebse *(Triops cancriformis)* betrachten. Kennzeichnend ist ihr großer Rückenschild oder Carapax (Ordnung Rückenschaler, Notostraca). Auf ihm liegt im vorderen Bereich zwischen den beiden Komplexaugen ein drittes, einfach gebautes »Naupliusauge« als Lichtsinnesorgan. Daher rührt der Gattungsname *Triops* (»Dreiauge«). Außer der Furca, zwei langen Anhängen am Hinterende, sind auch am ersten Beinpaar lange Geißelfortsätze ausgebildet. Die Gesamtlänge der Tiere kann zehn Zentimeter erreichen. Wenn man die Krebse längere Zeit beobachtet, kann man verfolgen, wie sie gelegentlich in Rückenlage unter der Wasseroberfläche schwimmen. Dabei werden bis zu 70 blaugrau schimmernde Blattbeinpaare (Rekord unter den Krebsen!) sichtbar, zwischen denen sich die Nahrungsrinne rötlich abzeichnet. Hinsichtlich ihrer Nahrung sind die Sommerschildkrebse nicht sehr wählerisch: Mikroorganismen, ins Wasser gefallene Pflanzenteile und verschiedene Kleintiere von Würmern bis zu Kaulquappen werden eingestrudelt beziehungsweise klein geraspelt.

Eine typische »Krebspfütze« in der Döberitzer Heide: In den wassergefüllten Fahrspuren leben die Urzeitkrebse. HP

Am elften Beinpaar der Weibchen sind Bruttaschen entwickelt. Die daraus abgegebenen Eier sind von einer widerstandsfähigen Schale umhüllt, in der in wenigen Tagen vielzellige Embryonen heranwachsen. Diese Zysten (»Dauereier«) können viele Jahre oder sogar Jahrzehnte am Boden überdauern, bis sich wieder ein regenreicher Sommer einstellt.[2] Die Entwicklung bei Überflutung erfolgt dann außerordentlich schnell – schon nach 14 Tagen können die Rückenschilde eine Länge von einem Zentimeter erreichen. Die Tiere können nun abermals beginnen, Eier zu produzieren. Die Fortpflanzung kann durch sogenannte Jungfernzeugung (Parthenogenese), also ohne Männchen, erfolgen. Mit ihrer besonderen Überlebensstrategie sind die »Urzeitkrebse« seit Urzeiten überaus erfolgreich und haben mindestens die vergangenen 250 Millionen Jahre morphologisch nahezu unverändert überlebt.[3]

In den Wegpfützen ist der Sommerschildkrebs mit dem Sommerfeenkrebs oder Sommerkiemenfuß *(Branchipus schaefferi)* vergesellschaftet. Dieser Art fehlt ein Rückenschild; sie zählt zu der ebenfalls sehr ursprünglichen Ordnung Anostraca. Die lang gestreckten Tiere schwimmen mit der Bauchseite nach oben im freien Wasser und erreichen in geeigneten Kleingewässern mitunter Zahlen von mehreren hundert Exemplaren. Auffällig sind ihre dunklen, gestielten Komplexaugen. Die zweiten Antennen der Männchen sind zu Greiforganen umgebildet. Besonders spektakulär erscheinen die blauen Brutsäcke der Weibchen, in denen die »Dauereier« deutlich zu erkennen sind.[4]

Die an eine hohe Dynamik ihres Lebensraums angepassten »Urzeitkrebse« sind eigentlich typische Bewohner der Flussauen, was zahlreiche Meldungen des 18. und frühen 19. Jahrhunderts aus den Überschwemmungsbereichen der großen Flüsse in Mitteleuropa belegen. In der Folge gewannen Fischaufzuchtgewässer und

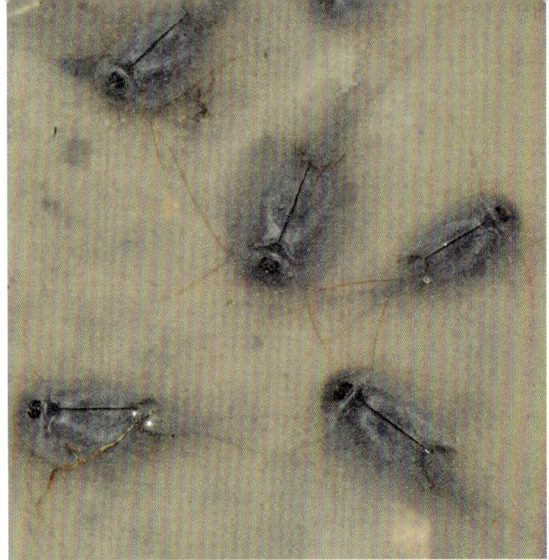

Sommerschildkrebse (Triops cancriformis) *am schlammigen Gewässergrund auf dem Wanderweg. HP*

Typisch für den Sommerschildkrebs ist der große, ovale Rückenschild, der auch als »Carapax« bezeichnet wird. HP

Dieser Sommerschildkrebs zieht seine Bahn unter der Wasseroberfläche und zeigt dabei die zahlreichen Blattbeine an der Bauchseite. HP

Ein Weibchen des Sommerfeenkrebses (Branchipus schaefferi) *in der Döberitzer Heide. Deutlich sind die »Dauereier« im Brutsack zu erkennen. HP*

Ein Männchen des Sommerfeenkrebses. Die Tiere schwimmen stets in Rückenlage. HP

Sommerschildkrebs und Sommerfeenkrebs leben häufig in denselben Kleingewässern. HP

militärische Übungsgelände mit ihren durch Militärfahrzeuge geschaffenen Kleingewässerstrukturen zunehmende Bedeutung als Ersatzlebensräume, zumal die ursprünglichen Lebensräume durch Flussbegradigungen, Hochwasserschutzbauten und Versiegelungen weitgehend verloren gegangen sind.[5] Wie alle übrigen Blatt- oder Kiemenfußkrebse (Branchiopoda) stehen Sommerschildkrebs und Sommerfeenkrebs in Deutschland auf der Roten Liste; beide Arten gelten als stark gefährdet (Rote Liste 2).

Auch auf den ehemaligen Truppenübungsplätzen sind die »Urzeitkrebse« bedroht: Ohne das Befahren mit entsprechenden schweren Fahrzeugen verlanden viele Kleingewässer; außerdem werden die Vertiefungen beim Ausbau von Wanderwegen häufig vernichtet. Deshalb ist es notwendig, diese Strukturen durch regelmäßiges Durchfahren zu erhalten. In der Döberitzer Heide fand eine entsprechende Entwicklung statt: Seit den 1980er-Jahren sind die Krebsvorkommen bekannt. Nach dem Ausbleiben der militärischen Aktivitäten Anfang der 1990er-Jahre nahm die Zahl geeigneter Habitate rasch ab.[6] Mit Unterstützung des Bundesamtes für Naturschutz wurden im Jahr 2013 an mehreren Stellen neben den Wegen Mulden speziell für die »Urzeitkrebse« angelegt, aktuell wird mithilfe weiterer Fördermittel ein Verbund von Urzeitkrebstrassen geschaffen.

Spinnen – überraschend bunt und vielfältig

Deutschlands giftigste Spinne

Ein großes, eiförmiges, schneeweißes Gespinst am oberen Ende eines Grashalms, fest versponnen mit den Grassamen. Wer könnte darin wohnen? Ganz vorsichtig wird die Wand aufgezupft. Kaum öffnet sich der Blick ins Innere, schießt eine große Spinne blitzschnell vor, dem vermeintlichen Angreifer entgegen. Ihr hellrotes Gesicht mit großen, an den Spitzen schwarzen Kieferklauen, den Cheliceren, signalisiert schon, dass es ratsam ist, hier die Finger schleunigst zurückziehen: Der Biss des Ammen-Dornfingers *(Cheiracanthium punctorium)* kann unangenehme Folgen haben, auch wenn er nicht wirklich gefährlich ist. Er gilt als Deutschlands giftigste Spinne, denn es kann zu starken brennenden und stechenden Schmerzen rund um die Bissstelle kommen, manchmal sogar zu Entzündungen oder Taubheitsgefühlen. Doch Bisse lassen sich vermeiden, indem man das Ruhegespinst nicht aufreißt.[7]

Dornfinger findet man meist auf wärmebegünstigten Flächen mit hohem Grasbewuchs, beispielsweise auf Halbtrockenrasen, Brachen oder in Saumbiotopen,

Doppelgespinst von männlichem und weiblichem Ammen-Dornfinger (Cheiracanthium punctorium) *im Heidekraut. HP*

Im Innern seines Gespinstes bewacht das Weibchen des Ammen-Dornfingers seinen Eikokon. HP

aber auch im Heidekraut. In bis zu 50 Zentimeter Höhe spinnen die Weibchen dichte, taubeneigroße Gespinstsäcke, in denen sie sich tagsüber aufhalten. Sie gehen nachts auf die Jagd. Die Männchen fertigen zur Paarungszeit im Juli direkt angrenzend ein Gespinst an und durchdringen die Zwischenwand, sobald die Weibchen paarungsbereit sind. Ab August legt das Weibchen einen Kokon mit über 100 Eiern im Gespinst ab und bewacht das Gelege und später die Jungen.[8]

Der Ammen-Dornfinger ist Wärme liebend und kommt häufig im Mittelmeerraum vor. In Deutschland gibt es zwei Verbreitungsschwerpunkte: im Südwesten (Oberrheingraben, Saarland) und im Nordosten (Brandenburg). Seit den 1990er-Jahren gibt es Hinweise auf eine weitere Ausbreitung der Art und eine Verdichtung in den schon länger bekannten Gebieten.[9] Der Klimawandel begünstigt dies in jüngerer Vergangenheit offenbar stark. In allen Sielmanns Naturlandschaften Brandenburg ist er in den Offenlandbereichen häufig zu finden.

Rot als Warnfarbe: ein Männchen des Ammen-Dornfingers. HP

Radnetze in der Heide

Mitten im hohen Gras oder auch in der Zwergstrauchheide, aber stets dicht über dem Boden spannt die Wespenspinne *(Argiope bruennichi)* ihre großen Radnetze. Tagsüber sitzt sie in der Netzmitte, wo sie manchmal gar nicht leicht zu erkennen ist, weil sie das Zentrum des Netzes gern mit weißer Spinnseide überzieht und senkrecht nach oben und nach unten um ein breites zickzackförmiges, weißes Band verlängert, das als »Stabiliment« bezeichnet wird und möglicherweise ihrer Tarnung dient. Die Spinne selbst sieht mit ihrer schwarz-weiß-gelben Zeichnung sehr eindrucksvoll und wespenhaft-bedrohlich aus, ist für Menschen aber harmlos. Während sie in Deutschland noch Mitte des 20. Jahrhunderts auf wenige Wärmeinseln beschränkt war, hat sie sich innerhalb weniger Jahrzehnte stark ausgebreitet und ist heute auch im Norden häufig. Man findet sie auf Trockenrasen und in Brachflächen, aber auch auf feuchten Wiesen und an Wegrändern. Aufgrund der Lage ihrer Netze hat sie herausragenden Erfolg beim Fangen von Heuschrecken, die genau in dieser Höhe zwischen den Gräsern herumspringen. Aber auch Zikaden, Schmetterlinge und viele verschiedene andere Insekten gehen ihr ins Netz. Die Beute wird mit einem Biss gelähmt und mit reichlich Spinnseide eingewickelt. In der Netzmitte wird sie dann in aller Ruhe verspeist.

Die Männchen der Wespenspinne sind im Vergleich zu den Weibchen winzig und müssen sehr vorsichtig sein. Mit Zupfsignalen im Netz testen sie ab Ende Juli die Bereitschaft der Weibchen, werden nach der Paarung aber fast immer gefressen. Die Weibchen stellen nachts in der Nähe ihrer Netze große, ballonförmige und durch dunkle Längsstreifen in trockenem Gras hervorragend getarnte Eikokons her. Darin schlüpfen und überwintern die Jungspinnen gut geschützt.

An milden, sonnigen Tagen wird man in der Kyritz-Ruppiner Heide bereits im März mit einem beeindruckenden Phänomen konfrontiert: Überall zwischen den Heidesträuchern sind Radnetze gespannt. An einigen weben die Spinnen noch, in anderen sitzt eine Spinne im Zentrum – in den meisten Fällen lauert sie aber am Rand des Netzes auf den Zweigen der Besenheide in einem nach oben offenen, körbchenförmig angefertigten Schlupfwinkel. Daher trägt sie auch ihren Namen: Körbchenspinne *(Agalenatea redii)*. Sie bevor-

Die Wespenspinne (Argiope bruennichi) *ist in der Mitte ihres Netzes noch mit einer vorherigen Beute beschäftigt, unter ihr hängt mit der eingewickelten Heuschrecke aber bereits die nächste Mahlzeit. HP*

Mit Haltefäden hat eine Wespenspinne ihren Eikokon in der Döberitzer Heide in einem Strauch der Besenheide befestigt. HP

Eine Körbchenspinne (Agalenatea redii) *in einem körbchenförmigen Schlupfwinkel in der Kyritz-Ruppiner Heide. HP*

Diese Körbchenspinne zeigt das helle Fleckenpaar, das bei manchen Exemplaren auftritt. HP

zugt warmes, sonniges Gelände und kommt auch auf Trockenrasen und in Brachflächen vor. Im Gegensatz zu den meisten anderen Radnetzspinnen (Familie Araneidae), die im Spätsommer erwachsen werden, ist sie im Frühjahr aktiv. In ihrer Zeichnung ist sie extrem variabel. Mittig auf dem Hinterleib ist ein mehrfach ausgebuchter, dunkler Längsstreifen erkennbar, der von einer hellen Linie gesäumt wird. Seitlich davon hat sie dunkle und helle Querstreifen, manchmal ganz vorn auch zwei gekrümmte, leuchtend weiße Flecken.

Seltene Springspinnen

Im Frühling und Frühsommer ist auch die optimale Zeit, in den Heidelandschaften nach Springspinnen (Familie Salticidae) Ausschau zu halten. Sie jagen ohne Netz, dafür mit hervorragender Optik: Vier große Augen sind nach vorn gerichtet und können die Beute ins Visier nehmen. Insbesondere das mittlere Augenpaar erscheint riesig und erfüllt gewissermaßen eine Teleskop-Funktion: Die Netzhäute können vor und zurück, aber auch seitlich bewegt werden, sodass die Spinne ihre Beute mit möglichst wenigen Körperbewegungen scharf im Blick behalten kann. Für den Rundumblick sorgen außerdem zwei weitere Augenpaare, die seitlich am Vorderkörper liegen. Springspinnen lauern am Boden, auf trockenem Holz oder Baumrinde, an Hauswänden, auf Steinen oder Blättern, schleichen sich geschickt an und überwältigen ihre Beute nach Raubkatzenart in einem Sprung aus kurzer Distanz.

Trockene, vegetationsarme Flächen mit offenem Sandboden, Zwergsträuchern, Steinen, Totholzinseln und einzelnen Bäumen stellen ideale Lebensräume für einige sehr seltene Springspinnen dar. In allen Sielmanns Naturlandschaften in Brandenburg können interessante Beobachtungen dieser spannenden Tiergruppe gelingen, die Kyritz-Ruppiner Heide sagt ihnen wie auch einigen anderen Highlights der heimischen Spinnenfauna jedoch besonders zu.

Ein Beispiel für solche Spezialisten trockenwarmer Lebensräume ist die Kreuzspringspinne *(Pellenes tripunctatus)*. Beim Weibchen wird der weiße Längsstreifen, der sich über den Hinterkörper zieht, ziemlich weit hinten durch einen zu beiden Seiten schräg nach hinten gebogenen Streifen gekreuzt. Dieser Querstreifen fehlt dem Männchen. Man kann die Kreuzspringspinne auf Trockenrasen und in Sandheiden finden. Sie überwintert gern in einem leeren Schneckenhaus oder ähnlichen Strukturen – zum Beispiel in zusammengerollten Blättern oder in verlassenen Puppenkokons von Nachtfaltern. Im Frühling führen die Männchen vor den Weibchen einen Paarungstanz auf, im Sommer bewacht das Weibchen dann seinen Eikokon wieder am liebsten in einem leeren Schneckenhaus. Auch die nah verwandte Springspinne *Pellenes nigrociliatus*, die keinen deutschen Namen trägt, legt ihre Eier in leeren Schneckenhäusern oder trockenen Blattrollen ab. Die Schneckenhäuser hängt sie in charakteristischer Weise an einem Faden auf. Diese Art bevorzugt den offenen Sandboden von Binnendünen als Lebensraum, etwa in der Döberitzer Heide. Sie ist an ihrer Körperzeichnung zu erkennen: Weiße Haare formen ein spezifisches Muster aus gebogenen und geraden Linien auf schwarzem Grund.

Höchst beeindruckend sind die riesigen Frontalaugen der Rindenspringspinne (Marpissa muscosa), *die hier auf einer Schranke über einem Waldweg am Eingang zur Kyritz-Ruppiner Heide sitzt. HP*

Eine Kreuzspringspinne (Pellenes tripunctatus) *noch in ihrem Überwinterungsgespinstsack in einem alten Nachtfalterkokon Mitte April in der Kyritz-Ruppiner Heide. HP*

Die Springspinne Pellenes nigrociliatus *Ende März auf einer Sanddüne in der Döberitzer Heide. HP*

Bei einigen Springspinnen stechen besonders die Männchen durch eine bemerkenswerte, gut erkennbare arttypische Zeichnung hervor. Beispielsweise tragen die männlichen Exemplare von *Aelurillus v-insignitus* ganz deutlich den Buchstaben V über den Augen. In der Kyritz-Ruppiner Heide sind sie auf Totholz zu finden, und zwar in der Regel dort, wo im Rahmen von Landschaftspflegemaßnahmen Kiefern entfernt wurden und noch einige Äste um die alten Stubben herumliegen. Das Holz heizt sich in der Sonne stark auf und ist daher im Frühjahr ein begehrter Aufenthaltsort wärmeliebender Arten. Beim Balztanz kann das Männchen außerdem mit seinen leuchtend cremegelben Tastern, den Pedipalpen, das Weibchen in seinen Bann ziehen. Auf diese Strategie setzen auch die Männchen von *Asianellus festivus*, deren charakteristisches Merkmal die weißen Pedipalpen vor einem tiefschwarzen Vorderkörper sind, sodass sie sich besonders kontrastreich abheben. Beide Arten sind typisch für Dünen und Sandheiden, kommen außerdem aber auch an felsigen Standorten vor.

Die Familie der Springspinnen ist so artenreich, dass man leicht noch eine ganze Reihe weiterer interessanter Vertreter der Heidelandschaften vorstellen könnte, aber eine von ihnen sticht optisch alle anderen aus: Die Männchen der in Deutschland sehr seltenen Goldaugenspringspinne *(Philaeus chrysops)* – eine der herausragenden Charakterarten der Kyritz-Ruppiner Heide – zählen zu unseren schönsten Spinnenarten überhaupt und mit bis zu zwölf Millimeter Körperlänge auch zu den größten heimischen Springspinnen. Ihr Hinterkörper ist leuchtend rot gefärbt und trägt in der Mitte einen lang gestreckten, schwarzen Fleck. Die Beine sind ebenfalls teilweise hellrot behaart. Die Weibchen erscheinen deutlich schlichter; ihr Hinterleib ist dunkelbraun und trägt zwei helle, seitliche Längsstreifen. Im Mittelmeerraum ist die Goldaugenspringspinne weit verbreitet, sogar mitten in Ortschaften, während sie nördlich der Alpen auf ausgeprägte Wärmegebiete wie die Oberrheinebene beschränkt ist und dort nur auf sehr trockenwarmen Standorten vorkommt. In der Kyritz-Ruppiner Heide sonnt sie sich im Frühjahr ausgiebig auf Steinen, Totholz, aber auch den unteren Ästen einzeln stehender Kiefern und auf Heidekraut.

Ein Männchen der Springspinne Aelurillus v-insignitus *auf Totholz in der Kyritz-Ruppiner Heide. HP*

Dunkler Vorderkörper, weiße Pedipalpen, Lebensraum Dünensand – typisch für die Männchen der Springspinne Asianellus festivus. *HP*

Dieses prächtige, große Männchen der Goldaugenspringspinne (Philaeus chrysops) *sonnt sich auf Totholz in der Kyritz-Ruppiner Heide. HP*

Auch auf Heidekraut kann man in der Kyritz-Ruppiner Heide gelegentlich männliche Goldaugenspringspinnen bestaunen. HP

Spezialisten in Sand und Heide: Luchs-, Lauf- und Fettspinnen

Wer nach Springspinnen Ausschau hält, wird auf Sand und Heidekraut immer wieder auch andere spannende Spinnen entdecken. Sehr häufig sind die grau-braun gemusterten Wolfspinnen der Gattung *Alopecosa*, die flink über den Boden huschen und mit mehreren, nur sehr schwer unterscheidbaren Arten vorkommen. Eine weitere charakteristische Art der Heiden ist die Luchsspinne *(Oxyopes ramosus)*, die ebenfalls ohne Netz jagt. Man kann sie sofort an den sehr langen, stacheligen Borsten an ihren Beinen erkennen. Allerdings muss man genau hinschauen, um sie zu entdecken, denn die helle Zeichnung auf ihrem braunen Körper löst ihre Umrisse optisch auf und bewirkt eine hervorragende Tarnung. Sie hält sich gern auf dem Heidekraut auf, wo das Weibchen im Sommer auch einen flachen Eikokon anfertigt und bewacht.

Fast so stachelig wie ein Kaktus: eine Luchsspinne (Oxyopes ramosus) *auf Heidekraut. HP*

Zwischen trockenen Zweigspitzen des Heidekrauts spinnt auch die Laufspinne *Rhysodromus histrio* ihren Eikokon. Diese in Mitteleuropa seltene Heidespezialistin ist in der Kyritz-Ruppiner Heide ebenfalls regelmäßig zu beobachten. Wie alle Laufspinnen hat sie sehr lange Beine, mit denen sie sich geschickt durch die Vegetation und über Sandboden bewegen und an Beutetiere heranpirschen kann. Ihre auffällige, hübsche Zeichnung besteht aus einem dunklen Spießfleck auf dem Hinterkörper, der hell gesäumt ist und hinter dem einige helle Flecken zum Teil schräg angeordnet sind.

Die Laufspinne Rhysodromus histrio *sonnt sich hier schon im März in der Heide. HP*

An ganz anderer Stelle, nämlich auf den Sandwegen durch die Kyritz-Ruppiner Heide, liegt an den Abbruchkanten, in den Radspuren sowie in tieferen Trittspuren von Pferden und Menschen das Reich der Weißfleckigen Fettspinne *(Steatoda albomaculata)*. Auf ihrem runden, dunklen Hinterkörper trägt sie einige helle Fleckenpaare, am Vorderrand verläuft außerdem eine helle Binde. Die kleinräumigen Strukturen nutzt sie, um hier ihre unregelmäßigen Netze aufzuspannen. Im Mai kann man ein kurioses Verhalten beobachten: In beinahe jedem Netz sitzen ein Männchen und ein Weibchen gemeinsam. Fühlen sie sich gestört, laufen sie blitzschnell in ihr Versteck am Boden. Dort halten sie es jedoch stets nur wenige Sekunden aus – scheint keine weitere Bedrohung vorzuliegen, wagen sie sich schon bald wieder aus ihrem Schlupfwinkel heraus.

Ein Pärchen der Weißfleckigen Fettspinne (Steatoda albomaculata) *im Netz auf einem Sandweg durch die Kyritz-Ruppiner Heide. Im Vordergrund das Weibchen. HP*

Highlight zur Heideblüte: die Rote Röhrenspinne

Eine der schönsten und auffälligsten Spinnen der Sandheiden Brandenburgs ist die Rote Röhrenspinne *(Eresus kollari)*. Kaum eine naturkundliche Exkursion zur Hauptaktivitätszeit der Männchen, die im August/September liegt, kommt ohne einen Hinweis auf diese sehenswerte Art aus. Die erste Begegnung mit diesen Tieren vergisst man in der Regel auch nicht: In stürmischem Lauf kreuzt die etwa einen Zentimeter lange, auf dem Hinterleib leuchtend rot gefärbte Spinne den Sandweg und lässt sich nur schwer dazu bewegen innezuhalten. Schafft man es doch, kann man die vier dunklen, wie auf einem Würfel angeordneten, weiß umringten Punkte auf dem Hinterkörper betrachten. Sehr hübsch ist auch die Zeichnung der Beine: Die beiden vorderen Paare sind weiß geringelt, die beiden hinteren teilweise rot behaart. Der Vorderkörper ist tiefschwarz, aber fein mit einzelnen, kurzen weißen Haaren gesprenkelt.

In vollem Lauf über den Sand der Kyritz-Ruppiner Heide auf der Suche nach der Gespinströhre eines geschlechtsreifen Weibchens: ein Männchen der Roten Röhrenspinne (Eresus kollari). *HP*

Die rote Signalfarbe dient wahrscheinlich dazu, Fressfeinde abzuschrecken, die Spinnen zu erbeuten, denn Tiere, die so aussehen, sind normalerweise sehr wehrhaft, giftig oder schmecken zumindest widerlich. Beispiele sind unter den Schmetterlingen die Widderchen oder Blutströpfchen mit ihren Blausäureverbindungen oder auch die Marienkäfer, die bereits bei Bedrohung übel schmeckende Körperflüssigkeiten austreten lassen. Möglicherweise liegt hier sogar eine Form von Mimikry vor, also eine Nachahmung von Marienkäfern, die ein auf den ersten Blick ähnliches Muster auf ihren Flügeldecken zeigen.[10] Ohne einen solchen farblichen Schutz wäre es für die nicht sehr wehrhaften Spinnenmännchen jedenfalls sehr gefährlich, an sonnigen Tagen über offene Sandflächen zu laufen.

Ein Männchen der Roten Röhrenspinne in Drohhaltung. HP

Das Ziel ihrer spätsommerlichen Aktivität sind natürlich die Weibchen. Sie hausen in unterirdischen Röhren, die 5 bis 10 Zentimeter tief in die Erde reichen und mit einem Gespinst ausgekleidet sind. Dieses Gespinst geht an der Oberfläche in ein flaches, auf dem Boden ausgebreitetes Fangnetz über, das mit Teilen der umgebenden Vegetation getarnt ist. Dieses Netz kann über den Boden laufenden Tieren wie Tausendfüßern und Käfern leicht zum Verhängnis werden. Die Anlage der Gespinströhren erfolgt meist am Rand von Vegetationsstrukturen wie Heidekraut, Grasbüscheln oder Gebüschen im Übergang zu offenen, vegetationsfreien Flächen.

Das Weibchen der Roten Röhrenspinne unterscheidet sich deutlich vom Männchen: Es ist viel größer und fast vollständig samtschwarz gefärbt. Einzeln eingestreute helle Haare verdichten sich im Gesichtsbereich oft zu einer gelblichen Färbung. Nur sehr selten bekommt man ein Weibchen außerhalb der Wohnröhre zu Gesicht.

Die Tiere werden erst im Alter von drei bis vier Jahren geschlechtsreif. Dann können die Männchen im Spätsommer bei ihnen einziehen, gemeinsam Beute fangen und sich mehrfach mit ihnen paaren. Danach wird die Wohnröhre zum Brutgespinst für den Nachwuchs: Die aus dem Eikokon schlüpfenden Jungen werden von der Mutter zunächst mit vorverdautem Futterbrei versorgt, bis sie schließlich ihr Lebensziel erfüllt hat und selbst zur Nahrung für den Nachwuchs wird.

In Deutschland kommt die Rote Röhrenspinne in wärmebegünstigten Gebieten mit entsprechenden Lebensräumen vor, also etwa in der Lüneburger Heide, in den Wärmegebieten Thüringens oder in den Tälern von Rhein und Nebenflüssen. Sie ist auf den Erhalt von Sandheiden, Trockenrasen und ähnlichen offenen Lebensräumen angewiesen. Wie die Goldaugenspringspinne und die Springspinne *Pellenes nigrociliatus* gilt sie in Deutschland als stark gefährdet (Rote Liste 2). Die Laufspinne *Rhysodromus histrio* ist gefährdet (Rote Liste 3), auch die Weißfleckige Fettspinne ist in derzeit nicht genau bekanntem Ausmaß gefährdet (Rote Liste G), die Luchsspinne und die Springspinne *Asianellus festivus* werden auf der Vorwarnliste geführt. Allein diese Beispiele zeigen schon die herausragende Bedeutung der Sandheiden für die heimische Spinnenfauna und belegen, wie wichtig Maßnahmen zu ihrer Erhaltung sind.

Ein seltener Anblick: Dieses Weibchen der Roten Röhrenspinne sonnt sich Anfang April außerhalb seiner Gespinströhre in der Tangersdorfer Heide. HP

Lauernde Gefahr auf Blüten: Krabbenspinnen

Im Juni und Juli scheinen manche Insekten auf den blütenreichen Sandtrockenrasen in einer eigentümlichen Sitzhaltung zu verharren oder sogar über den Blütenrand zu hängen. Erst aus der Nähe erschließt sich der wahre Sachverhalt: Eine Gehöckerte Krabbenspinne *(Thomisus onustus)* hat zugeschlagen. Krabbenspinnen (Familie Thomisidae) haben einen sehr charakteristischen Körperbau: Die Beine werden seitlich vom flachen Körper abgestreckt. Die beiden vorderen Beinpaare sind lang und kräftig ausgebildet, die hinteren Beine hingegen sehr viel kürzer. Wie Krabben können Krabbenspinnen seitwärts laufen. Bei Bedrohung ziehen sie sich dezent über den Rand eines Blütenstandes auf die Unterseite zurück. Ansonsten warten sie auf den Blüten regungslos auf eintreffende Insekten. Diese werden mit einem gezielten Biss in die Nackenregion überwältigt. Sogar wehrhafte Honigbienen und kräftige Hummeln sind bei diesen Überraschungsangriffen meistens chancenlos.

Eine Gehöckerte Krabbenspinne (Thomisus onustus) *in Weiß mit Beute auf den Blüten des Berg-Sandglöckchens. HP*

Die Gehöckerte Krabbenspinne kann in den Wärmegebieten Deutschlands gefunden werden, ähnlich wie der Dornfinger oder die Rote Röhrenspinne mit Verbreitungsschwerpunkten im Südwesten und im Nordosten.

Diese Gehöckerte Krabbenspinne ist durch die rosafarbenen Streifen schon recht gut getarnt und hat eine Fliege erbeutet. Ein Männchen nutzt die günstige Situation zur Paarung auf der Bauchseite des Weibchens – seine dunkelbraunen Beine sind sichtbar. HP

Die Gehöckerte Krabbenspinne in der selbst gewählten Farbvariante »Rosa«. HP

Die Braune Tageule (Euclidia glyphica), *ein häufiger, tagaktiver Nachtfalter, hat die Veränderliche Krabbenspinne* (Misumena vatia) *auf den Baldrianblüten in den Feuchtwiesen des Ferbitzer Bruchs nicht bemerkt. HP*

Namensgebend für die Art sind die beiden seitlichen »Höcker« auf dem Hinterleib. In den Sandgebieten Brandenburgs kann man diese Art besonders häufig auf Berg-Sandglöckchen entdecken, und zwar in unterschiedlichen Farbvarianten. Weiße Spinnen können gelbe Farbelemente aufweisen, in vielen Fällen sind sie jedoch rosa gestreift. Gelegentlich findet man auch fast vollständig rosa gefärbte Exemplare. Um sich besser zu tarnen, kann diese Spinne nämlich ihre Farbe von Weiß zu Gelb oder zu Rosa wechseln.

Sehr viel weiter verbreitet ist die Veränderliche Krabbenspinne *(Misumena vatia)*, die auf trockenen ebenso wie auf feuchten Wiesen auftreten kann. Von ihr sind weiße und leuchtend gelbe Weibchen zu finden, manchmal mit wenigen grünlichen oder rötlichen Längsstreifen. Der Farbwechsel dieser beiden Krabbenspinnenarten zu Gelb oder Rosa gelingt durch die Einlagerung eines flüssigen Farbstoffs in die obere Zellschicht des Körpers. Wird der Farbstoff ins Körperinnere verlagert oder sogar mit dem Kot ausgeschieden, erscheint die Spinne wieder weiß. Die Spinne passt sich in der Farbe nach Möglichkeit der Umgebung an, was aber immer einige Zeit in Anspruch nimmt. Die Männchen der Krabbenspinnen sind deutlich kleiner, zierlicher und in der Regel dunkler gefärbt als die Weibchen. Im Frühsommer suchen sie die Weibchen zur Paarung auf den Blüten auf.

Auch die Krabbenspinnen sind eine sehr artenreiche Familie, deren Vertreter in unterschiedlichen Lebensräumen nicht nur auf Blüten, sondern auch auf Blättern, Gräsern, Baumrinde oder am Boden lauern.

Ein großer Jäger im Feuchtgebiet

Im Ferbitzer Bruch, dem großen Feuchtgebiet im westlichen Teil der Döberitzer Heide, kann man auf den Feuchtwiesen und an den Gewässern mit etwas Glück der Gerandeten Jagdspinne *(Dolomedes fimbriatus)* begegnen. Ihr dunkelbrauner Körper weist seitlich in den meisten Fällen einen breiten, vorn gelben, am Hinterkörper weißlichen Streifen auf. Die riesigen Weibchen werden bis zu 22 Millimeter lang, zählen zu den größten Spinnen Deutschlands und können neben Insekten von der Wasseroberfläche aus oder tauchend sogar Kaulquappen und kleine Fische erbeuten, die anschließend an Land verzehrt werden.

Beeindruckend: eine Gerandete Jagdspinne (Dolomedes fimbriatus) *auf einer Pfeifengraswiese im Ferbitzer Bruch. HP*

Wildbienen und Wespen – Einblicke in kuriose Lebensgeschichten

Bienen im Sand

Die Frühlings-Seidenbiene *(Colletes cunicularius)* zeigt sich zu Beginn der »Insektensaison« im März und April als eine prägende Art in der Döberitzer Heide. Überall entlang der Wege, zum Beispiel am Zaun um die Kernzone, schwärmen an den ersten warmen Frühlingstagen die Männchen in großer Zahl dicht über dem Boden. Sie erwarten hier die schlüpfenden Weibchen, auf die sie sich bei jeder Gelegenheit stürzen, um sich zu paaren. Gelegentlich bilden sich dabei regelrechte »Paarungskugeln«, in denen mehrere Männchen versuchen, ein Weibchen zu umklammern. Die Weibchen sind der Honigbiene recht ähnlich, aber an der einheitlichen dunkelbraunen Färbung und der kräftigen braunen Behaarung auf dem Thorax zu bestimmen. Die etwas zierlicheren Männchen sind durch eine kräftige, helle Gesichtsbehaarung gekennzeichnet.

Die Nistplätze der Frühlings-Seidenbienen finden sich an offenen Bodenstellen, auf ebenen oder schwach geneigten, sandigen Flächen. Hier kann man im April beobachten, wie die Weibchen leuchtend gelben Pollen eintragen. Gesammelt wird dieser vorzugsweise an blühenden Weiden. Auch um die Weidenkronen schwärmen Männchen in der Hoffnung, hier noch paarungsbereite Weibchen zu finden. Sammelnde Weibchen wehren zudringliche Männchen aber in der Regel ab. Für den Bau der Nester graben die Seidenbienen-Weibchen etwa 20 bis 30 Zentimeter lange Gänge in den Boden, von denen einzelne Seitengänge mit Nistzellen abzweigen. In jeder Zelle, die mit einem seidigen Sekret ausgekleidet ist, wird ein Ei zu dem mit Nektar verkneteten Pollen gelegt. Die heranwachsende Larve ernährt sich später von diesem Vorrat.

Die Döberitzer Heide stellt mit ihrer Kombination aus trockenen, sandigen Bereichen für die Anlage der Nester und den feuchteren Bereichen insbesondere im Ferbitzer Bruch mit zahlreichen Weiden als Nahrungsgründen ein optimales Areal für die Frühlings-Seidenbiene dar. Prinzipiell ist sie aber weit verbreitet, sodass man Ansammlungen von Nestern auch mitten in Ortschaften, beispielsweise in Park- und Sportanlagen, finden kann.[11]

Einen eindrucksvollen Gegenspieler hat die Frühlings-Seidenbiene in der Großen Blutbiene *(Sphecodes albilabris)*, auch Auen-Buckelbiene genannt, die als Futterparasit schnell an deren Nistplätzen auftaucht und mit ihrem leuchtend roten Hinterleib nicht zu übersehen ist. Sie dringt in die Nester ein, legt ihre Eier dort ab und entfernt das Ei oder die Larve der Wirtsbiene, sodass ihre Larven von dem fremden Pollenvorrat leben.[12]

Paarung der Frühlings-Seidenbiene (Colletes cunicularius) *im März am Nistplatz in der Döberitzer Heide. HP*

Weibchen der Frühlings-Seidenbiene an Weidenblüten. HP

Mit leuchtend gelbem Weidenpollen in den Haarbürsten der Hinterbeine ist dieses Weibchen der Frühlings-Seidenbiene zum Nistplatz zurückgekehrt. HP

Blut- oder Buckelbienen sammeln als »Kuckucksbienen« also keinen eigenen Pollen. Während die Frühlings-Seidenbienen stets im Frühjahr aus den Nestern schlüpfen, kommen die Großen Blutbienen noch im Sommer desselben Jahres hervor. Sie besuchen in dieser Zeit Blüten zur Nektaraufnahme und finden sich dazu unter anderem an Heidekraut ein. Nach der Paarung sterben die Männchen, während die Weibchen überwintern, um im April wieder ihre kreisenden Flüge dicht über dem Sandboden auf der Suche nach Seidenbienennestern zu vollführen.[13]

Im Frühling belauert die Große Blutbiene oder Auen-Buckelbiene (Sphecodes albilabris) *als Kuckucksbiene die Nistplätze der Frühlings-Seidenbiene, um ihre Eier in deren Nestern ablegen zu können. HP*

Zwei Monate später: Die Junisonne sorgt für heiße Tage, die Insektenvielfalt auf Wiesen, Sandrasen und Dünen explodiert jetzt regelrecht. Es ist in dieser Zeit nicht einfach, sich auf eine bestimmte Art zu fokussieren – Schmetterlinge, Bienen, Wespen, Fliegen flattern und schwirren umher. Besondere Anziehungspunkte sind die blauen und nektarreichen Blüten von Gewöhnlichem Natternkopf *(Echium vulgare)* und Gemeiner Ochsenzunge *(Anchusa officinalis)*. Doch ein Summen hebt sich von allen anderen Fluggeräuschen ab – ein hoher, eindringlicher Ton ist immer wieder in der Nähe dieser und weiterer Pflanzen zu hören. Der Verursacher lässt sich leicht ausfindig machen: die Dünen-Pelzbiene *(Anthophora bimaculata)*, eine recht kleine, aber kompakt wirkende Biene mit faszinierenden großen, bläulich grünen Augen. Blitzartig saust sie von Blüte zu Blüte, nur kurz verharrt sie jeweils zur Nektaraufnahme. Die bürstenartige Behaarung an den Hinterbeinen ist recht auffällig, und das Weibchen trägt auf dem hellen Gesicht zwei große, kantige dunkle Flecken. Es ist eine typische Sommerart, die ihre Nester ebenfalls im Sandboden anlegt und charakteristisch für offene Sandlebensräume ist. Sie ist deutschlandweit selten geworden und gilt als gefährdet (Rote Liste 3).

Noch seltener (Rote Liste 2) und in jüngerer Zeit in Deutschland offenbar überhaupt nur noch in den Sandgebieten Brandenburgs nachgewiesen ist die Flockenblumen-Langhornbiene *(Tetraloniella dentata)*.[14] Ihre Augen sind denen der Dünen-Pelzbiene sehr ähnlich, die Art ist aber größer, und die Männchen tragen sehr lange, beim Blütenbesuch schräg nach hinten gerichtete Fühler. Wie der Name vermuten lässt, sind Flockenblumen-Langhornbienen auf Korbblütler (Asteraceae), insbesondere auf Flockenblumen (Gattung *Centaurea*), spezialisiert, auf denen man sie mit etwas Glück in Wanninchen oder in der Döberitzer Heide im Hochsommer beobachten kann.[15]

Im Spätsommer trinken Große Blutbienen häufig Nektar an den Blüten der Besenheide. HP

Porträt eines Weibchens der Dünen-Pelzbiene (Anthophora bimaculata) *an Gemeiner Ochsenzunge* (Anchusa officinalis). *HP*

Lange, gebogene Fühler – ein Markenzeichen der Männchen der Flockenblumen-Langhornbiene (Tetraloniella dentata) *beim Blütenbesuch in Wanninchen. HP*

In den langen Haarbürsten der Hinterbeine kann die Braunbürstige Hosenbiene (Dasypoda hirtipes) *riesige Pollenmengen transportieren. HP*

Ein Weibchen der Braunbürstigen Hosenbiene ruht im Nesteingang. HP

Die Wegwarte (Cichorium intybus) *ist bei der Braunbürstigen Hosenbiene sehr beliebt – hier hat sie schon sehr viel weißen Pollen gesammelt. HP*

Deutlich weiter verbreitet und häufiger – und daher »nur« auf der Vorwarnliste geführt – ist die vielleicht auffälligste aller Bienen, die im Sand nisten: die Braunbürstige Hosenbiene *(Dasypoda hirtipes)*. Auch sie ist eine Sommerart, die auf Korbblütler spezialisiert ist. Besonders gern sucht sie die Blüten der Wegwarte *(Cichorium intybus)* auf, deren weißen Pollen sie in den langen braunen Haaren der Hinterbeine sammelt.[16] Diese langen Haarbürsten ermöglichen es ihr, große Pollenmengen aufzunehmen, bevor sie ins Nest zurückkehrt – möglicherweise eine Anpassung daran, dass ihre bevorzugten Nahrungsquellen ihre Blüten meist schon am frühen Nachmittag schließen. Die weiten »Hosen« mit den hell leuchtenden Pollenmassen an den Hinterbeinen sind jedenfalls ein hervorstechendes Merkmal der Weibchen, die in den Dünen Wanninchens ebenso nisten wie in den Heidelandschaften. Die Nester dieser Hosenbienen, die oft in größerer Zahl nebeneinander liegen, sind durch einen kleinen Sandhügel mit einem meist leicht seitlich angelegten Eingangsloch charakterisiert. In sandigen Regionen kann die Braunbürstige Hosenbiene auch in Ortschaften vorkommen, wo sie ihre Nester sogar in Pflastersteinfugen anlegt.[17] Wer sie in den Garten locken möchte, sollte auf zu häufiges Rasenmähen verzichten, sodass dort Korbblütler wie Gewöhnliches Ferkelkraut *(Hypochaeris radicata)* zum Blühen kommen können.

Nur zum Nektartrinken legt dieses Männchen der Heidekraut-Sandbiene (Andrena fuscipes) *eine kurze Flugpause ein. HP*

Deutlich ist heller Heidepollen im Pelz dieses sammelnden Weibchens der Heidekraut-Sandbiene erkennbar – insbesondere in der Hinterbeinbürste. HP

Heidebienen

Die Besenheide *(Calluna vulgaris)* prägt zur Blütezeit im August und September das prächtige Landschaftsbild in der Kyritz-Ruppiner Heide, aber auch in Teilen der Döberitzer und der Tangersdorfer Heide. Die in zartem Rotviolett schimmernde Heide sieht aber nicht nur hübsch aus, sondern produziert mit ihren dichten Blütenständen große Mengen an Pollen und Nektar. Folglich wird jeder Spaziergang durch die Heidelandschaften von einem Summen und Brummen begleitet: Honigbienen *(Apis mellifera)* sammeln hier sehr fleißig und stellen aus dem Nektar den beliebten Heidehonig her. Imker stellen ihre Stöcke daher gern in der Heide auf.

Neben diesen Haustieren profitieren auch einige Spezialisten unter den Wildbienen davon, dass hier noch großflächige Heidegebiete existieren – und auch sie zeigen sich schnell, wenn man die Blütenpracht aus der Nähe betrachtet. Sobald die Hauptblütezeit begonnen hat, meist um den 10. August herum, schwirren kleine, schlanke Bienen rastlos an den Zwergsträuchern umher. Sie gönnen sich kaum eine Pause, drehen Schleifen um die blühenden Zweige und lassen sich nur selten für einen kurzen Augenblick nieder. Dann nehmen sie als Stärkung Nektar aus den Heideblüten auf. Er liefert ihnen die notwendige Energie für ihre wilden Flüge. Die graubraune Behaarung dieser Unruhegeister wirkt etwas struppig, ihre Augen und Fühler wirken leicht überdimensioniert für ihre zierliche Gestalt. Es handelt sich um Männchen der Heidekraut-Sandbiene *(Andrena fuscipes)*. Ihre Suche kennt nur ein Ziel: Weibchen. Doch sie müssen sich gedulden, denn die Weibchen schlüpfen wie bei den meisten Bienenarten einige Tage oder sogar Wochen später als die Männchen. Dann müssen die Männchen schnell sein, bevor die Weibchen sich mit einem Konkurrenten eingelassen haben und alle weiteren Avancen abwehren. Das erklärt die Unruhe der Bienenmänner.

Ab Mitte August finden sich mehr und mehr Weibchen der Heidekraut-Sandbienen an den Blüten ein. Sie sind kräftiger gebaut als die Männchen, aber immer noch deutlich kleiner als Honigbienen. Wenn sie frisch geschlüpft sind, bedeckt ein dichter brauner Haarfilz den Brustabschnitt ihres Körpers. Deutliche Binden aus recht langen, hellen Haaren zieren die Hinterleibssegmente. Natürlich haben auch die Weibchen es auf den Nektar der Heideblüten abgesehen, aber vor allem sammeln sie hier Pollen. Blüte für Blüte suchen sie ab. Der helle Blütenstaub rieselt ihnen dabei entgegen und verfängt sich in ihren Haaren. Immer wieder streicht das Sandbienen-Weibchen nun über seinen Körper und verfrachtet den Pollen damit in die Haarbürsten der Hinterbeine, die als Sammelapparat dienen. Mit dieser proteinreichen Fracht fliegt es zu seinem Nest, das es in den Sandboden gegraben hat.

Bei den Heidekraut-Sandbienen gibt es wie bei vielen Bienenarten eine Kuckucksbiene, die oft ganz in der Nähe lauert und Sandbienennester wahrscheinlich durch Duftstoffe aufspüren kann: die Heide-Wespenbiene *(Nomada rufipes)*. Auch die Männchen und Weibchen dieser Art besuchen Heideblüten, allerdings ausschließlich zur Eigenversorgung mit Nektar. Die Heide-Wespenbiene ist darauf spezialisiert, ihre Eier in den Nestern der Heidekraut-Sandbiene abzulegen. Die schlüpfende Wespenbienenlarve beseitigt kurzerhand das Ei oder die Larve der Wirtsart und ernährt sich nun ihrerseits von dem Futterbrei.[18] Der Name »Wespenbiene«, den die ganze artenreiche, an unterschiedlichen Sandbienen parasitierende Gattung trägt, bezieht sich auf ihre gelb-schwarze, »wespenartige« Färbung.

Wer das Leben in der Heide aufmerksam betrachtet, wird zahlreiche weitere brummende Blütenbesucher aufspüren, vor allem verschiedene Hummelarten (*Bombus* sp.) und sehr oft auch die gelb-schwarzen, wehrhafte Wespen nachahmenden Sumpfschwebfliegen (die Große Sumpfschwebfliege, *Helophilus trivittatus*, und die Gemeine Sumpfschwebfliege, *Helophilus pendulus*). Und da ist noch eine andere Biene: Helle Binden auf dem dunkel glänzenden Hinterleib heben sich sehr kontrastreich ab. Außerdem zeigt sie ein spezielles Verhalten. Nach jedem Anflug an eine Blüte dreht sie sich flink herum und erntet Pollen und Nektar kopfüber.

Als Kuckucksbiene der Heidekraut-Sandbiene ist die Heide-Wespenbiene (Nomada rufipes) *nur am Nektar der Heideblüten interessiert. Pollen sammelt sie nicht. HP*

Die Heidekraut-Seidenbiene *(Colletes succinctus)* nistet ebenfalls im Sandboden. Ihr deutscher Gattungsname bezieht sich auf die seidenartige Membran, mit dem sie ihre Brutzellen auskleidet. Da der Kampf um wertvolle Ressourcen in der Natur meist unerbittlich geführt wird, wird auch diese Art von einer Kuckucksbiene bedrängt, und zwar von einer ganz besonders attraktiven: Die Heide-Filzbiene *(Epeolus cruciger)* würde man auf den ersten Blick gar nicht für eine Biene halten. Die großen Komplexaugen der Männchen sind grün, die der Weibchen rot, bei beiden Geschlechtern erscheinen sie mit dunklen Flecken eigentümlich marmoriert. Die Beine sind dunkelrot gefärbt. Quer über den schwarzen Hinterleib ziehen sich weiße Flecken, sodass auf der Oberseite, meist von den Flügeln verdeckt, ein schwarzes Kreuz erkennbar wird (daher der lateinische Artname *cruciger* – »kreuztragend«). Wenn die Weibchen nicht gerade an Heideblüten Nektar trinken, kann man sie häufig dabei beobachten, wie sie dicht über dem Boden Suchflüge vollführen. Machen sie dabei den Nesteingang einer Heidekraut-Seidenbiene ausfindig, schlüpfen sie blitzschnell hinein. Es kann nun einige Minuten dauern, während sie unterirdisch die Nistzellen heimsuchen und das eine oder andere Ei ablegen. Dann kommen sie wieder ans Tageslicht, putzen sich nach ihrem erfolgreichen »Überfall« meist noch in der Nähe, stärken sich mit Heidenektar und fliegen dann weiter – auf der Suche nach dem nächsten Seidenbienennest.

Die Heidekraut-Seidenbiene (Colletes succinctus) *sammelt den Heidepollen stets kopfüber. HP*

Die Heide-Filzbiene (Epeolus cruciger) *nutzt als Kuckucksbiene der Heidekraut-Seidenbiene ebenfalls gern den Heidenektar als Energiequelle. HP*

Dieses Weibchen der Heide-Filzbiene verlässt nach wohl erfolgreicher Eiablage gerade das Sandnest einer Heidekraut-Seidenbiene. HP

Unzählige solcher kleinen Dramen spielen sich in der blühenden Heidelandschaft täglich ab. Den Wirtsbienen schadet das Treiben der Kuckucksbienen nicht wirklich. Sie legen so viele Nistzellen im Sandboden an, dass bei Sand- und Seidenbienen immer genug Nachwuchs durchkommt. Umgekehrt sind die Kuckucksbienen aber von der Existenz ihrer Wirte abhängig – und die wiederum von der Heide. Da große Heideflächen in den letzten Jahrzehnten immer seltener geworden sind, wird auch dieses »Heidequartett« selten: Heidekraut-Sandbiene, Heidekraut-Seidenbiene und Heide-Wespenbiene stehen auf der Vorwarnliste der Roten Liste der Bienen Deutschlands, die Heide-Filzbiene wird bereits als gefährdet (Rote Liste 3) geführt.

Ölblumen, Schenkelbienen und ein besonders hübscher Kuckuck

In den Feuchtwiesen des Ferbitzer Bruchs im westlichen Teil der Döberitzer Heide wachsen vor allem dort, wo nasse Hochstaudenfluren mit Echtem Mädesüß *(Filipendula ulmaria)* vorherrschen, große Bestände von Gewöhnlichem Gilbweiderich *(Lysimachia vulgaris)*. Sie prägen mit ihren leuchtend gelben Blütenständen im Sommer das Landschaftsbild mit. In Mitteleuropa stellen Gilbweideriche eine botanische Besonderheit dar, denn ihre Blüten produzieren keinen süßen Nektar, sondern Öle. Und tatsächlich kann man im Ferbitzer Bruch – wie in vielen anderen Feuchtgebieten mit Gewöhnlichem Gilbweiderich auch – eine Biene finden, die sich auf die Pollen und das Blumenöl dieser Pflanze spezialisiert hat. Es ist die Auen-Schenkelbiene *(Macropis europaea)*, die recht leise und unauffällig von Blüte zu Blüte fliegt. Das Öl sorgt dafür, dass der Pollen nicht wie bei den meisten Wildbienen trocken in den Haaren transportiert wird, sondern in fettig glänzenden, massigen Klumpen wie Teig an den Hinterbeinen klebt. Auf diese Weise kann ein einzelnes Bienenweibchen große Pollenmengen transportieren. Beim Blütenbesuch werden die Hinterbeine eigentümlich nach oben abgewinkelt.[19]

Zur eigenen Energieversorgung müssen die Schenkelbienen andere Blüten aufsuchen, in denen sie Nektar finden. Sehr beliebt ist zu diesem Zweck der Sumpf-Storchschnabel *(Geranium palustre)* mit seinen pink-violetten Blüten. Die Männchen findet man hier regelmäßig, sofern sie nicht gerade an Gilbweiderich-

Dieses Weibchen der Auen-Schenkelbiene (Macropis europaea) *hat bereits eine große Menge Pollen an den Hinterbeinen zu Klumpen geformt. HP*

Typisch für die Männchen der Auen-Schenkelbiene: gelbe Gesichtsmaske und verdickte Hinterschenkel. Dieses Exemplar hat eine Blüte des Sumpf-Storchschnabels (Geranium palustre) *aufgesucht. HP*

Ein Schmuckbienenweibchen stärkt sich auf den Feuchtwiesen des Ferbitzer Bruchs am Nektar des Sumpf-Storchschnabels. HP

Wie ein Wesen aus einer anderen Welt: ein Schmuckbienen-Männchen (Epeoloides coecutiens). *HP*

blüten auf der Suche nach Weibchen patrouillieren. Charakteristische Merkmale sind die leuchtend gelbe Gesichtsmaske und die verdickten Schenkel der Hinterbeine – daher die Bezeichnung »Schenkelbienen«. Ihre Nester graben Schenkelbienen recht versteckt in den Boden.

Wo Schenkelbienen fliegen, besteht die Chance, auch eine der hübschesten heimischen Kuckucksbienen ausfindig zu machen: die Schmuckbiene *(Epeoloides coecutiens)*. Diese bunt gefärbte Art, die in den Nestern der Schenkelbienen schmarotzt, sucht ebenfalls gern die Blüten des Sumpf-Storchschnabels, aber auch vieler anderer Pflanzen in den Feuchtwiesen zum Nektartrinken auf. Zu Beginn der Flugzeit treten die Männchen mit ihren blaugrünen Augen und dem rostroten Hinterleib in Erscheinung. Die ebenfalls schmucken Weibchen sind insgesamt etwas dunkler gefärbt; an den Seiten des roten Hinterleibs leuchten jedoch weiße Haarflecken. Die vielfältige Welt der Bienen wartet also auch in den Feuchtgebieten mit echten Highlights auf.

Die Heide-Feldwespe und andere Faltenwespen

Ein sonniger Maimorgen auf einem Sandtrockenrasen in der Döberitzer Heide: Zauneidechsen liegen noch träge in der Sonne, die ersten Schmetterlinge flattern umher. An einem trockenen Halm, kaum 20 Zentimeter über dem Boden, springt eine Wabe aus grauem Material ins Auge. An einem dünnen Stiel befestigt, öffnet sie sich zur Seite hin. In den mittleren der rund 40 Zellen liegen regungslos ein paar weißliche Larven, in einigen der äußeren Zellen ist jeweils ein blassgelbes, längliches Ei nahe der Zellwand erkennbar.

Plötzlich landet eine Wespe auf dem Rand des papierartigen Gebildes, in den kräftigen Kiefern eine grüne, halb zerkaute Beute – ob eine Schmetterlingsraupe oder eine Käferlarve, lässt sich nicht mehr erkennen. Bei der Wespe handelt es sich, am breiten, schwarzen Querstreifen auf dem gelben Gesichtsschild deutlich erkennbar, um eine Heide-Feldwespe *(Polistes nimpha)*. Feldwespen (Unterfamilie Polistinae) bauen stets offene Waben ohne Papierhülle und gehören zur Familie der Faltenwespen (Vespidae), die ihre Flügel in Längsrichtung namensgebend falten.[20]

In aller Ruhe zerlegt die Feldwespe die mitgebrachte Nahrung weiter. Schließlich begibt sie sich auf die Wabe und versenkt ihren Kopf in den Zellen, in denen ihre Larven geduldig warten. Nun werden sie mit dem

Heide-Feldwespe (Polistes nimpha) *im Mai: Die Nestgründerin ist mit einer erbeuteten Insektenlarve am Nestrand gelandet. HP*

Den vorbereiteten Futterbrei verteilt die Heide-Feldwespe an ihre Larven, die in den Zellen der Papierwabe heranwachsen. HP

sorgsam zubereiteten Nahrungsbrei gefüttert. Es ist eine harte Zeit für die Königin des kleinen Volkes, das hier gerade entsteht. Von festem, abgestorbenem Holz hat sie Fasern abgeschabt und mit ihrem Speichel zu einer Masse geformt, aus der sie Schicht für Schicht die Wabe errichtet hat. Nun muss sie so lange allein den Nachwuchs großziehen, bis die ersten Arbeiterinnen schlüpfen und sie bei der Nahrungsbeschaffung und der Verteidigung des Nestes unterstützen. Die Larven spinnen zuvor einen weißen Deckel über ihre Zelle und verpuppen sich darin.

Einige Monate später, Mitte August, steht die Besenheide am Nordrand der Döberitzer Heide in voller Blüte. Mitten in den Heidekrautbeständen zeichnet sich unterhalb der Blüten wiederum ein Nest der Heide-Feldwespe ab. Mehrere Arbeiterinnen halten hier permanent Wache, einige fächeln kühlende Luft auf die Waben. Ganz in der Nähe spielt sich eine kuriose Szene ab: An den holzigen Stängeln des Heidekrauts hängt ein großer Klumpen von Männchen dieser Wespen. Eine gelbe Gesichtsmaske, grüne Augen und gekrümmte Fühlerenden prägen ihr typisches Erscheinungsbild. Sie wurden angelockt vom verführerischen Duft eines Weibchens – einer Jungkönigin, die gerade geschlüpft und paarungsbereit ist. Im Zentrum des Gebildes kommt ein Männchen zum Zuge; die anderen fliegen nach und nach davon. Mit dem Ausfliegen von Jungköniginnen und

Heide-Feldwespe im August: Mehrere Arbeiterinnen helfen bei der Bewachung und Versorgung des Nestes. HP

Im Zentrum dieses Männchenknäuels steckt irgendwo das Ziel der Begierde: eine soeben ausgeflogene Jungkönigin der Heide-Feldwespe. HP

Männchen hat das Feldwespenvolk seinen Zyklus vollendet. Wenige Wochen später ist das Nest verlassen. Nur die Jungköniginnen überwintern in Verstecken und gründen, sofern sie die kalte Jahreszeit überstehen, im nächsten Frühjahr neue Völker.

Noch eine weitere Feldwespenart ist in der Döberitzer Heide häufig: die Haus-Feldwespe *(Polistes dominula)*. Ihr Gesichtsschild ist entweder ganz gelb gefärbt oder trägt einen mehr oder weniger kräftigen schwarzen Fleck. Ihre Nester legt sie bevorzugt im Schutz vom Menschen geschaffener Strukturen an: unter den Dächern der Holzpavillons, in den Wracks alter (militärischer) Fahrzeuge oder in den offenen Metallrohren der Weidezauntore. Feldwespen sind nicht besonders aggressiv, verteidigen ihr Nest aber bei direkter Bedrohung dennoch mit Stichen – daher ist beim Öffnen eines von Feldwespen besiedelten Tores durchaus Vorsicht geboten. An den Rastplätzen der Wanderwege kann man hingegen aus sicherer Entfernung unmittelbar das Treiben auf den offenen Nestwaben an den Unterseiten der Schutzhüttendächer beobachten. Nestgründungen erfolgen nicht selten polygyn, also von mehreren Weibchen gemeinsam. Die Völker sind bis September aktiv; Paarungen finden im Herbst oft direkt auf den Nestern statt. Feldwespen besuchen zur Eigenversorgung mit Nektar sehr häufig verschiedene Blüten, Insekten werden ausschließlich zur Fütterung der Larven gefangen.

Eine andere Unterfamilie der Faltenwespen, die Echten Wespen (Vespinae), umgeben ihre Waben, die in mehreren Stockwerken angelegt werden, stets mit Schutzhüllen aus Papier. Zu dieser Gruppe zählen auch die beiden einzigen uns an Kuchen, süßen Getränken oder Grillfleisch lästig werdenden Arten, nämlich die Deutsche und die Gemeine Wespe (*Vespula germanica* und *Vespula vulgaris*). Ihre großen, bis in den Spätherbst aktiven Völker entwickeln sich jedoch in dunklen Verstecken – etwa in verlassenen Nagetierbauten unter der Erde oder in Rollladenkästen. Aber auch die Hornisse *(Vespa crabro)* als größte Vertreterin gehört in diese Verwandtschaft. Ihre Nester findet man in Baumhöhlen oder anderen Hohlräumen wie Vogelnistkästen oder in altem Mauerwerk – wie in manchen Jahren im historischen Obelisken auf der Döberitzer Heide. Das Material für ihre Nester sucht die Hornisse stets an morschem Holz, sodass ihr »Papier« eine bräunliche

Ziel erreicht: Dieses Männchen der Heide-Feldwespe, erkennbar an den hellgrünen Augen, hat sich mit der Jungkönigin gepaart. HP

Unter dem Dach eines Holzpavillons an einem Wanderrastplatz der Döberitzer Heide haben Haus-Feldwespen (Polistes dominula) *ihre Papierwaben befestigt. HP*

Färbung aufweist. Wenn sie Beute macht, wendet sie eine Überfalltaktik an: Sie fliegt rasante Schleifen über den Blütenständen von bei Insekten besonders beliebten Pflanzen wie Brombeeren und ergreift hier unvermittelt Wespen, Schwebfliegen oder auch Honigbienen. Mit ihrem Opfer hängt sie sich kopfüber an einer Pflanze auf und entfernt Kopf, Flügel, Beine und Hinterleib. Die proteinhaltige Brustmuskulatur verfüttert sie im Nest an ihre Larven.

Eine Hornissenkönigin (Vespa crabro) *schabt von Totholz in der Döberitzer Heide Material für den Nestbau ab. HP*

Typische »Zerlegeposition« einer Hornisse nach erfolgreicher Jagd an Brombeerblüten: Die Brustmuskulatur der Beute wird herauspräpariert. HP

Frei in Büschen oder Bäumen errichtet die Mittlere Wespe *(Dolichovespula media)* ihre grauen Papiernester. Diese recht dunkel gefärbten Wespen sind viel friedlicher als die Arbeiterinnen von Deutscher oder Gemeiner Wespe; aus Unkenntnis werden ihre Nester in Gärten jedoch leider oft vernichtet. Schon Ende Juli kommt die Entwicklung eines solchen Volkes, das meist nur einige hundert Arbeiterinnen umfasst, zum Abschluss, wenn Jungköniginnen und Männchen das Nest verlassen.

Doch nicht alle Faltenwespen bilden mehr oder weniger individuenreiche Völker. Neben den sozialen Feldwespen und Echten Wespen bilden die Lehmwespen (Eumeninae) mit solitär lebenden Arten eine dritte Unterfamilie. Sie fertigen Nistzellen aus Lehm artspezifisch in hohlen Pflanzenstängeln, verlassenen Wildbienennestern oder auch auf der Oberfläche von Steinen an – aber eine Art ist besonders charakteristisch für trockene, sandige Heidelandschaften: die Dünen-Faltenwespe *(Pterocheilus phaleratus)*. Sie trägt Raupen aus der Schmetterlingsfamilie der Sackträger (Psychidae) in Nester ein, die sie im Sandboden am Ende selbst gegrabener Gänge anlegt. Zum Sandtransport nutzt sie ihre langen, behaarten Mundwerkzeuge ähnlich wie einen Korb. Ein für Wespen außergewöhnliches Verhalten zeigt sie auch beim Blütenbesuch: Sie begeht zum Beispiel an den blauen Blüten von Echtem Natternkopf *(Echium vulgare)* Nektarraub, indem sie die Blütenkelche von außen

Hornissen am Nesteingang im Mauerwerk des Obelisken in der Döberitzer Heide. HP

mit ihrem Saugrüssel ansticht. Manchmal kann man an heißen Sommertagen Dünen-Faltenwespen in größerer Zahl dabei beobachten, wie sie die Natternkopfblütenstände geradezu umschwärmen.

Faszinierende Fliegenjäger – Kreiselwespen und ihre grabende Verwandtschaft

Ein lautes Brummen erfüllt die Luft. Blitzschnell und wendig fliegt eine große, kompakte, gelb-schwarz gemusterte Wespe herbei und lässt sich auf dem trockenen, kaum bewachsenen Sandboden nieder. Sie trippelt einige Schritte vorwärts, mit den Spitzen ihrer nach vorn geneigten Antennen den Sand abtastend. Nun

Am Stamm einer Weide im Ferbitzer Bruch, dem großen Feuchtgebiet in der Döberitzer Heide, hängt dieses Nest der Mittleren Wespe (Dolichovespula media). *HP*

Die Dünen-Faltenwespe (Pterocheilus phaleratus) *beim Nektarraub an Gewöhnlichem Natternkopf* (Echium vulgare). *HP*

Eine Arbeiterin der Mittleren Wespe bei Bauarbeiten an der Papierhülle des Nests. HP

Unter dem Kopf der Dünen-Faltenwespe sind deutlich die verlängerten Mundwerkzeuge zu erkennen, mit deren Hilfe sie Sand transportieren kann. HP

Die Kreiselwespe hat soeben eine Schwebfliege an blühendem Heidekraut erbeutet. HP

verharrt sie, krümmt ihre mit einem kräftigen Borstenkamm besetzten Vordertarsen nach innen und beginnt rasend schnell den Sand aufzugraben, der unablässig in einer bogenförmigen Fontäne unter ihrem Körper hindurch nach hinten geschleudert wird. Nach kurzer Zeit hat sie den Eingang zu ihrem Nest freigelegt und schlüpft hinein. In direkter Nachbarschaft spielt sich

Mit den riesigen grünen Komplexaugen hat dieses Kreiselwespenmännchen (Bembix rostrata) *seine Umgebung auf den Dünen Wanninchens genau im Blick. HP*

eine andere Szene ab: Zwei Männchen haben es auf ein Weibchen abgesehen und verfolgen es in wilden, wellen- und schleifenförmigen Flügen. Als es am Nest landet, bleiben die Männchen im Schwirrflug in der Nähe.[21]

Kein von Insekten begeisterter Naturfreund kann sich der Faszination der Kreiselwespe *(Bembix rostrata)* entziehen, wenn er einmal ihr eindrucksvolles Treiben am Nistplatz erlebt hat. Mit ihrer Größe, ihren Flugkünsten und ihrer unermüdlichen Brutfürsorge zählt sie zu den besonderen Attraktionen der heimischen Insektenwelt. Die einzige nach Bundesartenschutzverordnung geschützte Grabwespe ist allerdings selten, denn ihre Lebensräume – meist offene Sandflächen von Binnendünen – sind vielerorts verschwunden.

Schon die Gestalt der Kreiselwespe ist imposant: Mit rund zwei Zentimeter Länge zählt sie zu den größten heimischen Grabwespen. Die großen Augen schimmern in einem aparten Grünton. Auf dem Rücken trägt sie geschwungene gelbe oder weißliche Querbinden. Beine und Gesicht sind überwiegend gelb gefärbt, die Oberlippe ist schnabelartig nach unten verlängert. Es ist eine Hochsommerart, die sich von Juni bis August beobachten lässt. Ihre Nester gräbt sie in Ansammlungen von

Dutzenden, manchmal sogar Hunderten von Tieren sehr standorttreu zehn bis 20 Zentimeter tief in feinsandigen Boden. In Mitteuropa sind punktuell Binnendünen und Sandgruben besiedelt, etwa in der Rheinebene. Auch die großen, offenen Sandflächen von Wanninchen und in der Döberitzer Heide nutzt die Kreiselwespe zum Nisten. In Wanninchen zählt sie sogar zu den ausgesprochenen Charaktertieren.

In jeder unterirdischen Nistzelle entwickelt sich eine Kreiselwespenlarve und ernährt sich von Fliegen, die von ihrer Mutter erbeutet, mit einem Stich gelähmt und in das Nest getragen worden sind. Während die Larve heranwächst, öffnet das Kreiselwespenweibchen regelmäßig das Nest und liefert neue Fliegen nach. Diese sind zunächst meist klein, beispielsweise zarte Schwebfliegen; schließlich werden aber sogar große Bremsen herbeigeschafft. Jede Kreiselwespe kümmert sich immer nur um eine Larve und versorgt sie in rund einer Woche mit 50 bis 60 Fliegen. So kann sie insgesamt nur bis zu sechs Larven großziehen. Nach jedem Versorgungsgang verschließt das Weibchen den Nesteingang sorgfältig. Für Feinde wie die in Deutschland sehr seltene Goldwespe *Parnopes grandior* soll er damit unsichtbar bleiben. Bei offenen Nistgängen in der Kolonie handelt es sich hingegen meist um Schlafnester der Männchen.[22]

Die offenen Lebensräume der »Märkischen Streusandbüchse«, wie die Mark Brandenburg wegen ihrer vorherrschenden Sandböden auch genannt wird, stellen ein ideales Terrain für sehr viele Grabwespen dar. Ihr Beutespektrum ist jeweils sehr eng gefasst. Ein weiterer Fliegenjäger ist die Kotwespe *(Mellinus arvensis)*, die allerdings weitaus geringere Ansprüche an ihren Lebensraum stellt und daher sogar in Gärten vorkommen kann. Ihr wenig schmeichelhafter Name rührt daher, dass sie Fliegen überall dort nachstellt, wo sich diese bevorzugt aufhalten – eben unter anderem auf Kot.[23] In den Heidelandschaften ist sie jedoch sehr häufig auf den Blüten der Besenheide zu beobachten. Wie eine Raubkatze schleicht sich die schlanke, schwarz-gelb gezeichnete Grabwespe möglichst nah an eine Nektar trinkende Fliege heran. Dabei spielt es für sie keine erkennbare Rolle, ob es sich um eine Schwebfliege oder eine Schmeißfliege handelt. Auch Bienen oder anderen Wespen nähert sie sich manchmal mit großem Interesse, dreht jedoch sofort ab, wenn sie ihren »Irrtum« bemerkt. Nur Fliegen kommen als Nahrung für den Nachwuchs infrage. Ist sie nah genug, stürzt sich die

Während die weibliche Kreiselwespe die erbeutete Fliege mit dem mittleren Beinpaar unter ihrem Bauch festhält, gräbt sie mit den Vorderbeinen ihren Nistgang auf. HP

Die Kotwespe (Mellinus arvensis) *hält auf Heideblüten Ausschau nach Fliegen. HP*

Zum Flugtransport dreht die Kotwespe die gelähmte Fliege auf den Rücken und ergreift sie am Rüssel. HP

Gleich verschwindet die Kotwespe mit ihrer Beute im Nesteingang. HP

Ein weiblicher Bienenwolf (Philanthus triangulum) *mit erbeuteter Honigbiene bei einer Zwischenlandung in der Döberitzer Heide. HP*

Kotwespe blitzschnell auf ihre Beute, dreht die Fliege auf den Rücken und setzt einen gezielten Stich in die Bauchseite. Die Fliege ist auf der Stelle gelähmt, wird mit den Kiefern am Saugrüssel gepackt und in die Nähe des Nestes geflogen. Nester kann man in der Döberitzer Heide beispielsweise an Böschungen von Waldwegen finden. Der helle Sandaushub zeichnet sich dort kontrastreich auf Moospolstern ab. An der Spitze des kleinen Sandhügels befindet sich seitlich der offene Nesteingang, auf den die Wespe nun die letzten Zentimeter mit der Fliege zu Fuß zusteuert.

Ähnliche Nestanlagen stammen vom Bienenwolf *(Philanthus triangulum)*, der auf Honigbienen *(Apis mellifera)* spezialisiert ist. In schwerfälligem Anflug trägt er seine Beute unter dem Körper, und zwar mit der Bauchseite nach oben. Diese Position hat den bequemen Nebeneffekt, dass er der Biene zur Eigenversorgung den Honigmagen ausdrücken und den austretenden Honig direkt aufnehmen kann.[24] Auch wenn Bienenwölfe ähnlich wie Kotwespen ihre Nester gelegentlich in größeren Aggregationen anlegen, können die geringen Zahlen an Bienen, die sie zur Versorgung des eigenen Nachwuchses fangen, einem Honigbienenvolk mit seinen Tausenden von Arbeiterinnen nicht gefährlich werden.

Der Nistgang ist unterirdisch oft mehr als ein Meter lang. An seinem Ende legt das Bienenwolfweibchen nacheinander mehrere Zellen an, die mit den erbeuteten Bienen gefüllt und schließlich mit einem Ei belegt werden. Männliche Bienenwolflarven erhalten nur ein bis zwei Honigbienen als Nahrungsvorrat, weibliche werden mit drei bis fünf Beutetieren versorgt. Ein Nistgang kann letztlich in 3 bis 34 (meist rund 12) Nistzellen münden. Darin entwickeln sich die Larven über ein Puppenstadium bereits innerhalb von vier Wochen zu neuen Bienenwölfen, wenn in warmen Sommern eine zweite Generation erscheint; ansonsten überwintern die Ruhelarven und verpuppen sich erst im Folgejahr. Bienenwölfe lassen sich nicht nur bei Nestbau und Beuteeintrag leicht beobachten, sondern sind auch häufige Blütenbesucher. Charakteristisch sind die dreieckigen schwarzen Binden auf dem Hinterleib. Die zierlicheren Männchen tragen ein charakteristisches »Krönchen« auf der Stirn oberhalb der hellen Gesichtsmaske.

Während der Anlage einer neuen Nistzelle lagert das Bienenwolfweibchen die bereits erbeuteten Bienen im Nistgang zwischen. Auf solche Momente wartet offenbar die Bienenwolf-Goldwespe *(Hedychrum rutilans)*. Sie belauert das Geschehen in den Bienenwolfkolonien aufmerksam und dringt regelmäßig in die Nistgänge ein.[25] Findet sie eine erbeutete Biene, legt sie daran ein Ei ab – aus der entsprechenden Nistzelle wird später eine Goldwespe statt eines Bienenwolfs schlüpfen. Die Goldwespenlarve frisst die Bienenwolflarve und anschließend die eingetragenen Bienen.[26] Goldwespen (Chrysididae) werden wegen ihrer schillernden Farben gern als »fliegende Edelsteine« bezeichnet – die Gattung *Hedychrum* umfasst besonders große, hübsche Arten mit blaugrünen und kupferroten Färbungen.

Die farbenprächtige Bienenwolf-Goldwespe (Hedychrum rutilans) *wartet an den Nistplätzen der Bienenwölfe auf den richtigen Moment zur Eiablage. HP*

Manchmal sind die Beutetiere so groß und schwer, dass die Grabwespen sie gar nicht fliegend transportieren können. Die Sandwespen der Gattungen *Ammophila* (Langstiel-Sandwespen) und *Podalonia* (Kurzstiel-Sandwespen) erbeuten Nachtfalterraupen, die sie unter ihrem lang gestreckten Körper über große Strecken bis zu ihrem vorbereiteten Nistgang tragen.[27] *Podalonia affinis*

Schwere Beute: Die Kurzstiel-Sandwespe Podalonia affinis *trägt die Eulenfalterraupe zu ihrem Nest. HP*

Zikadenjäger mit grünen Augen: die kleine Grabwespe Bembecinus tridens *in Wanninchen. HP*

In die Tiefe: Von unten zieht die Kurzstiel-Sandwespe die Raupe nun in den Nistgang hinein. HP

Bunter Heuschreckenjäger in den Dünen Wanninchens: die Grabwespe Tachytes panzeri. *HP*

Die Kurzstiel-Sandwespe verschließt den Eingang zu ihrem Nest wieder, nachdem sie an die Raupe ein Ei gelegt hat. HP

ist beispielsweise in der Döberitzer Heide sehr häufig. Die roten Segmente der vorderen Hälfte des Hinterleibs heben sich wie bei mehreren ähnlichen Arten deutlich vom ansonsten schwarzen Körper ab. Sie gräbt im Boden an Wurzeln fressende, braune Raupen aus der Familie der Eulenfalter (Noctuidae) aus. Nicht selten kann man als Spaziergänger Zeuge werden, wie sie damit über die Sandwege läuft. Wer sich die entsprechende Zeit nimmt, kann sie bis zum Nest verfolgen und dann beobachten, wie die gelähmte Raupe sorgfältig vergraben wird.

Kotwespe, Bienenwolf und die meisten Arten der Sandwespengattungen sind noch relativ häufig in Deutschland. Manchmal nisten sie sogar in den Fugen zwischen Pflastersteinen auf Wegen. Die Kreiselwespe braucht jedoch zwingend größere, offene Sandflächen und ist daher nicht zuletzt durch das Zuwachsen ihrer Lebensräume bedroht. In Deutschland gilt sie als gefährdet (Rote Liste 3). Wo es jedoch so großflächige Dünenstrukturen wie in Wanninchen gibt, kann man sogar noch seltenere Grabwespen antreffen: Die viel kleinere, ansonsten ähnlich gemusterte Art *Bembecinus tridens*, die kleine Zikaden erbeutet, gilt ebenso wie die hübsche, Heuschrecken jagende *Tachytes panzeri* (ebenfalls mit grünen Augen!) als stark gefährdet (Rote Liste 2).[28] Dies ist nur eine kleine Auswahl der zahlreichen Grabwespenarten in diesen wertvollen Sandlebensräumen.

1 *Kraftakt: Die Frühlings-Wegwespe zieht die gelähmte Wolfspinne (*Trochosa sp.*) zu ihrem Nest.*
2 *Nachdem die Wespe mit der Wolfspinne am Nesteingang angekommen ist, inspiziert sie noch einmal das Innere.*
3, 4 *An den Spinnwarzen zieht die Frühlings-Wegwespe die Wolfspinne in ihren Nistgang hinein.*
5 *Festgestampft: Im Rückwärtsgang schiebt die Frühlings-Wegwespe den Sand wieder in den Nistgang und drückt ihn mit ihrem Hinterleib zusammen. HP*

1

2

Ein Spinnenjäger als Frühlingsbote

Die ersten richtig milden, sonnigen Frühlingstage des Jahres heizen manchmal schon im März den Sandboden in der Heidelandschaft auf. Endlich beginnt wieder die Zeit, um nach den langen, in dieser Hinsicht ereignisarmen Wintermonaten auf Insektensuche zu gehen! Tatsächlich wuselt an den Abbruchkanten und schmalen, der Sonne zugeneigten Böschungen entlang der Sandwege bereits recht häufig eine Wespe mit auffälligem Erscheinungsbild herum: die Frühlings-Wegwespe *(Anoplius viaticus)*. Sie ist mit bis zu 14 Millimeter Körperlänge recht groß und überwiegend schwarz gefärbt. Die Oberseiten (die sogenannten Tergite) ihrer ersten drei Hinterleibssegmente leuchten jedoch hellrot. An ihren Hinterrändern werden die Tergite jeweils von einer schwarzen Querbinde gesäumt, die in der Mitte spitzwinklig nach vorn ausgezogen ist. An diesem Muster ist die Art mit einiger Übung leicht zu erkennen – sie ist jedoch ohnehin die einzige Wegwespe, die so früh im Jahr schon aktiv ist. Sie lässt sich in diesen Tagen gern auf Steinen nieder, richtet ihren Körper parallel zu den einfallenden Sonnenstrahlen aus und schiebt ihre Flügel so weit wie möglich zur Seite, um möglichst viel Sonne tanken zu können.

Genießt sichtlich die Sonnenstrahlen zu Frühlingbeginn: eine Frühlings-Wegwespe (Anoplius viaticus). *HP*

Wer diese Wespe richtig in Aktion erleben möchte, sollte einige Tage später an die Stellen zurückkehren, an denen sie beim Sonnenbad zu beobachten war. Mit hoher Wahrscheinlichkeit sitzen dort jetzt auch große Wolfspinnen mitten auf den Sandwegen. Dies ist eigentlich merkwürdig, denn sie zählen fast alle zur Gattung *Trochosa*, die sich tagsüber in Spalten, unter Steinen oder Totholz verborgen halten. Nun ergreifen sie jedoch nicht einmal die Flucht, reagieren auch bei Berührung nicht. Sie sind zu keiner Bewegung fähig. Die Frühlings-Wegwespe hat sie in ihrem Versteck aufgespürt, mit einem Stich gelähmt und nun hier mitten auf dem Weg zwischengelagert – denn jetzt muss sie erst einmal ein Nest in den Sandboden graben. Mit den Vorderbeinen schiebt sie den Sand nach hinten unter dem Körper durch und hebt auf diese Weise einen Gang aus, der schließlich mehrere Zentimeter tief unter die Oberfläche reicht.

Während des Grabens legt die Frühlings-Wegwespe immer wieder Pausen ein, sonnt sich manchmal sogar wieder für kurze Zeit, füllt ihre Energiereserven mit Nektar der ersten Frühlingsblumen auf – die zarten Blütenstände des Frühlings-Hungerblümchens *(Erophila verna)* neigen sich unter dem Gewicht der Wespe zum Boden – und versichert sich vor allem regelmäßig, dass ihre erbeutete Spinne noch an der Ablagestelle liegt. Manchmal scheint sie die Orientierung zu verlieren und läuft zu ihrem Nistgang zurück, um von dort aus erneut

3

4

5

den Weg zur Spinne zu suchen. Dabei kann einige Zeit vergehen. Doch irgendwann hat sie sich die Lage jedes Steinchens und jedes Grashalms auf dem Weg so genau eingeprägt, dass sie sich nicht mehr verläuft. Sobald ihr Nest fertig ist, begibt sie sich ein letztes Mal zu der gelähmten Wolfspinne, ergreift mit ihren kräftigen Kiefern ihre oft riesenhafte Beute an der Unterseite des Vorderkörpers und zieht sie geschickt im Rückwärtsgang in Richtung der vorbereiteten unterirdischen Kammer. Neben dem Nesteingang legt sie die Spinne nun ab und verschwindet im Innern, um ein paar letzte Grabarbeiten vorzunehmen. Dann schiebt sie ihren Kopf aus der Öffnung heraus, zerrt die Spinne so über das Loch, dass sie ihre Beute von unten an den Spinnwarzen, die auf der Unterseite des Hinterkörpers liegen, packen kann, und zieht sie in die Tiefe.

Jetzt kann eine halbe Stunde vergehen, in der die Wespe in ihrem Nest bleibt und die Spinne optimal positioniert. Vor allem aber legt sie ein Ei zu ihrer Beute. Die daraus schlüpfende Larve findet in der großen Spinne eine reichhaltige Nahrung vor, die es ihr ermöglicht, ohne jeden Aufwand zügig heranzuwachsen. Zunächst aber muss die Wegwespe den Nistgang wieder sorgfältig verschließen. Dazu erscheint sie wieder an der Oberfläche und schiebt den Sandaushub in den Eingang zurück. Zwischendurch krümmt sie ihr beborstetes Hinterleibsende nach innen und stampft damit den Sand im Gang kräftig fest. Ist er komplett verfüllt, werden noch alle Spuren an der Oberfläche beseitigt: Mit ihrem Kopf schiebt die Wegwespe die Reste des Aushubs glatt und verteilt gegebenenfalls kleine Steinchen und Pflanzenreste wieder gleichmäßig an dieser Stelle. Nichts darf mehr auf das Nest einer Wegwespe hindeuten, um Konkurrenten und Parasiten fernzuhalten.

In idealen Sandlebensräumen kann man im April auf den Wegen regelmäßig im Abstand weniger Meter auf gelähmte Spinnen stoßen. Die Frühlings-Wegwespe ist hier so häufig, dass sich teils sogar mehrere Weibchen um eine Spinne streiten, indem sie in verschiedene Richtung an ihr ziehen oder sich sogar heftig gegenseitig attackieren.

Die Larven wachsen unterirdisch schnell heran, und die nächste Wegwespengeneration schlüpft schon im Sommer. Die Männchen suchen die Weibchen zur Paarung auf und sterben nach wenigen Wochen. Die Weibchen graben bereits im Spätsommer Überwinterungsnester; Beute jagen sie erst im folgenden Frühjahr.

Im Laufe des Sommers zeigen sich in den Sandlandschaften unterschiedliche Wegwespenarten, die auf verschiedene Spinnen als Beute spezialisiert sind. Allerdings ist es ohne die Betrachtung mikroskopischer Merkmale und einen speziellen Bestimmungsschlüssel meist nicht möglich, die Arten sicher zu identifizieren.

Streit: Zwei Frühlings-Wegwespen zerren an einer gelähmten Wolfspinne. HP

Im Blütenstand des Kleinen Sauerampfers (Rumex acetosella) *lagert die gelähmte juvenile Wespenspinne* (Argiope bruennichi) *zwischen. HP*

Nun zieht die Wegwespe der Gattung Episyron *die Wespenspinne zu ihrem Nesteingang. HP*

Recht charakteristisch ist beispielsweise das Verhalten von Vertretern der Gattung *Episyron*, die in Deutschland mit vier Arten vertreten ist. Meist haben die Weibchen rote Beine, außerdem sind weiße Flecken auf dem schwarzen Körper kennzeichnend. Diese Wegwespen erbeuten Radnetzspinnen, zu denen die Gartenkreuzspinne *(Araneus diadematus)* und die Wespenspinne *(Argiope bruennichi)* zählen, in ihren Netzen und vergraben sie ebenfalls im Sandboden. Allerdings erfolgt die Zwischenlagerung der gelähmten Spinnen nicht im Sand, sondern in luftiger Höhe auf Grasbüscheln oder anderen Pflanzen. Dies ist oft mit erheblicher Kraftanstrengung seitens der Wegwespe verbunden, lohnt sich aber: Hier ist die Gefahr nicht so groß, dass die Beute von bodenlebenden Räubern wie Ameisen oder Laufkäfern entdeckt und »entführt« wird, während die Wespe gräbt.

Attraktive Sandspezialisten: Dolch- und Ameisenwespen

Es ist einer der ersten richtig heißen Sommertage im Juni. In den Sandrasen der Döberitzer Heide steht das Berg-Sandglöckchen *(Jasione montana)* in voller Blüte. Bei Insekten erfreut sich diese auch als Berg-Sandrapunzel bezeichnete Pflanze großer Beliebtheit. Ihre Blütenstände ähneln denen von Korbblütlern, denn in jedem Blütenköpfchen bieten zahlreiche kleine, hellblaue, leicht violett getönte Blüten dicht gedrängt ihren Nektar an. Es handelt sich jedoch um ein Glockenblumengewächs, das sandige, kalk- und nährstoffarme Standorte schätzt und daher sogar in den Küstendünen von Nord- und Ostsee wächst. In den brandenburgischen Sandgebieten blüht es entlang der Wege und bietet damit eine ideale Bühne für Insektenbeobachtungen.

Eine erste interessante Begegnung findet an diesem Tag mit dem Furchenbienenwolf *(Cerceris rybyensis)* statt. Diese charakteristisch schwarz-gelb gemusterte Grabwespe ist leicht daran zu erkennen, dass die gelbe Färbung des dritten Hinterleibssegments am Vorderrand einen halbrunden Ausschnitt aufweist. Wie bei allen Knotenwespen (Gattung *Cerceris*) wirken die Segmente stark eingeschnürt. Sie ist eine typische Grabwespe sandiger Standorte, denn sie legt ihre Nester im Sandboden an und erbeutet kleine Furchen- und Schmalbienen (Gattungen *Halictus* und *Lasioglossum*), die sie dort als Vorrat für ihren Nachwuchs einträgt.[29] Auf den Blüten des Berg-Sandglöckchens widmet sie sich jetzt allerdings dem Nektar, den sie zur eigenen Energieversorgung benötigt.

Ganz in der Nähe landet plötzlich eine viel größere, rund zwei Zentimeter lange Wespe auf dem Blütenstand, der unter ihrem Gewicht auf einmal ganz zierlich wirkt. Sie ist tief schwarz gefärbt, sogar ihre Flügel zeigen eine rauchig-schwarze Tönung. In scharfem Kontrast dazu leuchten auf dem dritten und vierten Hinterleibssegment zwei breite gelbe Binden. Es handelt sich um eine Borstige Dolchwespe *(Scolia hirta)*. Besonders viele Dolchwespen lassen sich regelmäßig an der »Wüste« in der Döberitzer Heide rund um den Aussichtspavillon neben dem Wanderweg beobachten. Hier blühen nicht nur zahlreiche Berg-Sandglöckchen, sondern die Wespen zeigen auch ein besonderes Interesse für die Basis der niedrigen Holzpfähle an der Umfassung des kleinen Plateaus. Möglicherweise leben hier im Boden im allmählich verrottenden Holz die großen Larven von Rosenkäfern (Gattung *Cetonia*). Auf sie haben es die Dolchwespen ganz besonders abgesehen: Sie graben sich zu ihnen vor, lähmen sie mit einem Stich und legen ein Ei direkt an ihren Körper. Die Dolchwespenlarve ernährt sich dann von der Rosenkäferlarve.

Die Familie der Dolchwespen (Scoliidae) ist in Deutschland mit nur einer Gattung und zwei Arten vertreten. *Scolia hirta* kommt in den trockenwarmen Sandgebieten Ostdeutschlands verbreitet vor, also auch in Sielmanns Naturlandschaften von Wanninchen bis zur Kyritz-Ruppiner Heide. Da sie aber von diesen gefährdeten Offenlandlebensräumen abhängig ist, wird sie entsprechend als gefährdet (Rote Liste 3) eingestuft. Ihre sommerliche Flugzeit währt lange; manchmal kann sie sogar noch Ende August an den Blüten der Besenheide beobachtet werden.

Blickfang in der Kyritz-Ruppiner Heide: ein ungeflügeltes Weibchen der Ameisenwespe Dasylabris maura. *HP*

Der Furchenbienenwolf (Cerceris rybyensis) *schätzt wie viele andere Insekten das Berg-Sandglöckchen* (Jasione montana) *als reiche Nektarquelle. HP*

Die Borstige Dolchwespe (Scolia hirta) *zählt zu den imposantesten Insekten der ostdeutschen Sandlandschaften. HP*

Unter den bemerkenswerten Wespen trockener Heidelandschaften verdient noch eine Art besondere Erwähnung, die man nicht selten in der Kyritz-Ruppiner Heide beobachten kann: Auf dem Sandboden läuft im Sommer sehr flink die 10 bis 15 Millimeter lange Ameisenwespe *Dasylabris maura* umher. Ihre bunte Färbung (schwarzer Kopf, rote Brust, schwarz-weißer Hinterleib) ist als deutliches Warnsignal zu verstehen, denn die Weibchen, die im Gegensatz zu den Männchen keine Flügel besitzen, können überaus schmerzhaft stechen. Auch wenn man versucht ist, dieses attraktive, aber sehr unruhige Tier zwecks genauerer Betrachtung in die Hand zu nehmen, gilt also der Grundsatz: Nur anschauen, nicht anfassen!

Die Familie der Spinnenameisen oder Ameisenwespen (Mutillidae) umfasst weltweit rund 3.000 Arten, von denen in Deutschland nur etwa acht vorkommen. Sie sind durch eine parasitoide Lebensweise gekennzeichnet. *Dasylabris maura*, über deren Lebensweise nur spärliche Kenntnisse vorliegen, dringt in die Nester bestimmter Grab- und wohl auch Lehmwespen ein und legt ein Ei an die Wirtslarve oder -puppe. Diese wird dann allmählich von der Ameisenwespenlarve verzehrt. *Dasylabris maura* gilt als Charakterart trockenwarmer, vegetationsarmer Sandlebensräume.

Spinner, Spanner und andere Kostbarkeiten: Schmetterlinge

Heideschmetterlinge

Noch liegt die Zeit der sommerlichen Heideblüte fern an diesem sonnigen Nachmittag im Mai. Graugrün erstrecken sich weithin die ebenen, mit Heidekraut bewachsenen Flächen der Kyritz-Ruppiner Heide. Langweilig ist es hier dennoch für niemanden, der sich auf Entdeckungstour begeben möchte – auch jetzt kann man immer etwas Interessantes in der Heide finden. Heute sind es ganz besondere Raupen: Sie sitzen einzeln, aber in ziemlich hoher Dichte auf den oberen Zweigen der Besenheide. Vor lauter Haaren sind Kopf und Beine auch bei näherer Betrachtung nicht auszumachen. Der mäßig lange, struppige, aber hübsch goldgelb schimmernde Pelz wird von noch längeren, silbrig scheinenden Haaren überragt; an den Seiten dominiert eher ein rötliches Braun. Senkrecht nach oben weisen entlang der Körpermitte fünf teils weiße, teils schwarz-weiße Bürsten. Das Hinterende ziert eine weitere schwarze Bürste. Viele verschiedene Schmetterlinge entwickeln sich an Heidekraut, aber die bizarren Raupen des Ginster-Streckfußes *(Dicallomera fascelina)* sucht man in vielen Regionen Deutschlands inzwischen leider oft vergebens. Die einst weitverbreitete Art wird inzwischen deutschlandweit als stark gefährdet eingestuft (Rote Liste 2). Neben Besenheide zählt Besenginster zu ihren wichtigsten Raupennahrungspflanzen. Der deutsche Name »Streckfuß« bezieht sich auf die pelzigen, eigentümlich nach vorn gestreckten Beine der Falter. Die überwiegend grau gefärbten Schmetterlinge, die im Juli/August fliegen und nachtaktiv sind, bekommt man nur selten zu Gesicht – gelegentlich findet man aber ruhende Weibchen auf den Zweigen der Besenheide.

Die kräftig behaarte Raupe des stark gefährdeten Ginster-Streckfußes (Dicallomera fascelina) *ist im Frühjahr auf den Zweigen der Besenheide kaum zu übersehen, aber nur noch in wenigen Heidegebieten zu finden. HP*

Dieses Weibchen des Ginster-Streckfußes zeigt in charakteristischer Weise die langen, nach vorn gerichteten Beine. Auf der Besenheide hat es gerade Eier abgelegt. HP

Im Juli flattert ein dunkler, metallisch grün schimmernder Falter in trägem Flug zwischen den Heidepflanzen herum. Er zählt zur Familie der Widderchen oder Blutströpfchen (Zygaenidae). Die meisten Arten dieser urtümlichen, träge fliegenden Schmetterlinge sind kontrastreich schwarz-rot gemustert. Es gibt allerdings auch einige »Grünwidderchen«, die sowohl auf feuchten als auch trockenen, blütenreichen Wiesen vorkommen und sich meist nur mühsam bestimmen lassen. Das für sehr magere, trockene Standorte typische Heide-Grünwidderchen *(Rhagades pruni)* ist die am dunkelsten gefärbte Art – das Männchen mit seinen gekämmten Fühlern erscheint sogar fast schwarz. Ein besonderes und innerhalb der heimischen Grünwidderchen einzigartiges Merkmal ist ihr gelber Saugrüssel. Die borstig behaarten Raupen des Heide-Grünwidderchens fressen auf Magerrasenstandorten im südlichen Deutschland gern an Krüppelschlehen, in der Norddeutschen Tiefebene bevorzugt an Besenheide.[30] Die brandenburgischen Sandheiden bieten dieser ebenfalls gefährdeten Art (Rote Liste 3) somit noch ideale Lebensräume. Sie lässt sich an sonnigen Hochsommertagen in aller Ruhe beobachten.

Dieses weibliche Heide-Grünwidderchen (Rhagades pruni) *schimmert im Sonnenlicht der Döberitzer Heide charakteristisch grünlich. HP*

Rauchig schwarz mutet das Männchen des Heide-Grünwidderchens an. Deutlich erkennbar sind die gekämmten Fühler. HP

Dass viele männliche Nachtfalter – von denen übrigens rund 300 Arten in Deutschland tagsüber fliegen – gekämmte Fühler besitzen, hat einen einfachen Grund: Sie vergrößern damit die Oberfläche dieses für sie außerordentlich wichtigen Organs. Denn damit riechen sie ihre Weibchen.[31] Die Fühler sind mit kleinen Poren überzogen, in denen die Rezeptoren für die Lockstoffe der Weibchen sitzen. Nachtfalterweibchen verströmen einen unwiderstehlichen Duft, von dem aber unter Umständen nur wenige Moleküle ein Männchen in weiter Entfernung erreichen. Doch die Männchen »kämmen« mit ihren Fühlern die Moleküle geradezu aus der Luft und wissen genau, in welche Richtung sie fliegen müssen – und sie müssen sich beeilen, um als Erste bei einem frisch geschlüpften Weibchen einzutreffen. Das Kleine Nachtpfauenauge *(Saturnia pavonia)* ist einer der ersten Nachtfalter des Jahres, dessen hübsche Männchen von März bis Mai tagsüber im raschen Flug zu den oft recht versteckt wartenden Weibchen eilen. Die rötlichen und gelblichen Pastelltöne mit den markanten Augenflecken auf Vorder- und Hinterflügeln, die wohl Fressfeinde abschrecken sollen, machen diesen recht großen Schmetterling zu einer unserer hübschesten Schmetterlingsarten. Die noch deutlich größeren Weibchen sind zwar ähnlich attraktiv gezeichnet, bei ihnen dominiert farblich allerdings ein schlichteres Grau. Auch die Raupen sind unverwechselbar: Sie werden fingerdick und sind im ausgewachsenen Zustand grün mit schwarzen Querstreifen, auf denen rosa oder gelb gefärbte Warzen sitzen. Sie fressen sehr gern an Heidekraut, aber auch an vielen anderen Pflanzen wie Schlehen oder Brombeeren. Im Laufe ihres Lebens wechseln sie mehrfach ihr Erscheinungsbild, sind als Jungraupen

Ein prächtiger Frühlingsanblick in der Döberitzer Heide: Augenflecken auf allen vier Flügeln, bunte Farben und deutlich gekämmte Fühler kennzeichnen das Männchen des Kleinen Nachtpfauenauges (Saturnia pavonia). *HP*

Ein Weibchen des Kleinen Nachtpfauenauges. Mit rund acht Zentimeter Flügelspannweite zählt es zu den größten heimischen Nachtfaltern. HP

Die unverwechselbaren, birnenförmigen Kokons schützen die überwinternden Puppen des Kleinen Nachtpfauenauges vor Feinden und Witterungseinflüssen. HP

zunächst schwarz, dann schwarz-gelb und erst nach weiteren Häutungen immer stärker grün gefärbt. Die Raupe verpuppt sich in einem festen, birnenförmigen Kokon, der am oberen Ende mit einer speziellen Reuse für den im Folgejahr schlüpfenden Falter versehen ist. Er schützt vor Austrocknung und Feinden. Die Puppe überwintert im Innern. Puppenkokons kann man leicht in den Zweigen des Heidekrauts finden.

Während des gesamten Sommerhalbjahres flattern bei jeder Störung zierliche helle Falter aus der Heide auf, fliegen in wildem Zickzackflug über die Zwergstrauchheide und lassen sich einige Meter weiter wieder in der dichten Vegetation nieder. Sie zählen zur Familie der Spanner (Geometridae), von denen gleich mehrere Arten das Heidekraut als Futter für ihre Raupen schätzen. Am häufigsten ist der Heidespanner *(Ematurga atomaria)*, der in der Heide ebenso wie auf Magerrasen zu Hause ist. Seine Flügel weisen beim Weibchen eine weiße, beim Männchen eine meist gelbliche Grundfärbung auf, sind von dunklen Querbinden und feinen Sprenkeln überzogen. Die Fühler der Männchen sind sogar doppelt gekämmt – sie tragen, mit bloßem Auge nicht erkennbar, auf jedem Fiederast Reihen von Sinnesborsten. Eine ähnliche, aber seltenere und gefährdete Art (Rote Liste 3) ist der Heide-Streifenspanner *(Perconia strigillaria)*. Die Querbinden auf seinen Flügeln sind viel schmaler, was ihn aus der Nähe sofort vom Heidespanner unterscheidbar macht. Weitere, meist kleinere und nicht immer leicht zu unterscheidende Spannerarten bevölkern das Heidekraut.

Wer sich die Besenheidesträucher näher anschaut, nimmt manchmal eine grüne, nahezu unbehaarte Raupe wahr, deren Körper mit weißen und gelblichen Längsstrichen übersät ist. Diese hübsche »Verzierung« sorgt dafür, dass sich ihre Körperumrisse optisch auflösen und sie an der Futterpflanze nahezu unsichtbar wird. Sie entwickelt sich ebenfalls zu einem Nachtfalter, der aber auch tagsüber die Heideblüten umschwirrt: die Heidekraut-Bunteule *(Anarta myrtilli)*.

Neben all diesen Spinnern, Spannern und Eulen stehen aber vor allem die weithin leuchtenden Bläulinge für das Leben in der Heide. Zwei Arten sind in den

Eine ausgewachsene Raupe des Kleinen Nachtpfauenauges läuft über den Sandboden. HP

In allen Heidelandschaften extrem häufig, aber scheu und daher nur mit Geduld aus der Nähe zu betrachten: ein männlicher Heidespanner (Ematurga atomaria). *HP*

Ein gefährdeter Heidespezialist unter den Spannern ist der Heide-Streifenspanner (Perconia strigillaria), *hier ein Weibchen aus der Kyritz-Ruppiner Heide. HP*

Einige Bläulings-Weibchen, hier ein Ginster-Bläuling, zeigen auf der braunen Flügeloberseite eine feurige orangefarbene Zickzacklinie. HP

Der sehr breite schwarze Flügelrand weist dieses Männchen als Argus-Bläuling (Plebejus argus) *aus. Bläulinge saugen sehr häufig gelöste Mineralien von feuchtem Sandboden auf. HP*

Die Raupe der Heidekraut-Bunteule (Anarta myrtilli) *weist eine aparte, unverwechselbare Zeichnung auf. HP*

brandenburgischen Sandheiden häufig. Sie fliegen gemeinsam vor allem dort, wo auch Besenginster *(Cytisus scoparius)* wächst, und versammeln sich manchmal massenhaft an gerade aufblühenden Heidesträuchern, in den Monaten davor aber auch an Natternkopf, Brombeeren oder Berg-Sandglöckchen: Argus-Bläuling *(Plebejus argus)* und Ginster-Bläuling *(Plebejus idas)*. Beide Arten sind einander sehr ähnlich: Die Flügeloberseite der Männchen ist leuchtend blau, die der Weibchen braun. Besonders hübsch ist die Flügelunterseite gezeichnet: Parallel zum Flügelrand verläuft eine Binde aus orangefarbenen Tupfen, die innen und außen zunächst schwarz, dann weiß gesäumt ist. In der orangefarbenen Binde liegen mehr oder weniger deutlich ausgebildete, metallisch schimmernde Flecken. Weitere schwarze Flecken verteilen sich in den basalen Bereichen der Flügel. Um die beiden Arten voneinander zu unterscheiden, gibt es einige Indizien: Der Argus-Bläuling ist kleiner, der dunkle Rand auf den blauen Flügeln der Männchen ist bei ihm deutlich breiter. Mit der Lupe ist eine Bestimmung ganz eindeutig möglich: Der Argus-Bläuling besitzt an den Schienen der Vorderbeine jeweils einen Sporn, der dem Ginster-Bläuling fehlt. Die Raupen beider Arten fressen an Heidekraut, insbesondere diejenigen des Ginster-Bläulings sehr gern auch an Besenginster. Die Bläulingsraupen sind ausgesprochen myrmekophil – das bedeutet, dass sie aus Drüsen zuckerhaltige Sekrete ausscheiden, die von Ameisen begierig aufgenommen werden. Im Gegenzug profitieren die Raupen davon, dass die Ameisen sie nicht attackieren und sogar vor verschiedenen Fressfeinden schützen.

Ein männlicher und ein weiblicher Ginster-Bläuling (Plebejus idas) *nutzen Natternkopf am Wegesrand in der Döberitzer Heide bereits im Juni als ergiebige Nektarquelle. HP*

Anfang Juli paaren sich diese Bläulinge direkt auf der Besenheide, der Nahrungspflanze ihrer Raupen. Das Weibchen, bei dem die Silberflecke gut erkennbar sind, wird hier später auch seine Eier ablegen. HP

Von Juni bis September zählen die Bläulinge zu den prägenden Arten der offenen Heidelandschaften, die jedem Spaziergänger unmittelbar auffallen. Sie sind – wie alle anderen Heidespezialisten – in besonderer Weise auf den großflächigen Erhalt der Heide angewiesen.[32]

Bunte Vielfalt auf Sandtrockenrasen

Die oft sehr blütenreichen Sandtrockenrasen zählen neben der trockenen europäischen Heide und den offenen Sanddünen zu den wertvollsten Offenlandschaften der trockenen Bereiche von ehemaligen Truppenübungsplätzen und Bergbaufolgelandschaften. Die Fülle an Schmetterlingsarten, die hier im Sommer zu beobachten ist, lässt sich nur exemplarisch darstellen.

Zu den buntesten und auffälligsten Faltern, die hier an sonnigen Tagen nahezu allgegenwärtig sind, zählt überraschenderweise mal wieder ein Nachtfalter – in knalligen Bonbonfarben macht der Ampfer-Purpurspanner *(Lythria cruentaria)* auf sich aufmerksam. Quer über seine gelblichen Vorderflügel ziehen sich drei pinke Querbinden – eine kurze an der Basis, zwei lange, die meist miteinander verschmolzen sind, weiter außen. Diese Schmetterlinge fliegen hektisch auf, wenn sie gestört werden, wirbeln dicht über die Vegetation und lassen sich dann wieder auf Grashalmen oder Kräutern nieder. Die Futterpflanze ihrer Raupen ist der Kleine Sauerampfer *(Rumex acetosella)*, der in den Trockenrasen oft massenhaft wächst.

Die Zypressen-Wolfsmilch *(Euphorbia cyparissias)* ist in den offenen, sandigen Lebensräumen ebenfalls sehr häufig anzutreffen. Im Frühjahr leuchten ihre gelben, doldenartigen Blütenstände an Wegrändern und in den Sandrasen. Sie werden gern von Insekten besucht – hier findet sich ein weiterer Nachtfalter aus der Familie der Spanner ein, dessen vollkommene Unscheinbarkeit ihn unverwechselbar macht. Der Wolfsmilchspanner oder Mausspanner *(Minoa murinata)* ist völlig zeichnungslos grau gefärbt. Auch sein lateinischer Artname *murinata* (»mausgrau«) verweist auf diese Eigenschaft.

Die Zypressen-Wolfsmilch ist eine stark giftige Pflanze. Man sollte es vermeiden, mit dem weißen Saft, der bei jeder Verletzung sofort aus der Pflanze austritt, in Berührung zu kommen. Ein Schmetterling hat sich dies jedoch zunutze gemacht: der Wolfsmilch-Schwärmer *(Hyles euphorbiae)*. Seine Raupen fressen die

Zypressen-Wolfmilch mit großem Appetit und reichern die Giftstoffe in ihrem Körper an. Dies zeigen sie mit kontrastreichen Warnfarben an: Rote oder gelbliche Linien und Tupfen sind kombiniert mit einer schwarzen Grundfärbung, die mit kleinen weißen oder bunten Sprenkeln und Längsreihen von großen weißen Flecken durchsetzt ist. Am Körperende tragen sie – typisch für die Familie der Schwärmer (Sphingidae) – ein gebogenes Horn, meist rot mit schwarzer Spitze. Die Verpuppung erfolgt am Boden; die meist nachtaktiven Falter bekommt man nur selten zu Gesicht. Die spektakulären Raupen brauchen sich jedoch aufgrund ihrer abschreckenden Signalfarbe nicht zu verstecken und sitzen tagsüber völlig ungeschützt an den Pflanzen. Leider hilft die Warnfärbung nicht gegen Lebensraumzerstörung: Der Wolfsmilch-Schwärmer ist in Deutschland mittlerweile gefährdet (Rote Liste 3).

Bunte Warnfarben kennzeichnen die großen Raupen des Wolfsmilch-Schwärmers (Hyles euphorbiae), *den das Gift der Zypressen-Wolfsmilch* (Euphorbia cyparissias) *ungenießbar macht. HP*

Häufiger Blickfang auf Sandtrockenrasen: der Ampfer-Purpurspanner (Lythria cruentaria). *HP*

Mausgrau auf gelben Wolfsmilchblüten: ein Wolfsmilch- oder Mausspanner (Minoa murinata). *HP*

Im Juni besucht das Weißfleckwidderchen *(Amata phegea)* – ein eigentümlicher, tagaktiver, ebenfalls gefährdeter Nachtfalter aus der Unterfamilie der Bärenspinner (Arctiinae) – nektarreiche Blüten wie die des Natternkopfs an Wegrändern und auf offensandigen Flächen zwischen Büschen und Bäumen. Der Falter fliegt sehr träge. Weiße Flecken zieren die schwarzen, im Sonnenlicht bläulich schimmernden Flügel, und über den dunklen Körper ziehen sich zwei hellgelbe Querbinden. Die Fühlerspitzen sind weiß. Die Färbung und das träge Verhalten sind ein Hinweis auf Nachahmung (Mimikry) des giftigen Veränderlichen Rotwidderchens *(Zygaena ephialtes)*. In der Döberitzer Heide ist das Weißfleckwidderchen mitunter zahlreich zu beobachten; es kommt deutschlandweit jedoch sehr lückenhaft vor und fehlt beispielsweise in Bayern, Baden-Württemberg, Hessen, dem Saarland und Schleswig-Holstein.[33]

Wo das Gras höher aufwächst, flattert an sonnigen Sommertagen ein anderer Bärenspinner in der Vegetation herum: Der Gestreifte Grasbär *(Spiris striata)* leuchtet im Flug mit seinen orangefarbenen Hinterflügeln auf, aber sobald er sich niederlässt, wird er unsichtbar. Ganz eng schmiegt er sich an Grashalme, von denen er sich mit seinen gelblichen Vorderflügeln farblich kaum unterscheidet. Außerdem lösen die feinen schwarzen Längsstreifen seine Körperumrisse auf. Auch diese Art kommt ansonsten nur lokal in Deutschland vor und wird immer seltener.[34]

Dieser Gestreifte Grasbär (Spiris striata) *tarnt sich im Gras der Döberitzer Heide. HP*

An Wegrändern mit Gräsern und blühenden Kräutern begegnet man im Sommer stets den kräftigen, kleinen bis mittelgroßen, rotbraun gefärbten Dickkopffaltern, die auf den ersten Blick nicht immer leicht zu unterscheiden sind: Rostfarbiger Dickkopffalter *(Ochlodes sylvanus)*, Braunkolbiger Braun-Dickkopffalter *(Thymelicus sylvestris)* und Schwarzkolbiger Braun-Dickkopffalter *(Thymelicus lineola)* sind häufig und weit verbreitet.

Der Komma-Dickkopffalter *(Hesperia comma)* ist dagegen auf trockenwarme, offene Lebensräume angewiesen und fliegt im Spätsommer (Mitte Juli bis Mitte September) auf Sandtrockenrasen, Heiden und Dünen. Er ist ein sehr eifriger Blütenbesucher und nutzt eine Vielzahl verschiedener Nektarquellen. An blütenreichen Wegrändern der Heide- und Bergbaufolgelandschaften lässt sich der recht unruhige Falter gut beobachten. Charakteristisch sind die ziemlich kontrastreich abgesetzten

Ein männliches Weißfleckwidderchen (Amata phegea) *an den blauen Blüten des Natternkopfs. HP*

hellen Flecken auf den Flügelunterseiten. Die Männchen tragen auf den Vorderflügeln einen kräftigen, dunklen Duftschuppenstrich mit silbriger Längslinie. Die Bestandsentwicklung in Deutschland ist negativ, sodass auch diese Art als gefährdet gilt (Rote Liste 3).

Die Sandrasen und blütenreichen Säume sind ideale Lebensräume für mehrere Arten von Feuerfaltern – diese recht kleinen Tagfalter, wie Bläulinge und Zipfelfalter Angehörige der Familie Lycaenidae, werden von nektar-

Ein männlicher Komma-Dickkopffalter (Hesperia comma) *in der Döberitzer Heide. HP*

Ein Weibchen des Komma-Dickkopfs mit den typischen hellen Flecken auf den Flügelunterseiten. HP

reichen Blüten geradezu magisch angezogen und sind mit ihren oft orange leuchtenden, bei einigen Arten metallisch schimmernden Flügeln wahre Schmuckstücke der heimischen Insektenwelt. Neben der Vorliebe für sonnige, warme, blütenreiche Standorte teilen die hier vorgestellten Feuerfalter auch die Spezialisierung auf Ampferarten: Kleiner Sauerampfer *(Rumex acetosella)* sowie teilweise auch Rispen-Sauerampfer *(Rumex thyrsiflorus)* und Großer Sauerampfer *(Rumex acetosa)* dienen ihren Raupen als Nahrung.

Der Kleine Feuerfalter *(Lycaena phlaeas)* ist eine der häufigsten Tagfalterarten in allen trockenen, sandigen Offenlandschaften. Das liegt auch daran, dass er von April bis Oktober in drei überlappenden Generationen fliegt. Im Prinzip kann man ihm also an sonnigen Tagen im Sommerhalbjahr immer begegnen. Im Frühjahr und im Spätsommer fliegt er oft gemeinsam mit dem in Brandenburg ähnlich weitverbreiteten Braunen Feuerfalter *(Lycaena tityrus)*. Da seine Flügelunterseiten bei der Spätsommergeneration schwefelgelb gefärbt sind, wird er auch als »Schwefelvögelchen« bezeichnet. An Wegrändern, auf Trockenrasen und anderen mageren Wie-

Dieser Kleine Feuerfalter (Lycaena phlaeas) *besucht Anfang Mai die Blüten der Zypressen-Wolfsmilch. HP*

In direkter Nachbarschaft zum Kleinen Feuerfalter saugt dieses Männchen des Braunen Feuerfalters (Lycaena tityrus) *ebenfalls an den Wolfsmilchblüten. HP*

sen, auf Lichtungen und an Waldrändern, auf Dünen und in der Heide suchen diese beiden Feuerfalterarten viele verschiedene Blütenpflanzen auf.

Das Männchen des Dukaten-Feuerfalters *(Lycaena virgaureae)* zählt zu den auffälligsten Insekten der Döberitzer Heide: Das leuchtende Orange seiner Flügeloberseiten macht diesen Schmetterling weithin sichtbar. Auf Trockenrasen fliegt er ebenso wie auf blütenreichen Feuchtwiesen, und zwar im Hochsommer – im Wesentlichen von Ende Juni bis Anfang August in nur einer Generation. In vielen Regionen Deutschlands ist dieser außergewöhnliche Anblick leider längst nicht mehr alltäglich; die Art steht auf der Vorwarnliste der Roten Liste. Das Weibchen ist nicht so einheitlich orange, sondern teilweise bräunlich gefärbt – bei beiden Geschlechtern ist aber die Flügelunterseite recht einheitlich dunkelgelb mit wenigen, kleinen schwarzen Punkten und recht auffälligen weißen Flecken gestaltet. Wer die Weibchen längere Zeit beobachtet, kann gelegentlich verfolgen, wie sie eigentümlich taumelnd dicht über die Grashalme fliegen, plötzlich abtauchen und tief in die Vegetation hinabklettern. Während sie mit den Fühlern die Vegetation abtasten, krümmen sie den Hinterleib an

Im Spätsommer fliegt die 2. Generation des Braunen Feuerfalters und nutzt dann wie der Kleine Feuerfalter häufig auch Besenheide als Nektarquelle. HP

Ein intensives, warmes Orange kennzeichnet das Männchen das Dukaten-Feuerfalters (Lycaena virgaureae). HP

Eiablage in der Döberitzer Heide: Dieses Weibchen des Dukaten-Feuerfalters hat sich Anfang August an eine geeignete Stelle zwischen Gräsern und Kräutern vorgearbeitet – aus dem leuchtend weißen Ei rechts wird mit etwas Glück im kommenden Frühjahr eine Raupe schlüpfen. HP

Brombeerblüten sind beliebte Nektarquellen des Violetten Feuerfalters (Lycaena alciphron). HP

geeigneter Stelle auf bestimmte Pflanzenteile und legen dort ein weißes Ei mit charakteristischer wabenartiger Oberflächenstruktur ab. Als Ablageplatz dienen nicht immer Stängel und Blätter von Sauerampfer, sondern oft andere Pflanzenteile in unmittelbarer Nähe. Während bei fast allen übrigen Feuerfaltern nämlich die grünen, asselförmigen Raupen überwintern, übersteht diese Art die kalte Jahreszeit im Eistadium. Im Frühjahr suchen die Jungraupen dann aktiv ihre Futterpflanzen auf.

Noch seltener und daher als stark gefährdet eingestuft (Rote Liste 2) ist der Violette Feuerfalter *(Lycaena alciphron)*. Die orange-braunen Flügel der Männchen schimmern je nach Lichteinfall in einem eigentümlichen Violett. Nicht immer gewähren die Falter dem Beobachter diesen besonderen Anblick, da sie an heißen, sonnigen Tagen – die zur Hauptflugzeit der Art Ende Juni nicht selten sind – ihre Flügel nach der Landung auf den Blüten geschlossen halten. Morgens oder abends ist die Chance am größten, sonnenbadende Falter in ihrer ganzen Pracht sehen zu können. Der Violette Feuerfalter fliegt an nährstoffarmen, blütenreichen Standorten – nicht nur in der Döberitzer Heide, sondern auch im Stadtgebiet von Berlin auf großen, trockenen Offenflächen wie dem ehemaligen Mauerstreifen oder dem stillgelegten Flughafen Tempelhof. Verbuschung, Nährstoffanreicherungen und Bebauung zählen zu den Gefährdungsursachen dieses hübschen Falters.

Sandspezialisten

An heißen Hochsommertagen wird rasch deutlich, wie wichtig es ist, sich nicht ohne ausreichende Wasservorräte im Rucksack auf längere Wandertouren durch Döberitzer oder Kyritz-Ruppiner Heide zu begeben. Doch unvermittelt lenkt oft ein Insekt die Aufmerksamkeit auf sich und damit von den Anstrengungen des Weges ab: Vom Sand ist ein Schmetterling aufgeflogen, hat eine Runde über dem Weg gedreht und sich wenige Meter weiter wieder niedergelassen. Dort muss er also sitzen – aber er scheint unsichtbar. Also näher heran. Doch kaum ist der Punkt, an dem er gelandet ist, fast erreicht, beginnt das Spiel erneut: Er fliegt auf und landet ein kurzes Stück weiter entfernt. Nun also gilt es, sich langsam, mit gleichmäßigen Bewegungen zu nähern und zu verhindern, dass der eigene Schatten auf den Falter fällt. Und tatsächlich: Er bleibt sitzen! Seine graubraunen Flügel-

Auf Sand nahezu unsichtbar: die Rostbinde (Hipparchia semele). HP

Die Rostbinde ist ein häufiger Blütenbesucher an der Besenheide. HP

unterseiten sind ganz fein gestrichelt und damit auf dem Sandboden schwer auszumachen: Die Rostbinde *(Hipparchia semele)*, auch Ockerbindiger Samtfalter genannt, verschmilzt optisch mit ihrer Umgebung. Nach einer Weile fliegt sie wieder auf, diesmal nicht beunruhigt von Wanderern, sondern erregt durch einen Eindringling in ihr Revier – in wilder Hatz vertreibt sie den Artgenossen und kehrt kurz darauf fast punktgenau zu ihrem Sitzplatz zurück. Wenig später erhebt sie sich erneut und steuert einen blühenden Heidestrauch am Wegrand an. Mit dem süßen Nektar füllt sie ihre Energiereserven wieder auf. Ihre weitgehend verdeckten Vorderflügel sind gelb-organge gefärbt und jeweils von zwei dunklen, weiß gekernten Augenflecken geprägt. Solche kleinen Augenflecken sind typisch für die ganze Gruppe der Augenfalter (Satyrinae), zu denen zahlreiche Wiesenschmetterlinge gehören, deren Raupen an Gräsern fressen. Das gilt auch für die Rostbinde, deren Weibchen sich manchmal dabei beobachten lassen, wie sie Eier dicht über dem Boden an Silbergrasbüschel legen. Die Rostbinde ist überall dort zu finden, wo offener, von der Sonne erwärmter Sandboden zutage tritt – in lichten Kiefernwäldern, auf Stromtrassen, in lückig bewachsenen Magerrasen und Heidegebieten, auf Binnen- und Küstendünen.

Wo die Vegetation großflächig noch weiter zurücktritt und Binnendünenstrukturen allenfalls spärlich mit Silbergras bewachsen sind, gesellt sich im mittleren und südlichen Brandenburg auf Truppenübungsplätzen und in Bergbaufolgelandschaften eine deutlich anspruchsvollere Augenfalterart dazu: Im August lässt sich dort auch der Eisenfarbige Samtfalter *(Hipparchia statilinus)*, die »Kleine Rostbinde«, beobachten. Die Färbung der Flügelunterseiten ist sehr viel dunkler und erinnert tatsächlich an Eisenerz. Kurz nach der Landung kann man meist den hübschen, gelb umrandeten Augenfleck nahe der Vorderflügelspitze erkennen – bevor er vollständig unter den Hinterflügel gezogen wird. Das Verhalten des Eisenfarbigen Samtfalters ist dem der Rostbinde sehr ähnlich. Wo beide Arten gemeinsam vorkommen, um wirbeln sie sich oft gegenseitig, wenn ein Exemplar in das Hoheitsgebiet eines Männchens der jeweils anderen Art »eindringt«.

Beide Samtfalterarten sind gefährdet, denn Stickstoffeinträge aus der Luft sorgen für ein schnelleres Zuwachsen offener Bodenstellen, und die Verbuschung der Offenlandschaften bewirkt auch in Schutzgebieten großflächige Lebensraumverluste. Bundesweit gilt die Rostbinde als gefährdet (Rote Liste 3), der Eisenfarbige Samtfalter sogar als vom Aussterben bedroht (Rote Liste 1).

Ein Lieblingsplatz des Eisenfarbigen Samtfalters (Hipparchia statilinus): offener Sandboden zwischen Silbergrasbüscheln auf einer Binnendüne in der Döberitzer Heide. HP

Dieser eindrucksvolle Anblick ist in weiten Teilen Deutschlands nicht mehr möglich, denn der Eisenfarbige Samtfalter ist bundesweit vom Aussterben bedroht. HP

Waldschmetterlinge

Das Laub der Bäume in den großen Waldflächen der Döberitzer Heide lässt immer wieder Lücken, durch die das Sonnenlicht auf die sandigen Wege fällt. An manchen Stellen ist der Boden Anfang Juni noch nass von den Regenfällen der letzten Wochen, doch die hohen Temperaturen der frühsommerlichen Tage lassen die Feuchtigkeit rasch verdunsten. Plötzlich huscht ein Schatten über den Weg. Hoch oben im Blätterdach hat sich ein Schmetterling niedergelassen. Im Gegenlicht zeichnen sich helle Flecken in seiner dunklen Silhouette ab. Einige Minuten verharrt er dort und speichert offenbar die Wärme der Sonnenstrahlen. Dann fliegt er auf, zieht eine weite Bahn über den Weg und segelt wendig zum Boden herab. Hier sitzt er nun und breitet seine Flügel aus, deren Farbenpracht an tropische Falter erinnert. Sie schillern in einem intensiven Blau mit leichtem Violettstich, dezent ergänzt durch weiße und orangefarbene Zeichnungselemente. Der Kleine Schillerfalter *(Apatura ilia)* ist ein echtes Schmuckstück der heimischen Insektenwelt. Aus der Nähe lässt auch er sich nur nach geduldiger Annäherung betrachten, unter Vermeidung hektischer Bewegungen. Mit seinem hellgelben Rüssel saugt er am feuchten Boden im Bereich einer eingetrockneten Pfütze. Dabei nimmt er gelöste Nährsalze auf. Diese Vorliebe lockt ihn auch an scheinbar wenig attraktive Nahrungsquellen wie Hundekot, Aas oder Schweiß – unter günstigen Bedingungen können sich hier sogar zahlreiche Schillerfalter und andere Schmetterlinge versammeln. Die wichtigste Futterpflanze der Raupen ist die auf den Truppenübungsplätzen und in den Bergbaufolgelandschaften sehr häufige Zitterpappel oder Espe *(Populus tremula)*.

In strukturreichen Waldgebieten wie denen der Döberitzer Heide lässt sich sogar der Große Schillerfalter *(Apatura iris)* hin und wieder vor den Füßen der Spaziergänger nieder. Er ist in Brandenburg selten und weist hier wie auch bundesweit deutliche Rückgänge auf. Der zunehmende Verlust von Saum- und Mantelstrukturen an Waldrändern und Wegen macht ihm das Leben schwer, denn er ist auf das Vorkommen von Salweiden *(Salix caprea)* als Nahrungspflanze seiner Raupen in diesen Randbereichen angewiesen.

Der Kleine Schillerfalter (Apatura ilia) *hält sich oft in den Baumkronen auf und ist dann nur schwer zu beobachten. HP*

Unbefestigte Wege ermöglichen dem Kleinen Schillerfalter Zugang zu feuchten Bodenstellen als wichtigster Nahrungsquelle. HP

Der Große Schillerfalter (Apatura iris) *bevorzugt im Vergleich zum Kleinen Schillerfalter feuchtere und kühlere Waldstandorte. HP*

Ein Kleiner Eisvogel (Limenitis camilla) *in der Döberitzer Heide und ein Ei des Kleinen Eisvogels an Schneebeere* (Symphoricarpos albus). *HP*

Aus der Döberitzer Heide ist eines der bedeutendsten Vorkommen des in Brandenburg stark gefährdeten und nur vereinzelt nachgewiesenen Kleinen Eisvogels *(Limenitis camilla)* bekannt.[35] Tatsächlich kann man ihm entlang der Waldwege im nördlichen Bereich begegnen, denn hier finden sich große Bestände der Schneebeere *(Symphoricarpos albus)* im Unterwuchs. Dieser Busch, ein Neophyt aus Nordamerika, zählt neben Geißblattarten der Gattung *Lonicera* zu den Nahrungspflanzen der Raupen des aparten Tagfalters. Der Kleine Eisvogel, der lichte, luftfeuchte Laub- und Mischwälder besiedelt, patrouilliert in der Döberitzer Heide im Juni gern an den Waldwegen entlang, sonnt sich auf den Blättern der Bäume am Wegesrand und saugt wie die Schillerfalter an feuchten Bodenstellen. Wenn man ihn ausgiebig beobachten will, kann man sich gezielt dort positionieren, wo Schneebeere wächst. Von Zeit zu Zeit sausen einzelne Männchen hier hektisch vorbei, ohne sich niederzulassen – ganz offensichtlich sind sie auf der Suche nach frisch geschlüpften Weibchen. Die Weibchen verhalten sich ruhiger: Sie fliegen gezielt einzelne Pflanzen an, so als wollten sie sie testen. Mit etwas Glück kann man dann erleben, wie sie nahe am Rand eines Blattes ein grüngelbes, halbkugeliges, stacheliges, netzartig skulpturiertes Ei legen.

Im Juni und Juli kann ein Tagfalter entlang der Waldwege, auf Lichtungen, aber auch auf den Sandtrockenrasen und sogar Feuchtwiesen in der Döberitzer Heide und in Wanninchen so häufig werden, dass man ihm nahezu auf Schritt und Tritt begegnet: der Wachtelweizen-Scheckenfalter *(Melitaea athalia)*. In größerer Zahl saugen die Falter gemeinschaftlich an feuchter Erde, besuchen aber auch eine Vielzahl verschiedener Blütenpflanzen. Als Nahrungspflanzen der Raupen dienen in Brandenburg Wiesen-Wachtelweizen *(Melampyrum pratense)*, Gamander-Ehrenpreis *(Veronica chamaedrys)* und Spitz-Wegerich *(Plantago lanceolata)*. Wenn die Falter zahlreich auftreten, lassen sich auch Balz und Paarung leicht beobachten. Insgesamt sind in Brandenburg allerdings Bestandsrückgänge auch bei dieser Art zu verzeichnen, und in Deutschland sieht es – wie bei mehreren weiteren Tagfaltern, die vorwiegend in strukturreichen, lichten Wäldern vorkommen – leider in vielen Regionen so kritisch aus, dass sie als gefährdet eingestuft wird (Rote Liste 3).

Paarung des Wachtelweizen-Scheckenfalters auf einer Sand-Strohblume am Waldrand. HP

Balz des Wachtelweizen-Scheckenfalters: Auf einer Wiese folgt ein Männchen einem deutlich kontrastreicher gescheckten Weibchen. HP

Wachtelweizen-Scheckenfalter (Melitaea athalia) *auf einem Waldweg in der Döberitzer Heide. HP*

Als charakteristische »Truppenübungsplatzart« in Brandenburg kann man den Trauermantel *(Nymphalis antiopa)* bezeichnen, der sich hauptsächlich im April als einer der ersten Tagfalter des Jahres auf den Waldwegen und am Waldrand sonnt. Mit seiner dunkelbraunen Flügelfarbe, außen begrenzt durch eine Reihe blauer Punkte und einen breiten, hellgelben Rand, ist der große Schmetterling unverwechselbar. Allerdings ist die gelbe Randfärbung nach der langen Überwinterung der Falter meist ziemlich verblasst. Die Raupen wachsen nach der Eiablage überwiegend an Birken heran, die es auf den Truppenübungsplätzen reichlich gibt, und schon im Laufe des Sommers schlüpfen die Falter der nächsten Generation aus den Puppen. Sie saugen an Baumsäften oder gärendem Obst, im August manchmal aber auch noch an blühendem Heidekraut, bevor sie sich schon früh in ihre Überwinterungsverstecke zurückziehen.

Zeitgleich mit dem Trauermantel flattern an den ersten warmen Frühlingstagen auch einige tagaktive Nachtfalterarten in den gleichen Lebensräumen herum. Insbesondere die beiden Jungfernkinder aus der Familie der Spanner (Geometridae) sind schon an den ersten milden, sonnigen Tagen aktiv: das Große Jungfernkind *(Archiearis parthenias)*, auch Birken-Jungfernkind genannt, und das Mittlere oder Pappel-Jungfernkind *(Boudinotiana notha)*. Die jeweiligen Hauptnahrungspflanzen der Raupen, Birke und Zitterpappel, sind namensgebend. Sie wärmen sich auf warmem Boden oder Totholz auf, saugen an feuchten Bodenstellen, aber auch an Kot und Weidenkätzchen und wirbeln um Baumkronen herum. Im Sonnenschein fallen ihre orange leuchtenden Hinterflügel auf, die auch teil-

Der Trauermantel (Nymphalis antiopa) *sonnt sich im zeitigen Frühjahr ausgiebig auf den breiten Wegen durch Wald und Heide. HP*

Energieaufnahme vor der Überwinterung: ein Trauermantel an den Blüten der Besenheide in der Kyritz-Ruppiner Heide. HP

weise sichtbar bleiben, wenn sie auf dem Boden sitzen. Zur näheren Betrachtung braucht man allerdings viel Geduld, denn bei jeder Störung fliegen sie sofort auf. Beide Arten sind schwer voneinander zu unterscheiden: Die Vorderflügel des Birken-Jungfernkinds sind braun gefärbt, meist mit ausgedehnten weißen Flecken und deutlich gezackten, dunklen Querlinien. Das Pappel-Jungfernkind hat eher einheitlich graubraun getönte Flügel. Das beste Unterscheidungsmerkmal sind die Fühler der Männchen, die beim Pappel-Jungfernkind deutlich gekämmt, beim Birken-Jungfernkind schwach gesägt sind. Nach der Überwinterung der Puppen in morschem Holz schlüpfen die Falter manchmal schon ab Februar, die Hauptflugzeit liegt im März und April.

Die »Furcht erregende« Raupe des Großen Gabelschwanzes (Cerura vinula). *HP*

Bei Nachtfaltern gibt es nicht selten das Phänomen, dass die Raupen viel spektakulärer aussehen als die oft relativ schlicht gezeichneten Falter, die sich zudem durch ihre in der Dämmerung oder Dunkelheit liegenden Aktivitäten unserem Blick entziehen. Ein Paradebeispiel dafür ist der Große Gabelschwanz *(Cerura vinula)* aus der Familie der Zahnspinner (Notodontidae). Man findet die großen, fingerdicken Raupen, indem man im Juni auf ehemaligen Truppenübungsplätzen die jungen Zitterpappeln *(Populus tremula)* absucht, die an den Wegen und insbesondere an den Waldrändern zahlreich aufwachsen. Besondere Aufmerksamkeit ist dort geboten, wo Fraßspuren erkennbar sind – die nächste Raupe ist dann meist nicht weit. In ihrer grünen Grundfarbe ist sie gut getarnt, aber wenn sie entdeckt wird, gibt sie sich alle Mühe, einen potenziellen Feind zu erschrecken: Ein riesiges, rot umrandetes Maul erscheint weit aufgerissen, zwei dunkle Augen darüber scheinen den Gegner zu fixieren. Doch das ist nur eine Attrappe – in Wirklichkeit handelt es sich bei dem braunen »Rachen« des Tieres um den ganzen, also viel kleineren Kopf, die rote Umrandung und die schwarzen »Augen« sind lediglich Zeichnungselemente auf dem aufgerichteten Vorderkörper der Raupe. Allerdings kann sie aus einer Drüse unter dem Kopf tatsächlich Ameisensäure zur Abwehr verspritzen. Um ihre Drohgebärde zu untermauern, stülpt sie zusätzlich aus den langen Schwanzgabeln rote, fadenförmige Gebilde hervor.

Das Große oder Birken-Jungfernkind (Archiearis parthenias) *zählt zu den ersten Frühlingsboten an Waldrändern, in Heidegebieten und Birkenwäldern. Besonders hübsch ist das leuchtende Orange der Hinterflügel. HP*

Das Männchen des Pappel-Jungfernkinds (Boudinotiana notha) *zeigt weniger Zeichnungselemente auf den Vorderflügeln als die verwandte Art und besitzt gekämmte Fühler. HP*

Im Feuchtgebiet: Falter der Pfeifengraswiesen

Zu Füßen des Endmoränenzuges, der die höher gelegenen, überwiegend trockenen Bereiche der Döberitzer Heide mit ihren Heiden, Dünen und Eichenwäldern trägt, liegt mit dem Ferbitzer Bruch ein Feuchtgebiet, das mit seinen artenreichen Pfeifengraswiesen, Flachlandmähwiesen, Kleingewässern und Röhrichtbeständen von großer überregionaler Bedeutung ist. Insbesondere auf den Pfeifengraswiesen blühen mehrere seltene Orchideenarten, darunter das Sumpf-Knabenkraut *(Orchis palustris)*, und viele weitere botanische Kostbarkeiten wie Pracht-Nelke *(Dianthus superbus)* oder Färber-Scharte *(Serratula tinctoria)*. Diese Wiesen auf den Niedermoorböden bieten mehreren attraktiven, zum Teil auch sehr seltenen Schmetterlingsarten Lebensraum.

Kopfüber sonnt sich dieser männliche Rotklee-Bläuling (Polyommatus semiargus) *auf der Pfeifengraswiese. HP*

Auch hier flattern verschiedene Bläulinge um die Blüten. Leuchtend hellblau sind die Männchen des Prächtigen oder Vogelwicken-Bläulings *(Polyommatus amandus)*, der im Juni und Juli besonders häufig an den Blüten der Vogelwicke *(Vicia cracca)* – gleichzeitig auch die wichtigste Nahrungspflanze seiner Raupen – zu finden ist. Diese in Deutschland schwerpunktmäßig in

Balz des Prächtigen Bläulings (Polyommatus amandus) *im Ferbitzer Bruch: Das hellblaue Männchen bemüht sich intensiv um die Gunst des braun gefärbten Weibchens. HP*

den östlich gelegenen Regionen verbreitete Art hat sich erst im 19. und 20. Jahrhundert ausgebreitet. In Brandenburg ist sie Mitte des 19. Jahrhunderts eingewandert, hat aber in jüngerer Zeit viele ihrer charakteristischen Mähwiesenhabitate durch Nutzungsaufgabe oder Intensivierung verloren. Noch stärker ist die rückläufige Entwicklung in Brandenburg beim Rotklee-Bläuling *(Polyommatus semiargus)* festzustellen – die einst weitverbreitete und häufige Art tritt heute nur noch lokal und einzeln auf. Im Ferbitzer Bruch fliegt sie im Sommer zahlreich; im Vergleich zum Prächtigen Bläuling und zum hier ebenfalls präsenten Gemeinen Bläuling *(Polyommatus icarus)* ist das Blau der Männchen dunkler und zeigt einen leichten Violettschimmer.

Eine weitere Charakterart nasser Wiesen auf Niedermoorstandorten ist der Mädesüß-Perlmuttfalter *(Brenthis ino)*, der im Ferbitzer Bruch von den ausgedehnten Mädesüßbeständen *(Filipendula ulmaria)* profitiert, an denen seine Raupen fressen. Die Falter sind auf das reiche Blütenangebot der Wiesen zur Flugzeit angewiesen. Auch der Mädesüß-Perlmuttfalter verliert in Brandenburg immer mehr Lebensräume, sodass die großen Falterzahlen im Ferbitzer Bruch durchaus bemerkenswert sind. Dem Vorkommen des Kleinen Baldrians *(Valeriana dioica)*, an dem sich seine Raupen entwickeln, verdankt außerdem der Baldrian-Scheckenfalter *(Melitaea diamina)* sein Vorkommen hier, das von besonders großem Wert ist. Diese auffallend dunkel gemusterte Scheckenfalterart ist nämlich nicht nur in Brandenburg, sondern in ganz Deutschland stark rückläufig und gefährdet (Rote Liste 3). Während sie in Brandenburg als vom Aussterben bedroht gilt, ist sie beispielsweise in Schleswig-Holstein bereits längst verschwunden.[36]

Neben den echten Tagfaltern zählen auch Widderchen oder Blutströpfchen (Zygaenidae) zu den Blütenbesuchern der Pfeifengraswiese. Da viele dieser Arten giftige Blausäureverbindungen in ihrer Körperflüssigkeit anreichern, sind sie für Fressfeinde wie Vögel ungenießbar und zeigen dies mit ihrer rot-schwarzen Warnfärbung an. Ihr Fluchtverhalten ist daher auch nicht sehr ausgeprägt; sie schwirren eher behäbig von Blüte zu Blüte. Im Ferbitzer Bruch lässt sich Ende Juni/Anfang Juli das Kleine Fünffleck-Widderchen *(Zygaena viciae)* häufig auf den Blüten von Weidenblättrigem Alant *(Inula salicina)*, Färber-Scharte und Gewöhnlichem Teufelsabbiss *(Succisa pratensis)* beobachten.

Ein Mädesüß-Perlmuttfalter (Brenthis ino) *auf den Blüten der Kuckuckslichtnelke* (Lychnis flos-cuculi) *im Ferbitzer Bruch. HP*

Begegnungen mit dem Baldrian-Scheckenfalter (Melitaea diamina) *zählen zu den ganz besonderen Momenten im Ferbitzer Bruch. HP*

Paarung des Kleinen Fünffleck-Widderchens (Zygaena viciae) *auf Gewöhnlichem Teufelsabbiss* (Succisa pratensis)*. HP*

Käfer als Sandplatz-spezialisten

Sandlaufkäfer

Sandlaufkäfer gehören unbestritten zu den Stars der Sandlandschaften und sind mit vier interessanten Arten in den Heiden und Bergbaufolgelandschaften vertreten. Schon in den ersten warmen Frühlingstagen sind sie auf den sandigen Wegen aktiv. Jede unbedachte Annäherung quittieren sie damit, dass sie auffliegen und erst etliche Meter entfernt wieder landen. Nur mit viel Geduld und Geschick kommt man so dicht an sie heran, dass man diese faszinierenden Insekten aus der Nähe betrachten kann. Das lohnt sich allerdings sehr. Zunächst fallen ihre überlangen Beine auf, mit denen sie sich hoch aufrichten können. Damit erkennen sie nicht

Pärchen des Dünen-Sandlaufkäfers (Cicindela hybrida) *auf einer Düne in der Kyritz-Ruppiner Heide. JF*

nur frühzeitig Beute und Feinde, sondern heben sich vor allem von dem in der Sonne oft extrem heißen und damit nicht ganz ungefährlichen Sand ab. Außerdem können sie sich mit atemberaubender Geschwindigkeit fortbewegen. Charakteristisch ist auch der metallische Glanz ihrer grünen oder braunen »Ritterrüstung«, auf den Flügeldecken ästhetisch ansprechend verziert mit weißen Flecken oder Schnörkeln. Und dann sind da noch die langen, dolchartigen, gezähnten Mandibeln (Kiefer), mit denen andere Insekten oder Spinnen als Beutetiere überfallartig ergriffen werden.

Die Larven der Sandlaufkäfer leben in senkrechten Röhren im Sand, die sie am oberen Rand mit ihrem

Der Feld-Sandlaufkäfer (Cicindela campestris) *besiedelt auch bereits stärker bewachsene Sandflächen. HP*

Kopf und Halsschild verschließen. Gerät ein Beutetier in Reichweite, schnellen sie hervor, ergreifen ihr Opfer und verspeisen es in der Röhre.[37]

Zwei Arten treten in den Sand- und Heidelandschaften verbreitet auf: Der Dünen-Sandlaufkäfer *(Cicindela hybrida)* ist bräunlich kupferfarben. Vor seinem dunklen Kopf setzen sich Oberlippe und Mandibeln mit ihrer weißen Farbe kontrastreich ab. Er ist ein Pionier auf offenen Sanddünen und breiten Sandwegen. Der Feld-Sandlaufkäfer *(Cicindela campestris)* hingegen verträgt auch eine etwas dichtere Vegetationsdecke. Er ist durch seine grüne Farbe gut kenntlich. Im Flug leuchtet sein Hinterleib metallisch smaragdgrün auf.

Die beiden anderen Arten sind deutlich seltener und deutschlandweit stark gefährdet (Rote Liste 2). Der Wald- oder Heide-Sandlaufkäfer *(Cicindela sylvatica)* tritt insbesondere in der Kyritz-Ruppiner Heide in großer Zahl in Erscheinung, während er in den übrigen Sielmanns Naturlandschaften kaum zu beobachten ist. Er ähnelt dem Dünen-Sandlaufkäfer, hat aber als einzige unter diesen Sandlaufkäferarten eine dunkelbraune Oberlippe. Viel kleiner als die übrigen Arten, dafür mit besonders verschnörkelten weißen Querbändern auf den Flügeldecken, präsentiert sich der Wiener Sandlaufkäfer *(Cylindera arenaria viennensis)* als besondere Kostbarkeit der offenen Sandflächen von Wanninchen. Er lebt hier auf den vegetationsfreien Uferbereichen der Tagebauseen. Da es die natürlichen Lebensräume dieses sehr wärmebedürftigen Käfers – dynamische Uferbereiche größerer Flüsse und Seen – kaum noch gibt, stellen die Bergbaufolgelandschaften wichtige Ersatzlebensräume bereit, denen folglich eine wichtige Bedeutung bei seiner Erhaltung in Deutschland zukommt.[38]

Der Wald-Sandlaufkäfer (Cicindela sylvatica) *ist eine Charakterart der Kyritz-Ruppiner Heide. Deutlich ist hier die arttypische dunkle Oberlippe erkennbar. HP*

Der Wiener Sandlaufkäfer (Cylindera arenaria viennensis) *ist die kleinste heimische Sandlaufkäferart, weist aber die hübscheste Flügelzeichnung auf. HP*

Eine erfolgreiche Vermehrung gelingt dem Wiener Sandlaufkäfer auf den offenen, feuchten Sandböden rund um die Tagebauseen in Wanninchen. RD

Attraktive Mistkäfer

Mistkäfer (Familie Geotrupidae) sind in Landschaften, in denen sowohl wilde Pflanzenfresser wie Reh-, Schwarz- und Rotwild, Hasen und Kaninchen als auch Nutztiere wie Schafe und Galloway-Rinder allgegenwärtig sind, naturgemäß in großer Zahl vorhanden. Sie sind rund ums Jahr – an milden Tagen auch mitten im Winter – aktiv. In der Natur haben sie mit der Verarbeitung der anfallenden Dungmassen eine überaus wichtige Funktion; außerdem sind an Dungkäfergemeinschaften Dutzende verschiedener Arten beteiligt, zu denen beispielsweise auch räuberische Kurzflügler gehören, die im Dung auf andere Arten Jagd machen. Diese Käfervielfalt, die eine wichtige Nahrungsressource für andere Tiere wie den Wiedehopf darstellt, ist jedoch bedroht, denn die Verringerung der Weideviehhaltung in der Landwirtschaft und insbesondere die Behandlung der Nutztiere mit verschiedenen Medikamenten wirken sich katastrophal auf die Käfer aus. In der Döberitzer Heide stehen den Dungkäfern mit Wisenten und Przewalski-Pferden hingegen sogar wieder ursprüngliche, ansonsten längst verloren gegangene Produzenten attraktiver Nahrungsquellen zur Verfügung.

In seinem Element: Ein Frühlingsmistkäfer (Geotrupes vernalis) *macht sich an Przewalski-Pferdeäpfeln zu schaffen. HP*

Auf Spaziergängen durch die lichten Wälder und Offenlandschaften fallen hier zunächst die Frühlingsmistkäfer *(Geotrupes vernalis)* auf, die mit ihrer blau schillernden Farbe vor allem im Sonnenschein echte Schmuckstücke sind. Sie graben bis zu 40 Zentimeter tiefe Gänge in die Erde und verfrachten den Tierkot in seitlich abzweigende Stollen. In jedem Seitenstollen, der später mit Sand verschlossen wird, wird ein Ei abgelegt, und die Käferlarve kann sich darin ungestört entwickeln.[39]

An vielen Stellen inmitten der Heideflächen und Sandrasen ist ein anderer spektakulärer Mistkäfer anhand seiner Aktivitäten zu erkennen, die insbesondere zu Frühlingsbeginn zu bewundern sind: Im Zentrum eines »Minimaulwurfshügels« aus aufgeworfenem Sand führt ein großes, kreisrundes Loch in die Tiefe. Hier war ein Stierkäfer *(Typhaeus typhoeus)* am Werk. Seine Gänge führen bis zu 1,5 Meter unter die Erde.[40] Die Tiere selbst zeigen sich nicht so oft an der Oberfläche wie der

Hier liegt unverkennbar der Eingang zu einem Stierkäferbau (Typhaeus typhoeus). HP

Drei nach vorn gerichtete Hörner kennzeichnen das Stierkäfermännchen. HP

Dieses Stierkäferweibchen zerrt eine Kotpille hinter sich her. HP

Frühlingsmistkäfer, die Männchen der Stierkäfer machen ihrem Namen aber alle Ehre: Auf dem Halsschild tragen sie drei nach vorn gerichtete Hörner. Nicht selten findet man auf den Sandwegen die trockenen Mumien toter Stierkäfer, die dann eine detaillierte Betrachtung der eindrucksvollen Strukturen ermöglichen. Die schwarzen Flügeldecken sind von kräftigen Längsrillen überzogen. Die Weibchen können nicht mit Hörnern beeindrucken, sind aber durch Spitzen und Kerben am Vorderrand des Halsschildes von anderen Mistkäfern zu unterscheiden. Mit etwas Glück kann man Stierkäfer sogar beim Transport von Kotballen beobachten.

Aus dem Leben des Schwarzen Maiwurms

Schwerfällig krabbelt der schwarze Käfer über den Sand. Fast wirkt es, als würde er seinen dicken, lang gestreckten Hinterleib wie einen Sack Mehl hinter sich herziehen. Seine Flügel sind zu funktionsunfähigen »Attrappen« reduziert; das massige Gewicht wäre ohnehin nicht in der Luft zu halten. Das Weibchen des Schwarzblauen Ölkäfers oder Schwarzen Maiwurms *(Meloe proscarabaeus)* wirkt geradezu tollpatschig und hilflos, offenkundig eine leichte Beute für Vögel und Säugetiere.

Doch Ölkäfer (Meloidae) sind nur scheinbar wehrlos. Ihr Körper enthält Cantharidin, ein starkes Reiz- und Nervengift, das sie bei Beunruhigung in öligen Tröpfchen aus ihren Gelenken austreten lassen können. Es ist höchst interessant, zu welchen Zwecken Cantharidin aus Ölkäfern historisch schon verwendet wurde: Bereits seit der Antike diente es als Mordwaffe, als Mittel gegen verschiedene Krankheiten, insbesondere Tollwut, und bis in die Gegenwart in verschiedenen Kulturen auch als Aphrodisiakum – mit oft höchst schmerzhaften Nebenwirkungen. In der modernen Medizin ist es unter anderem ein Hoffnungsträger in der Krebsforschung, da es das Tumorwachstum hemmt. Ökologisch ist hingegen interessant, dass es eine Reihe canthariphiler Insekten gibt, die Cantharidin von Ölkäfern gezielt aufnehmen, wie einige Gnitzen (Ceratopogonidae) und Feuerkäfer (Pyrochroidae). Viele räuberische Insekten, aber auch Vögel scheint das Cantharidin ebenfalls nicht abzuschrecken.[41]

Höchst faszinierend ist der Lebenszyklus dieser Ölkäfer: Ein Weibchen des Schwarzen Maiwurms legt mehrfach zwischen 3.000 und 10.000 Eier ab, insgesamt bis zu 40.000 – der riesige Hinterleib ist also eine Investition in den Nachwuchs. Zur Eiablage gräbt das Weibchen ein Loch in den Boden. Aus den Eiern schlüpfen nach einigen Wochen winzige, sehr agile Larven, die Triungulinen oder Dreiklauer. Sie erklimmen Pflanzen und versammeln sich auf Blüten. Der Zufall entscheidet über ihr weiteres Schicksal, denn sie klammern sich nun an Blütenbesuchern fest – und nur dann, wenn sie dabei mit viel Glück eine als Wirt geeignete Wildbiene ergreifen, die sie in ihr Nest im Sandboden trägt, können sie sich weiterentwickeln. Dort lassen sie sich nämlich in einer Nistzelle »absetzen«, fressen das Bienenei, nehmen nach einer Häutung eine völlig veränderte Gestalt an und ernähren sich in den folgenden Larvenstadien von dem Gemisch aus Pollen und Nektar, das sie in dieser und den benachbarten Nistzellen vorfinden. Das Wirtsspektrum von Ölkäfern zu erfassen ist eine große Herausforderung. Vom Schwarzen Maiwurm sind einige Arten von Sand- und Seidenbienen (Gattungen Colletes und Andrena) als geeignete Wirte belegt.[42]

Die Art hat in Deutschland eine weite Verbreitung und kann in verschiedenen Lebensräumen angetroffen werden. Besonders auffällig sind die Populationen an den Küstendeichen Norddeutschlands. Zu den typischen Fundorten zählen aber auch Trockenrasen, Heiden und Waldränder. Wichtig ist das Vorkommen entsprechender Wildbienenarten. Ein starker Rückgang im Laufe des 20. Jahrhunderts hat jedoch dazu geführt, dass in vielen Regionen nur noch Einzelfunde erfolgen und dieser einst fast überall häufige Käfer inzwischen als gefährdet gilt.[43] In Sielmanns Naturlandschaften ist er glücklicherweise im Frühjahr noch zu beobachten: In Kyritz-Ruppiner, Tangersdorfer und Döberitzer Heide und in Wanninchen kreuzt er zwischen März und Mai regelmäßig die Wanderwege.

Erwachsene Maiwürmer fressen an Gräsern und Kräutern – hier ein Weibchen beim Reifungsfraß in der Kyritz-Ruppiner Heide. HP

Typischer Anblick auf den Heidewegen und dem Sandtrockenrasen im Frühjahr: ein Weibchen des Schwarzen Maiwurms oder Schwarzblauen Ölkäfers (Meloe proscarabaeus) *in der Döberitzer Heide. HP*

Quietschende Walker und weitere Käfer in Sand und Heide

Neben den Ölkäfern zählen auch Buntkäfer (Cleridae) zu den natürlichen Gegenspielern von Wildbienen. Auf den Blüten der Sandrasen kann man hin und wieder den überaus farbenprächtigen, wärmeliebenden Gemeinen Bienenkäfer *(Trichodes apiarius)* beobachten. Er ernährt sich von Pollen und Nektar, erbeutet aber auch überfallartig andere Blütenbesucher. Die Eier werden in die Nähe oberirdisch nistender Wildbienen gelegt; die Käferlarven fressen sich durch die Nistzellen der Bienen und verzehren dabei Bienenlarven, Bienenpuppen und das Pollen-Nektar-Gemisch.[44]

Eine schemenhafte Bewegung auf dem Sandboden zieht die Aufmerksamkeit auf sich – war es nur eine Einbildung? Erst aus nächster Nähe wird der Urheber

Ein Gemeiner Bienenkäfer (Trichodes apiarius) *auf den Blüten der Graukresse* (Berteroa incana) *in der Döberitzer Heide. HP*

Auf Sand nahezu unsichtbar: ein Sand-Steppenrüssler (Coniocleonus hollbergi) *in der Döberitzer Heide. HP*

Der Gemeine Staubkäfer (Opatrum sabulosum) *ist in der Döberitzer Heide im Frühjahr nahezu allgegenwärtig. HP*

sichtbar: Ein Sand-Steppenrüssler *(Coniocleonus hollbergi)* profitiert hier von seiner perfekten Tarnung auf dem Sandboden am Wegesrand der Döberitzer Heide. Der im Detail sehr hübsche Rüsselkäfer (Curculionidae) mit dem orangefarben überhauchten Kopf ist auf großflächige, offene Sandlandschaften angewiesen. Seine Larven entwickeln sich an den Wurzeln des Kleinen Sauerampfers *(Rumex acetosella)*.[45]

In großer Zahl bevölkern im März und April Gemeine Staubkäfer *(Opatrum sabulosum)* den Sand der Döberitzer Heide. Sie zählen zur Familie der Schwarzkäfer (Tenebrionidae). Ihre Flügeldecken sind mit Rillen und Höckern überzogen, in denen sich der Staub des Bodens so verfängt, dass ihre dunkle Farbe verblasst.

Ein ganz besonderes Erlebnis ist es, einem Walker *(Polyphylla fullo)* zu begegnen. Dieser große, an Sandböden gebundene Maikäferverwandte (Familie Blatthornkäfer, Scarabaeidae) ist in Deutschland stark gefährdet (Rote Liste 2). Die Käfer sind auf brauner Grundfarbe eigentümlich weiß gesprenkelt und können bei Berührung überraschend laute, quietschend-zischende Geräusche von sich geben. Charakteristisch für die Männchen ist der große, gebogene, siebenteilige Fühlerfächer. Die Weibchen legen ihre Eier im Sommer in den Boden, wo die Larven im Laufe von drei bis vier Jahren heranwachsen und sich bevorzugt von den Wurzeln von Gräsern und jungen Kiefern ernähren. Wenn die Käfer im Juni/Juli schlüpfen, schwärmen sie nach Sonnenuntergang und fliegen dabei auch an künstliche Lichtquellen.[46]

Glücksfund in Wanninchen: ein Männchen des seltenen Walkers (Polyphylla fullo). *HP*

Ein Heideblattkäfer (Lochmaea suturalis) *in der Kyritz-Ruppiner Heide. HP*

Im Frühjahr 2018 flogen zahlreiche kleine, gelbbraune Käfer in der Kyritz-Ruppiner Heide umher. Überall waren sie auf den Triebspitzen der Besenheide zu finden: Heideblattkäfer (*Lochmaea suturalis*, Familie Chrysomelidae). Dieses Ereignis war ganz offensichtlich auf den außergewöhnlich regenreichen Frühsommer des Jahres 2017 zurückzuführen. Die Eiablage dieser Käfer erfolgt am Boden, gern in Moospolstern. Bei hoher Feuchtigkeit können sich Eier und Larven besonders gut entwickeln. Die Käfer überwintern im Wurzelwerk und können ganze Heideflächen kahl fressen.[47] Da der Sommer 2018 heiß und trocken war, endeten die günstigen Bedingungen jedoch ziemlich abrupt.

Meister des Gesangs und der Tarnung: Heuschrecken

Auf Brautschau im Trockenrasen

Der außergewöhnliche Sommer 2018 schien endlos lang, heiß und trocken. Einige kleinere Brände sind am Rand der Döberitzer Heide aufgeflammt; glücklicherweise bei Weitem nicht in so dramatischem Ausmaß wie andernorts in Brandenburg. Viele Heuschrecken profitieren von diesem warmen Jahr, und so lohnt es sich, auf einem durch Schafbeweidung ziemlich kurz und lückig gehaltenen Sandtrockenrasen nach einer besonderen Art Ausschau zu halten: dem Rotleibigen Grashüpfer *(Omocestus haemorrhoidalis)*. Die einst häufige Art trockener Offenflächen ist inzwischen nur noch vereinzelt auf von Schafen beweideten Flächen aufzuspüren.[48] Da der Rotleibige Grashüpfer bundesweit rückläufige Tendenzen zeigt, gilt er als gefährdet (Rote Liste 3). Ein weiteres Problem auf der Suche nach ihm: Er ist ziemlich klein, mit seiner überwiegend hellbraunen Färbung zwischen den trockenen Gräsern hervorragend getarnt, auf den ersten Blick anderen Grashüpfern sehr ähnlich, und sein Gesang ist so leise, dass er von der artfremden Konkurrenz gnadenlos übertönt wird. Folglich ist es ratsam, an einer geeignet scheinenden, staubtrockenen Stelle in die Knie zu gehen und auf jede Bewegung und jedes Geräusch zu achten.

Recht laut sind einzelne, harte, einsilbig wirkende Töne (etwa wie »bsr«) zu hören. Sie lassen sich schnell den eher dunkelbraunen, am Ende des Hinterleibs bei den meisten Exemplaren recht deutlich rot gefärbten Männchen des Braunen Grashüpfers *(Chorthippus brunneus)* zuordnen. Er ist in vielen trockenwarmen Lebensräumen heimisch, häufig auch an Straßenböschungen. Bald mischt sich ein anderer Gesang in die Klangkulisse der überall herumspringenden Heuschrecken: Auf einen harten Stoßlaut folgt jeweils ein ansteigendes Schwirren – in rascher Folge vorgetragen, klingt dies exakt wie ein Rasensprenger.[49] Urheber sind die Männchen des Verkannten Grashüpfers *(Chorthippus mollis)*, die recht einheitlich hellbraun gefärbt sind und sich bevorzugt auf Trockenrasen aufhalten. Es ist faszinierend zu verfolgen, wie sie mit dem Reiben ihrer Hinterbeine über ihre Flügel den Gesang erzeugen. Mit kleinen Hüpfern bewegt sich ein Männchen auf eine etwas größere, massigere Heuschrecke zu – ein Weibchen. Dieses wird nun intensiv angebalzt, zeigt sich aber unwillig und zieht sich langsam zurück. Brauner, Verkannter und Nachtigall-Grashüpfer *(Chorthippus biguttulus)*, dessen laut scheppernder Gesang an eine Kinderrassel erinnert, bilden einen Komplex äußerlich schwer unterscheidbarer und in den trockenen Offenlandschaften häufiger Arten, die man anhand ihres Gesangs aber sofort eindeutig zuordnen kann.

Zwischendurch fällt der Blick in dem Gewusel zwischen Sand und vertrocknetem Gras auf einen echten Winzling: Das Männchen der Gefleckten Keulenschrecke *(Myrmeleotettix maculatus)* fände bequem auf einem Fingernagel Platz. Seine Ästhetik wird erst aus nächster Nähe erkennbar: Der Körper ist mit braunen, weißen, schwarzen, grünen und rötlichen Farbelementen marmoriert. So ist auch dieser Sandbewohner, der in Heiden, lückigen Trockenrasen und auf Dünen äußerst zahlreich vorkommt, extrem gut getarnt. Die Fühlerkeulen der Männchen sind stark verdickt und nach außen gekrümmt.

Mehrere Arten von Feldheuschrecken besetzen also diesen Lebensraum – aber wo bleibt der Rotleibige Grashüpfer? Plötzlich ertönt ein leises, verdächtig klingendes Scharren. Es ist allerdings schwer zu verorten. Mit jeder Strophe lässt sich der Ursprung des Gesangs präziser eingrenzen, bis sich das gesuchte Männchen tatsächlich endlich zu erkennen gibt. Von seiner Tarnfarbe hebt

Das Männchen des Braunen Grashüpfers (Chorthippus brunneus) *ist anhand seiner harten, »einsilbigen« Gesangsstrophen von ähnlichen Arten zu unterscheiden. HP*

Der Verkannte Grashüpfer (Chorthippus mollis) *wäre aufgrund seiner Tarnung wohl nahezu unauffindbar – sein »Rasensprengergesang« verrät ihn jedoch sofort. HP*

Bei genauerer Betrachtung zählt der Rotleibige Grashüpfer (Omocestus haemorrhoidalis) *zu unseren hübschesten Heuschrecken. HP*

Werbend, aber letztlich erfolglos nähert sich ein Männchen des Verkannten Grashüpfers dem größeren Weibchen. HP

Hoffnungsvoll: Die Kontaktaufnahme zwischen Männchen und Weibchen erfolgt beim Rotleibigen Grashüpfer mit den Fühlern. HP

Die Gefleckte Keulenschrecke (Myrmeleotettix maculatus) *ist eine unserer kleinsten Heuschreckenarten. HP*

Geschafft: Mit der Paarung hat sich für das Männchen des Rotleibigen Grashüpfers das Ziel seiner Werbegesänge erfüllt. HP

sich bei seitlicher Betrachtung deutlich der weitgehend hellrote Hinterleib ab, der dieser Art zu ihrem Namen verholfen hat. Das Männchen verharrt nicht lange an seinem Platz. Zielstrebig bewegt es sich über Sand und Grashalme. Es hat ein Weibchen fest im Blick, das – noch besser getarnt – in rund einem Meter Entfernung an ein paar grünen Trieben frisst. Das Männchen nähert sich von der Seite, und nach sehr kurzer Kontaktaufnahme klammert es sich auf dem Rücken des Weibchens fest. Die Paarung währt einige Sekunden. Dann zieht das Männchen weiter, hält kurz inne, putzt sich – und steuert singend direkt auf das nächste Weibchen zu.

Schöne Schrecken

Es ist immer wieder ein verblüffendes Schauspiel: Man geht auf einem der breiten Sandwege durch die Heide, als aus dem Nichts etwas vor den Füßen aufspringt, im Flugsprung hellblau aufleuchtet, landet – und wieder verschwunden ist. Erst die vorsichtige, langsame Annäherung an dieses »Etwas« zeigt, worum es sich handelt: die Blauflügelige Ödlandschrecke *(Oedipoda caerulescens)*. Sie schätzt offenen, warmen Sandboden und ist daher auf Dünen, Wegen, lückig bewachsenen Trockenrasen, in sehr lichten Kiefernwäldern und in

Ein Paar der Blauflügeligen Ödlandschrecke (Oedipoda caerulescens) *auf dem Wanderweg durch die Kyitz-Ruppiner Heide. HP*

Nur während des Flugsprungs wird das attraktive Blau sichtbar: Hinterflügeldetail der Blauflügeligen Ödlandschrecke. HP

Zwergstrauchheiden zu finden. Die blauen, schwarz gerandeten Hinterflügel werden ausschließlich während des Sprungs präsentiert. Offensichtlich dienen sie auch als ein innerartliches Signal: Scheucht man ein Weibchen auf, springen sofort mehrere Männchen hinter ihm her und beginnen mit der Balz. Die Tiere

Eine Blauflügelige Sandschrecke (Sphingonotus caerulans) *in der Bergbaufolgelandschaft von Wanninchen. RD*

sind wahre Meister der Tarnung und spiegeln in ihrer Grundfärbung den Untergrund wider, auf dem sie leben: In Regionen mit rötlichem Gestein – etwa auf Buntsandstein im Südwesten Deutschlands – sind sie rotbraun gefärbt, auf hellgrauem Muschelkalk entsprechend grau. Damit man sie nach ihrem Sprung nicht so leicht ausfindig machen kann, schlagen sie in letzter Sekunde oft einen kleinen Haken.

Ganz ähnlich, aber nicht so weit verbreitet und in Deutschland stark gefährdet (Rote Liste 2) ist die Blauflügelige Sandschrecke *(Sphingonotus caerulans)*. Sie unterscheidet sich durch einige Detailmerkmale von der Ödlandschrecke: Unter anderem überragt ihr Kopf deutlich den eingebuchteten Halsschild, ihr Körper erscheint schlanker, die Flügel sind länger, und das Blau der Hinterflügel wird nicht durch einen schwarzen Rand begrenzt. Auf den großen, offenen Dünen Wanninchens findet die deutlich anspruchsvollere Art noch ideale Lebensbedingungen und tritt hier in großer Zahl auf. Die Populationen in den ostdeutschen Bergbaufolgelandschaften sind für die Blauflügelige Sandschrecke von überregionaler Bedeutung. Da sie auf nahezu vegetationslose Flächen angewiesen ist, zählt sie zu den Charakterarten des Initialstadiums der Bergbaufolgelandschaften und verliert bei fortschreitendem Bewuchs geeignete Lebensräume.[50] Das gilt in verschärfter Form auch für die ehemaligen Truppenübungsplätze. Die Kyritz-Ruppiner Heide liegt nahe der nördlichen Arealgrenze der Art. Bei Kartierungen im Jahr 2014 wurde sie hier noch auf wenigen offenen Sandflächen nachgewiesen; ihre weitere Existenz hängt von Pflegemaßnahmen ab, bei denen Rohbodenverhältnisse geschaffen beziehungsweise erhalten werden.[51] Auch die Döberitzer Heide zählte einst

Porträt eines Weibchens der Italienischen Schönschrecke (Calliptamus italicus) *in der Döberitzer Heide. HP*

zu den Verbreitungsschwerpunkten in Brandenburg; in den 1990er-Jahren wurden noch sehr individuenstarke Populationen festgestellt. Inzwischen gilt die Blauflügelige Sandschrecke hier jedoch als verschollen, ein letzter Nachweis erfolgte im Jahr 2009.[52]

Neben diesen beiden recht großen Heuschrecken, die mit ihren blauen Hinterflügeln faszinieren, gibt es in den brandenburgischen Sandgebieten eine weitere Art, die bei jedem Sprung Farbenpracht offenbart: Die Italienische Schönschrecke *(Calliptamus italicus)* besitzt rosarote Hinterflügel, auch die Schienen ihrer Hinterbeine sind rot. Wie ihr Name andeutet, kommt sie in Südeuropa häufig vor, während sie in Deutschland überwiegend auf die Wärmegebiete im Südwesten und im Osten beschränkt ist. Auch sie steht als stark gefährdet auf der Roten Liste. Zwar gehören die historisch überlieferten Massenvermehrungen, als sie noch gefürchtete Schwärme bildete – wie zuletzt 1930 bei Darmstadt – längst der Vergangenheit an, aber aktuell scheint sie vom Klimawandel zu profitieren und breitet sich aus. So ist sie inzwischen nicht nur in Wanninchen zu beobachten, sondern 2017 erstmals auch in der Döberitzer Heide aufgetaucht. Die Italienische Schönschrecke ist stets in trockenwarmen, spärlich bewachsenen Lebensräumen zu finden. Dort springen dann oft blauflügelige und rotflügelige Heuschrecken gemeinsam über die sandigen Trockenrasen – dieses besondere Spätsommererlebnis kann man in der Döberitzer Heide seit Kurzem auf dem Weg, der im nördlichen Teil der Landschaft nahe Dallgow um den historischen Obelisken führt, intensiv auf sich wirken lassen.

Frühlingsgesänge

Das Heuschreckenjahr erreicht seinen jährlichen Höhepunkt zwar im August/September, wenn die meisten Arten ausgewachsen sind und es überall in den Wiesen zirpt und schwirrt, aber es beginnt schon im Mai: Im Frühling schallt das laute, helle Lied der Feldgrille *(Gryllus campestris)* über Heiden und Sandtrockenrasen. »Sri-sri-sri« klingt es über 50 Meter weit. An warmen Frühlings- und Frühsommerabenden singt sie bis tief in die Nacht hinein.

Die Feldgrille bevorzugt gut besonnte, nicht zu dicht bewachsene Standorte. Dort graben sich die Grillen Wohnröhren, die 20 bis 40 Zentimeter tief in den Boden führen. Den Winter haben sie als Larven überstanden. Nach ihrer letzten Häutung beginnen die Männchen, an sonnigen Tagen vor ihren Wohnröhren zu »singen«. Die Töne werden mit den schräg aufgerichteten Vorder-

Singendes Feldgrillenmännchen (Gryllus campestris) *vor seiner Wohnröhre in der Döberitzer Heide. HP*

Ein Feldgrillenweibchen, sofort erkennbar an der langen Legeröhre. HP

flügeln erzeugt: An der Unterseite des rechten Flügels befindet sich eine mit Querrippen besetzte Schrillleiste, die über eine Schrillkante auf der Oberseite des linken Flügels gezogen wird. Der Ton wird über zwei große, membranartige Flügelflächen, die man als »Spiegel« und »Harfe« bezeichnet, verstärkt.[53]

Es ist sehr schwer, singende Feldgrillen zu beobachten. Bei der geringsten Störung verschwinden sie nämlich blitzschnell in ihrer Wohnröhre. Nimmt man ihren Gesang jedoch auf und spielt ihn vor der Wohnröhre wieder ab, kommen die Tiere fast immer rasch hervor und suchen erregt nach dem vermeintlichen Rivalen. Ihre großen schwarzen Köpfe setzen sie im Ernstfall wirkungsvoll im Kampf ein, wenn es darum geht, Gegner buchstäblich von der Bühne zu rammen. Während solcher Auseinandersetzungen erzeugen sie kurze, peitschenartige Töne.

Der lang anhaltende Gesang dient dem Anlocken der Weibchen, die auf den Wiesen umherlaufen und die singenden Männchen aufsuchen. Sie paaren sich mit mehreren Männchen und legen dann einige hundert Eier im Boden ab. Die Larven halten sich gern unter Steinen auf, sonnen sich aber im Spätsommer auch auf den Wiesen und laufen dann sehr mobil herum. Dabei erschließen sie neue Lebensräume. Da die Feldgrille nicht fliegen kann, ist es wichtig, dass zur Besiedelung geeignete Flächen miteinander verbunden sind. In warmen Sommern kann sie sich besonders gut ausbreiten, während sie in kühlen Jahren Bestandseinbußen erleidet.

Ein grau-grünes Warzenbeißerweibchen aus der Döberitzer Heide. HP

Ein braunes Männchen des Warzenbeißers (Decticus verrucivorus) *aus Wanninchen. HP*

Heuschreckenparadiese

Wenn Mitte Juli der Gesang der Feldgrillen ausklingt, übernimmt in weiten Bereichen der Zwergstrauchheiden und der Sandrasen eine unserer größten Heuschrecken die akustische Vorherrschaft: der Warzenbeißer *(Decticus verrucivorus)*. Allerdings sind seine lauten, scharfen, zunächst einzeln und dann in immer schnellerer Folge vorgetragenen »Zick«-Laute nur bei sonnigem Wetter zu hören. Er kommt am häufigsten in Lebensräumen vor, die ein Mosaik aus kurzrasigen und hochwüchsigen Strukturen sowie offenen Bodenstellen vorweisen. Solche Bedingungen findet er beispielsweise in den Feuchtwiesen der Tornower Niederung in Wanninchen, in den Sandrasen auch direkt an den Wegrändern der Döberitzer Heide und in den Heidekrautbeständen rund um den Sielmann-Hügel in der Kyritz-Ruppiner Heide vor, wo er überall sehr zahlreich vertreten ist. Leider wird diese eindrucksvolle Art inzwischen auch als gefährdet eingestuft (Rote Liste 3), weil sie stark unter Lebensraumverlusten leidet.

Der Warzenbeißer ist so groß, dass man oft das Gefühl hat, eine Maus husche zur Seite weg, wenn man ihn in der Wiese aufschreckt. Er kann kräftig zwicken, ernährt sich überwiegend räuberisch von Insekten und wurde früher gemäß einem alten Volksglauben eingesetzt, um Warzen abzubeißen und mit seinem ausgewürgten Darmsaft zu verätzen.[54] Seine Färbung variiert

Die schlanke, schnittig gebaute Gemeine Sichelschrecke (Phaneroptera falcata) setzt auf die Tarnfarbe Grün. Zur Zeit der Heideblüte kann sie regelmäßig in der Besenheide ausfindig gemacht werden. HP

Die Westliche Beißschrecke (Platycleis albopunctata) ist mit ihrer graubraunen, verwaschen marmorierten Färbung im trockenen Gras und auf offenem Boden sehr gut getarnt und fliegt bei Störungen unvermittelt auf. HP

sehr stark: Es gibt beispielsweise vollständig braune, graugrün gescheckte und fast gänzlich grüne Exemplare. Charakteristisch sind dunkle Würfelflecken auf den Flügeln und bei den Weibchen eine sehr lange, schwach gebogene Legeröhre.

Die strukturreichen Lebensräume, in denen sich Warzenbeißer wohlfühlen, bieten vielen weiteren Heuschreckenarten Lebensraum, mit denen er folglich oft vergesellschaftet ist. Sehr häufig ist beispielsweise an allen trockenwarmen Standorten die Westliche Beißschrecke *(Platycleis albopunctata)*. Mit rund 20 Millimeter Körperlänge ist sie zwar nur fast halb so groß wie der Warzenbeißer, damit aber immer noch eine der größeren Arten. Sie ist graubraun gefärbt. Oft zieren weißliche Flecken ihre langen, schmalen Flügel. Regional breitet sich aktuell aus.

Die Gemeine Sichelschrecke *(Phaneroptera falcata)* hat in jüngerer Zeit die wohl spektakulärste Ausbreitungsgeschichte aller heimischen Heuschrecken hingelegt: Die schlanke, leuchtend grüne Art, deren Körper ganz fein mit dunklen Punkten übersät ist, hat innerhalb weniger Jahre weite Teile des norddeutschen Tieflands erobert und kann nun mittlerweile auch in Schleswig-Holstein und auf Rügen gefunden werden. Dies konnte ihr auch wegen ihrer ausgezeichneten Flugfähigkeit gelingen: Bei Störungen schwebt sie elegant davon. Ein charakteristisches Merkmal ist, dass ihre langen, schnittigen Hinterflügel die Vorderflügel überragen. 2009 wurde sie erstmals in der Döberitzer Heide nachgewiesen, mittlerweile sitzt sie auch in der Kyritz-Ruppiner Heide in nahezu jedem Heidestrauch.[55]

Optisch und akustisch sind die Männchen des Heide-Grashüpfers (Stenobothrus lineatus) Highlights der Zwergstrauchheiden und Sandtrockenrasen. HP

Der sichelförmige weiße Fleck auf dem dunklen Flügel ist ein charakteristisches Merkmal des Heide-Grashüpfers – hier ein Weibchen aus der Kyritz-Ruppiner Heide. HP

Ein Männchen der Sumpfschrecke (Stethophyma grossum) *im Ferbitzer Bruch. Deutlich ist die rote Unterseite des Hinterschenkels zu erkennen. HP*

Der Heide-Grashüpfer *(Stenobothrus lineatus)* trägt seinen bevorzugten Lebensraum sogar im Namen. Die Männchen zählen zu unseren hübschesten Arten: Die grüne Grundfarbe geht an den Hinterbeinen und insbesondere am Hinterleib in ein warmes Orangerot über. Inmitten der dunklen Flügelfläche befindet sich ein typischer weißer, sichelförmiger Fleck (Stigma). Bei den kräftigeren Weibchen sind die roten Färbungen weniger ausgeprägt, am Vorderrand des Vorderflügels ist aber zusätzlich ein kräftiger weißer Längsstrich ausgebildet. Unverkennbar ist auch der mäßig laute Gesang der Männchen: ein lang anhaltendes, in der Tonhöhe zunächst ansteigendes und dann langsam wieder abfallendes Schwirren. Die Kombination der verschiedenen Heuschreckengesänge kann eine Spätsommerwanderung durch die Heide zu einem echten Klangerlebnis werden lassen.

Häufig kann man auf den Pfeifengraswiesen die Paarung der Sumpfschrecke beobachten. HP

Die Feuchtwiesengesellschaft

In den nassen Pfeifengraswiesen im Ferbitzer Bruch, dem großen, strukturreichen Feuchtgebiet am Westrand der Döberitzer Heide, hört man im Spätsommer ganz andere Heuschreckentöne: Über eine Entfernung von bis zu 15 Meter hinweg ist ein eigentümliches Knipsen zu hören – ganz ähnlich dem Schnipsen von Fingernägeln. Um diesen Laut zu erzeugen, schleudern die Männchen der Sumpfschrecke *(Stethophyma grossum)* eine Hinterbeinschiene ruckartig nach hinten und fahren dabei mit den Enddornen der Schiene über den Flügel. Die hell olivgrüne Körperfarbe, die unterseits roten Hinterschenkel, die gelben, schwarz bedornten Hinterschienen in Kombination mit tiefschwarzen Augen und Knien sowie dunklen Flügeln machen auch die recht große Sumpfschrecke zu einem attraktiven Insekt, das hauptsächlich in extensiv genutztem Feuchtgrünland lebt.

An höher aufwachsender Vegetation im Bereich der Gräben, an Röhrichthalmen und auf der Hochstaudenvegetation sonnt sich gern die Kurzflügelige Schwertschrecke *(Conocephalus dorsalis)*. Den hohen, leisen Schwirrgesang ihrer Männchen kann man allenfalls hören, wenn man direkt an einer Singwarte vorbeigeht. Die Art ist unverkennbar: Der Kopf läuft spitz zu, die stark verkürzten Flügel reichen nur etwa bis zur Mitte des Hinterleibs, die Legeröhre des Weibchens ist auffällig gebogen. Die Art lebt hier gemeinsam mit der eng verwandten Langflügeligen Schwertschrecke *(Conocephalus fuscus)*, deren Flügel allerdings deutlich über das Körperende hinausreichen und die nicht so eng an die feuchten Flächen gebunden ist.

Auf den im Sommer gemähten und noch entsprechend kurzen Pfeifengraswiesen erklingt im September von mehreren Stellen ein lauter, rhythmischer, kratzender Gesang. Hier grenzen Sumpfgrashüpfermännchen

aber bis zur Mitte der Hinterschenkel. Die Art ist dem Gemeinen Grashüpfer *(Pseudochorthippus parallelus)* sehr ähnlich, dessen Weibchen aber noch stärker verkürzte, fast nur blättchenartige Flügel haben. Und während der Gemeine Grashüpfer zu Deutschlands häufigsten Heuschrecken zählt, ist der auf Feuchtgebiete angewiesene Sumpfgrashüpfer deutlich seltener und wird in der Vorwarnliste der Roten Liste geführt. Sumpfschrecke, Kurzflügelige Schwertschrecke und Sumpfgrashüpfer bilden eine charakteristische Artengemeinschaft auf intakten Feuchtwiesen wie hier im Ferbitzer Bruch.

Ein Weibchen der Kurzflügeligen Schwertschrecke (Conocephalus dorsalis) *mit der charakteristisch gebogenen Legeröhre. HP*

Ein singendes Männchen des Sumpfgrashüpfers (Pseudochorthippus parallelus) *im Ferbitzer Bruch. HP*

Ein Männchen der Langflügeligen Schwertschrecke (Conocephalus fuscus) *auf seiner Singwarte im Ferbitzer Bruch. Die schwirrenden Gesänge der Schwertschrecken sind so hoch und leise, dass sie für Menschen nahe an der Hörbarkeitsgrenze liegen. HP*

Ein Sumpfgrashüpferweibchen auf einer kürzlich gemähten Pfeifengraswiese. HP

(Pseudochorthippus montanus) ihre Reviere gegeneinander ab und versuchen, Weibchen anzulocken. Die Weibchen sieht man bei genauem Hinschauen über das Gras laufen. Ihren mächtigen Hinterleibern ist förmlich anzusehen, dass die Zeit der Eiablage begonnen hat. Die Flügel der Weibchen sind auffallend verkürzt, reichen

Weitere Insekten-highlights in Sand und Heide

Trichterfallen im Sand – von Ameisenlöwen und Ameisenjungfern

Es ist ein merkwürdiger Anblick: Der gesamte Randbereich des sandigen Weges – also dort, wo Füße und Fahrzeugreifen nicht permanent die Oberflächenstruktur verändern – ist übersät mit kleinen Kratern. Dazwischen verlaufen an einigen Stellen bandwurmartige Rillen durch den Sand, teils Schleifen bildend, an dessen Ende wieder ein kleiner »Krater« oder Trichter liegt. Ganz eindeutig: Hier waren Ameisenlöwen am Werk.

Sielmanns Naturlandschaften sind mit ihren offenen, sandigen Strukturen ideale Lebensräume für Ameisenlöwen, die Larven der Ameisenjungfern. Drei Arten sind hier häufig – zwei von ihnen können bei geeigneten Bedingungen aber auch im eigenen Gärten vorkommen. Ihr Erfolg im Sand beruht auf einer der ausgefeiltesten Jagdtechniken im ganzen Tierreich: Ameisenlöwen bauen Trichter im Sand und warten an deren Grund. Früher oder später läuft eine Ameise oder ein anderes Krabbeltier über den Rand des Trichters, kommt ins Rutschen – und ist so gut wie verloren. Unten angekommen, landet sie direkt in den dolchartigen Kiefern der Lauerjäger.

Der Körper eines Ameisenlöwen ist dicht mit Sinnesborsten besetzt. Er spürt damit jede Erschütterung. Wenn die Beute an der Trichterwand nach oben entkommen möchte, bewirft der Ameisenlöwe sie vom Grund aus mit Sand, damit sie weiter abrutscht. Dazu benutzt er seinen Kopf wie eine flache Schaufel. Die Mundwerkzeuge der Ameisenlöwen sind höchst speziell gestaltet: Die spitzen Oberkiefer sind zangenartig zueinandergebogen und bilden gemeinsam mit den Unterkiefern ein Saugrohr. Hat der Ameisenlöwe damit seine Beute ergriffen, injiziert er ihr zunächst ein lähmendes Gift. Dem Gift folgen Verdauungsenzyme, sodass der Ameisenlöwe nun ein bereits vorverdautes Nahrungsgemisch einsaugen kann. Die Chitinhüllen der ausgesaugten Opfer werden aus dem Trichter geworfen.[56] Amei-

Viele Trichter der Dünen-Ameisenjungfer (Myrmeleon bore) *auf einer Düne in der Döberitzer Heide. HP*

Die geschlängelte Fortbewegungsspur des Ameisenlöwen endet beim Trichter am rechten Bildrand. HP

In den Sanddünen der Bergbaufolgelandschaft von Wanninchen ist ein Tausendfüßer in den Trichter eines Ameisenlöwen geraten – es gab kein Entrinnen für ihn. HP

Ein behutsam ausgegrabener Ameisenlöwe der Dünen-Ameisenjungfer. Deutlich sind die großen Kieferklauen erkennbar, mit denen die Beute ergriffen wird. HP

In einem kugelrunden, mit Sandkörnern beklebten Kokon verpuppen sich Ameisenlöwen. Hier ist bereits die Ameisenjungfer geschlüpft. Am oberen Rand ist der Kopf der leeren Puppenhaut mit den kräftigen Kiefern erkennbar. HP

senlöwen sind nicht wählerisch: Trotz ihres Namens fressen sie nicht nur Ameisen, sondern beispielsweise auch Käfer, Asseln oder Tausendfüßer.

Die Fortbewegung der Ameisenlöwen erfolgt immer im Rückwärtsgang. So erzeugen sie auf der Suche nach dem besten Platz die Rillen im Sand, und so bauen sie auch ihre Trichter. Zuerst heben sie einen kreisförmigen Graben aus, den sie dann spiralförmig nach innen erweitern und durch Sandauswurf vertiefen. Sie wählen dazu stets warme, trockene Standorte: Sandflächen unter überhängenden Felsen, unter umgestürzten Baumstämmen, an Böschungen oder unter Brücken und sogar unter Vordächern von Häusern. An geeigneten Plätzen findet man mitunter unzählige dieser Trichter. Allerdings gefährdet die zunehmende Versiegelung solcher Standorte die gesetzlich geschützten Ameisenlöwen immer mehr.

Über drei Larvenstadien entwickeln sich Ameisenlöwen in Mitteleuropa je nach Nahrungsangebot und Witterungsverlauf im Zeitraum von ein bis drei Jahren, bis sie ausgewachsen sind. Dann spinnen sie einen kugelrunden, mit Sandkörnern überzogenen Kokon, in dem sie sich verpuppen.[57]

Einige Wochen später, stets an einem Sommerabend, schlüpft ein Insekt, das in Gestalt und Lebensweise nicht im Geringsten an den vorherigen Lebensabschnitt erinnert: die Ameisenjungfer. Mit rund drei Zentimeter langen, zarten Flügeln sieht sie beinahe aus wie eine Libelle. Sie gehört aber zu einer völlig anderen Insektenordnung: den Netzflüglern (Neuroptera), benannt nach dem dichten Adernetz auf ihren Flügeln. Ameisenjungfern sind nachtaktiv, ernähren sich wie ihre Larven räuberisch von Insekten, fliegen gern ans Licht und halten sich tagsüber in der Vegetation verborgen. Nach der Paarung legen die Weibchen Eier im Sand ab, aus denen dann wieder Ameisenlöwen schlüpfen.

In Deutschland sind nur zwei Arten weit verbreitet: die Gemeine Ameisenjungfer *(Myrmeleon formicarius)*

Die Gemeine Ameisenjungfer (Myrmeleon formicarius) *ruht tagsüber in den Heidesträuchern der Kyritz-Ruppiner Heide. HP*

Die Gefleckte Ameisenjungfer (Euroleon nostras) *trägt die namensgebenden dunklen Flecken auf den Flügeln. HP*

Die Dünen-Ameisenjungfer (Myrmeleon bore) *ist die kleinste und seltenste der drei in Deutschland weiter verbreiteten Arten. HP*

und die Gefleckte Ameisenjungfer *(Euroleon nostras)*. Man findet sie häufig in den sandigen Heidegebieten, Dünenstrukturen und Kiefernwäldern der Kyritz-Ruppiner Heide, Döberitzer Heide, Tangersdorfer Heide und in Wanninchen. Beide Arten haben über 35 mm lange Vorderflügel; die Flecken auf den Flügeln von *Euroleon nostras* ermöglichen eine leichte Unterscheidung. Auf die großen Ameisenjungfern wird man leicht aufmerksam, wenn sie tagsüber am Heidekraut ruhen.

Auf den offenen Sandflächen in Sielmanns Naturlandschaften Brandenburg tritt noch eine weitere Art regelmäßig auf: die Dünen-Ameisenjungfer *(Myrmeleon bore)*. Diese Art, die ansonsten in den Küstendünen der skandinavischen Ostsee heimisch ist, gilt als gefährdet (Rote Liste 3) und hat in den Sandgebieten der Truppenübungsplätze und Bergbaufolgelandschaften Brandenburgs einen Verbreitungsschwerpunkt in Deutschland.[58] Anhand der Vorderflügellänge, die im Gegensatz zur ähnlichen Gemeinen Ameisenjungfer deutlich unter 35 mm liegt, ist auch sie eindeutig bestimmbar. Für die Trichter der Larven ist typisch, dass sie nicht gezielt im Regenschutz von Gelände- oder Vegetationsstrukturen angelegt werden wie bei den verwandten Arten, sondern ganz frei der Witterung ausgesetzt sind. Die Dünen-Ameisenjungfer ist mit ihren Ameisenlöwen eine der charakteristischsten Tierarten auf Dünen und Sandwegen der Sielmanns Naturlandschaften.

Betrüger, Schmarotzer, Räuber: Einblicke in die bunte Welt der Fliegen

Brummend streift eine Erdhummel auf dem Sandtrockenrasen der Döberitzer Heide von Blüte zu Blüte – so scheint es auf den ersten Blick. Doch irgendetwas passt nicht ganz: Die Komplexaugen sind etwas zu weit vorgewölbt, der Körper im Profil weniger rundlich, und das Tier nimmt Blütennektar und Pollen mit einem Tupfrüssel auf. Hier fliegt eine Fliege! Viele Vertreter der Schwebfliegen (Syrphidae) verstehen sich ausgezeichnet auf die Kunst, Bienen oder Wespen nachzuahmen. Bei diesem Exemplar handelt es sich um die Hummel-Keilfleckschwebfliege *(Eristalis intricaria)*. In dieselbe Gattung gehört auch die Mistbiene *(Eristalis tenax)*, eine Doppelgängerin der Honigbiene. Solche Mimikry, die Nachahmung wehrhafter Vorbilder, verleiht harmlosen Insekten wie Schwebfliegen einen gewissen Schutz vor Fressfeinden.

Nur scheinbar eine Wespe: die Gemeine Sumpfschwebfliege (Helophilus pendulus). *HP*

Nur scheinbar eine Hummel: die Hummel-Keilfleckschwebfliege (Eristalis intricaria). *HP*

Auch die Große Sumpfschwebfliege (Helophilus trivittatus) liebt den Heideblütennektar. HP

Mit einer typischen schwarz-gelben Wespenmimikry warten unter anderem die Sumpfschwebfliegen auf, die sehr häufig an blühender Besenheide zu beobachten sind. Die Gattung ist unverwechselbar durch die vier kräftigen, hellgelben Längsstreifen auf dem Thorax (Brust, der mittlere Körperabschnitt der Insekten). Dabei kommen zwei sehr ähnliche Arten oft direkt nebeneinander vor: die Gemeine Sumpfschwebfliege *(Helophilus pendulus)* und die Große Sumpfschwebfliege *(Helophilus trivittatus)*, deren gelbe Zeichnung auf dem Hinterleib etwas ausgedehnter ist. Trotz der Bezeichnung »Sumpfschwebfliege« fliegen diese oft weit wandernden Arten

Ein Pärchen der Gemeinen Breitstirnblasenkopffliege (Sicus ferrugineus) *auf den Blüten des Berg-Sandglöckchens. HP*

als eifrige Blütenbesucher auch in trockenen Lebensräumen umher. Ihre Larven allerdings leben in stehenden, schlammigen Gewässern.[59]

Unter den Blüten besuchenden Fliegen der Sandtrockenrasen und Heiden gibt es allerdings noch kuriosere Vertreter – sowohl im Hinblick auf ihre Gestalt als auch ihre Lebensweise. Kaum zu überbieten sind in

Die Blasenkopffliege Myopa fasciata *erscheint häufig an den Blütenständen der Besenheide. HP*

dieser Hinsicht die Blasenkopf- oder Dickkopffliegen (Conopidae). Ihr Kopf wirkt seltsam aufgetrieben, den Hinterleib halten sie meist eigenartig gekrümmt. Im Flug stürzen sie sich damit auf Bienen oder Wespen und belegen sie mit einem Ei. Die schlüpfende Larve bohrt sich in den Körper des Wirtstiers hinein und frisst es schließlich von innen auf.

Die überwiegend rotbraun gefärbte Gemeine Breitstirnblasenkopffliege *(Sicus ferrugineus)* ist am häufigsten beim Blütenbesuch zu beobachten. Ihre Wirte sind verschiedene Hummelarten.[60] Wer die Blütenbesucher am Heidekraut eingehender beobachtet, wird dort noch auf eine weitere Dickkopffliege aufmerksam, die sich auf den Blütenständen postiert. Sie ist recht hübsch in den Farben Braun, Schwarz und Weiß gescheckt, ihr helles Gesicht zieht sich weit unter den rotbraunen Augen hinab. Es handelt sich um *Myopa fasciata*, eine Charakterart trockener *Calluna*-Heiden, beispielsweise in Nordwestdeutschland stark zurückgegangen, aber in der Lüneburger Heide nachgewiesen.[61] Ihr wichtigster Wirt ist möglicherweise die Heidekraut-Sandbiene *(Andrena fuscipes)*.[62]

Auch Raupen- oder Schmarotzerfliegen (Tachinidae) sind sehr häufige Blütenbesucher auf Sandtrockenrasen. Charakteristisch für diese Familie sind fast immer kräftige Borsten auf dem Hinterleib. Ein bunt gefärbtes Beispiel ist die Rotgefleckte Raupenfliege *(Eriothrix rufomaculatus)*. Die Larven von Raupenfliegen wachsen in den meisten Fällen in Schmetterlingsraupen heran – die Rotgefleckte Raupenfliege hat es zum Beispiel auf Kleinschmetterlinge aus der Familie der Zünsler abgesehen.[63] Zunächst ist äußerlich nichts von einem Befall der Raupen zu bemerken, denn die Larven fressen nur von ihrem Fettgewebe. Erst wenn die Raupe ausgewachsen ist, verzehrt die Raupenfliegenlarve auch die lebenswichtigen Organe und verpuppt sich anschließend außerhalb des Wirts. Tiere, die so leben wie Raupenfliegen, oder auch die zuvor dargestellten Blasenkopffliegen bezeichnet man als Parasitoide. Im Gegensatz zu Parasi-

Ein hübscher Blütenbesucher in der Döberitzer Heide: die Rotgefleckte Raupenfliege (Eriothrix rufomaculatus). *HP*

ten, die ihren Wirt zwar schädigen können, aber nicht zwangsläufig töten, ist die Entwicklung von Parasitoiden nach einer gewissen Zeit immer mit dem Tod des Wirts verbunden. In der Natur nehmen Parasitoide eine sehr wichtige Funktion ein, weil sie Massenvermehrungen von Raupen wirkungsvoll eindämmen können. Aber auch Raupenfliegen haben wiederum Gegenspieler: Die sogenannten Hyperparasitoide sind darauf spezialisiert, die Larven von Parasitoiden in deren Wirten aufzuspüren und an die entsprechende Stelle ein Ei zu legen. Ihre Larven parasitieren dann wiederum die Larven der Parasitoiden. *Hemipenthes morio* etwa ist ein Wollschweber (Familie Bombyliidae), dessen Larven sich in den Larven von Raupenfliegen entwickeln.[64] Besonders auffallend bei dieser Art ist die schwarze Flügelfärbung an der Flügelbasis, die zickzackförmig begrenzt wird.

Ein Widersacher von Raupenfliegen, aufgenommen in Wanninchen: der Wollschweber Hemipenthes morio. *HP*

Eine pfeilschnelle Bewegung aus dem Augenwinkel, dann stürzt etwas zu Boden mitten auf dem Sandweg in der Kyritz-Ruppiner Heide: Eine Sand-Raubfliege *(Philonicus albiceps)* hat im Flug eine Striemen-Raubfliege *(Neomochtherus pallipes)* erbeutet. Raubfliegen jagen ihre Beute überfallartig von bestimmten Ansitzwarten aus, von denen sie einen guten Überblick über die Umgebung haben. Sofort nach Ergreifen wird die Beute mit dem Stechrüssel angestochen und mit lähmenden Sekreten bewegungsunfähig gemacht. Im Hinblick auf ihre Nahrung sind Raubfliegen nicht sehr wählerisch – sie erbeuten alle Insekten, die sie überwältigen können, manchmal sogar Artgenossen. Als Charakterart trockener, vegetationsarmer Sandlebensräume besiedelt die Sand-Raubfliege Küstendünen ebenso wie Sandwege, Sandheiden und Sandtrockenrasen. Hier trifft sie sich

Ein Räuber wird zur Beute: Die Sand-Raubfliege (Philonicus albiceps) *hat ihren Stechrüssel in der Striemen-Raubfliege* (Neomochtherus pallipes) *versenkt. HP*

wohl nicht selten mit der Striemen-Raubfliege, die in trockenwarmen, offenen bis halboffenen Lebensräumen vorkommt.[65] Da sehr viele Raubfliegen (Asilidae) trockenwarmes Offenland bevorzugen, bieten die ehemaligen Truppenübungsplätze und die Bergbaufolgelandschaften vielfältige Möglichkeiten, diese interessante, formenreiche Fliegenfamilie näher kennenzulernen.

Libellen in der Heide

Libellen leben als Larven und als voll entwickelte Insekten räuberisch. Als kleine »Unterwassermonster« können Libellenlarven ihren zu einer Fangmaske umgebauten »Unterkiefer« vorschnellen lassen und damit andere Kleintiere im Gewässer erbeuten. Größere Arten entwickeln sich mehrere Jahre lang als Larven unter Wasser. An Land bekommt man von dieser Lebensweise nichts mit – lediglich die Larvenhäute (Exuvien) an den Uferpflanzen zeugen von der drastischen Verwandlung zu den eleganten Fliegern. Während einer Reifephase von mehreren Tagen bis Wochen entfernen sich Libellen oft beträchtlich vom Gewässer und zeigen meist noch nicht ihre typischen kräftigen Farben. Danach kehren sie zurück und paaren sich in Gewässernähe. Dabei bilden die Partner das für Libellen charakteristische Paarungsrad. Kurze Zeit später erfolgt die Eiablage: Entweder werden die Eier vom Weibchen frei abgeworfen beziehungsweise ins Wasser getupft oder sorgfältig in Pflanzenmaterial hineingelegt.

An demselben Gewässer sticht dieses Weibchen der Großen Königslibelle unter Wasser Pflanzen an, um seine Eier darin zu platzieren. HP

Exuvie (Larvenhaut) der Großen Königslibelle (Anax imperator) *in der Ufervegetation eines Kleingewässers im Ferbitzer Bruch. HP*

Die heimischen Libellenarten lassen sich zwei Unterordnungen zuteilen: Großlibellen sind kräftig gebaut und strecken ihre Flügel in Ruhehaltung waagerecht zur Seite, während die zierlichen Kleinlibellen sie mehr oder weniger über dem Körper zusammenlegen. In Sielmanns Naturlandschaften kann man Libellen an den Tagebauseen und Mooren von Wanninchen, an den Kleingewässern des Ferbitzer Bruchs am Westrand der Döberitzer Heide und an den Groß Schauener Seen besonders gut beobachten.

Die Gemeine Winterlibelle *(Sympecma fusca)* hat einen für Libellen außergewöhnlichen Lebenszyklus: Während ihre Libellenverwandtschaft den Winter in Ei- oder Larvenform im Gewässer überdauert, übersteht sie die kalte Jahreszeit als voll entwickeltes Insekt. Dafür pflanzt sie sich im Frühling als Allererste fort: Schon im März und April kehren die filigranen Kleinlibellen zum Wasser zurück. Die Männchen treffen als Erste ein und warten auf die Weibchen. Die Winterlibellen bevorzugen stehende Gewässer, oft in Waldnähe, die einen ausgeprägten Röhrichtgürtel besitzen und von der Sonne beschienen werden. Wenn die Tiere im Frühling ihre Eier legen, ist die Vegetation noch nicht weit entwickelt. Die fast immer im Tandem fliegenden Pärchen suchen daher sehr oft abgestorbene, auf der Wasseroberfläche treibende Pflanzenhalme auf. Das Männchen hält das Weibchen mit seinen Hinterleibszangen dicht hinter dem Kopf fest. Damit stellt es sicher, dass sich nicht noch in letzter Minute ein anderes Männchen mit dem Weibchen paart.

Mit einem Legebohrer sticht das Weibchen in das Pflanzenmaterial und steckt die Eier hinein. Nach wenigen Wochen schlüpfen die räuberischen Larven, die

sie eine ideale Kombination ihrer unterschiedlichen Lebensräume. Der ungewöhnliche Lebenszyklus führt dazu, dass die erwachsenen Tiere ein für Insekten sehr hohes Alter von fast einem Jahr erreichen können.

In der Heide und ähnlichen trockenen Offenlandschaften lassen sich gerade zur Zeit der Heideblüte nicht selten Heidelibellen (Gattung *Sympetrum*) beobachten. Wenn sich die Tiere hier während der Reifephase aufhalten, jagen sie von erhöhten Sitzwarten aus oder sonnen sich auf Totholz oder auf dem Boden. Ihre Flugzeit liegt spät im Jahr, etwa zwischen Juni und

Paarungsrad am Tagebausee: die Große Pechlibelle (Ischnura elegans)*, eine der häufigsten Kleinlibellen, in Wanninchen. HP*

bis zum Sommer zwischen den Wasserpflanzen rasch heranwachsen. Zwischen Ende Juli und Anfang August befreien sich die Winterlibellen der nächsten Generation aus der Larvenhaut. Bald darauf verlassen die Winterlibellen die Umgebung ihrer Gewässer und verteilen sich oft kilometerweit entfernt in offenen Landschaften und an Waldrändern. Meistens sitzen sie im Herbst mit ihrer bräunlichen Färbung gut getarnt an Halmen und auf Zweigen. Im Winter suchen die Tiere geschützte Verstecke auf.

Die Gemeine Winterlibelle hat wegen dieser Lebensweise ein hohes Wärmebedürfnis: Sie benötigt warme, sonnige Tage im zeitigen Frühjahr für die Fortpflanzung und sich rasch erwärmende Gewässer für die zügige Entwicklung der Larven. Auch im Herbst kann man sie vor allem in sonnigen, windgeschützten Lagen beobachten. Heiden, Sandtrockenrasen und Waldschneisen beziehungsweise -ränder zählen dann zu ihren bevorzugten Aufenthaltsorten. In der Döberitzer Heide, aber auch in der Bergbaufolgelandschaft von Wanninchen findet

Diese Winterlibelle (Sympeca fusca) *ruht im Spätsommer in der Döberitzer Heide an den Blütenständen der Besenheide. HP*

Ausgezeichnete Tarnung: Auf dem Baumstamm ist die Winterlibelle nahezu unsichtbar. HP

Typisch für Winterlibellen ist die Eiablage im Tandem in abgestorbenes Pflanzenmaterial, das an der Oberfläche von stehenden Gewässern schwimmt. Die Augen geschlechtsreifer Tiere im Frühjahr sind oberseits blau. HP

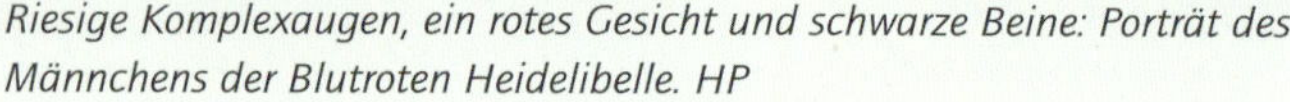

Riesige Komplexaugen, ein rotes Gesicht und schwarze Beine: Porträt des Männchens der Blutroten Heidelibelle. HP

Ein voll ausgefärbtes Männchen der Blutroten Heidelibelle (Sympetrum sanguineum) *auf seiner Totholzsitzwarte an einem Kleingewässer im Ferbitzer Bruch. HP*

Oktober, mit einem Schwerpunkt im August. Die Weibchen und jungen Männchen sind eher gelblich, ältere Männchen vor allem bei warmem, sonnigem Wetter leuchtend rot gefärbt.

Besonders prächtig sind die Männchen der häufigen Blutroten Heidelibelle *(Sympetrum sanguineum)*. Kennzeichnend für sie sind die schwarzen Beine und der zum Ende hin keulig verdickte Hinterleib. Sogar das Gesicht ist rot überlaufen. Diese Rotfärbung der Männchen ist bei hohen Temperaturen besonders kräftig ausgeprägt, bei tieferen Temperaturen sind sie eher bräunlich. Zur Paarungszeit am Gewässer werden andere Männchen sehr aggressiv aus dem Revier vertrieben. Blutrote Heidelibellen bevorzugen Gewässer mit Verlandungszonen. Die Eiablage beginnt im Tandem. Das Paar vollführt dabei rhythmische Flugbewegungen, meist in Ufernähe über der Vegetation. Das Weibchen wirft die Eier aus der Luft auf den Boden. Die Eier überwintern anschließend und geraten bei steigendem Wasserstand bis zum Frühjahr ins Wasser, wo dann die Larven schlüpfen.[66]

Wanzen und Zikaden in der Heide

Wer im Spätsommer am Wegrand verdorrte Gräser genauer betrachtet, wird sich gelegentlich darüber wundern können, dass sich Teile davon plötzlich in Bewegung setzen. Dann wandert ein Grasgespenst *(Chorosoma schillingii)* vorsichtig von Halm zu Halm. Perfekt getarnt, ähnelt diese Wanze fast einer Stabheuschrecke. Für das Grasgespenst, das trockenwarme, sandige Lebensräume schätzt, bieten die Sandtrockenrasen und Heiden optimale Lebensbedingungen. Wie alle Wanzen besitzt es einen Stechrüssel, mit dem es an Halmen und unreifen Samen der Gräser saugt. Nur ein Teil der Population entwickelt voll ausgebildete Flügel, mit denen die Tiere flugfähig sind. Nach der Paarung im August und der Eiablage an Grashalmen sterben die erwachsenen Tiere im Herbst.[67]

Auf offenem Sandboden jagt die Kurzflügelige Raubwanze *(Coranus subapterus)* Insekten und Spinnen. Auch sie ist auf trockenwarme Lebensräume spezialisiert und mit ihren stark reduzierten Flügeln in den meisten Fällen flugunfähig. Daneben treten auch bei dieser Art voll geflügelte (makroptere) Exemplare auf – auf

Das Grasgespenst (Chorosoma schillingii) *setzt auf Tarnung. HP*

diese Weise ist zumindest eine eingeschränkte Ausbreitungsfähigkeit in neue Areale sichergestellt. Die Larven erscheinen ab April, von Juli bis spät in den Herbst hinein kann man ausgewachsene Tiere beobachten.[68] Mit ihrem kräftigen, gebogenen Stechsaugrüssel, der im Ruhezustand unter Kopf und Vorderbrust liegt, erbeutet die Raubwanze (Familie Reduviidae) Tiere in der Größe zwischen Ameisen und Tausendfüßern. Sie kann zur Verteidigung auch Menschen schmerzhaft stechen. Für die Kurzflügelige Raubwanze sind Temperaturen von 30 bis 40 Grad Celsius optimal. Temperaturen über 52 Grad, die bei starker Sonneneinstrahlung direkt auf dem Sandboden leicht erreicht werden, sind für sie lebensbedrohlich – die Wanze erklettert dann Silbergrashalme oder sucht die Schatten von Geländekanten oder Pflanzen auf. Ihre Eiablage erfolgt in der Regel an Moosen.[69]

Ein weiterer charakteristischer Räuber der Sandheiden ist die Heide-Sichelwanze *(Nabis ericetorum)*. Sie ist eng an die Besenheide gebunden, in der sie mit ihrer grauen bis rötlichen Farbe ausgezeichnet getarnt ist. Sie hält sich am Boden und in den Zwergsträuchern auf und erbeutet hier unter anderem Schmetterlingsraupen,

Paarung zweier Grasgespenster Mitte August auf Heidekraut in der Döberitzer Heide. HP

Eine Larve der Kurzflügeligen Raubwanze (Coranus subapterus) *im Mai in der Kyritz-Ruppiner Heide. HP*

Die Heide-Sichelwanze (Nabis ericetorum) *geht in Dickicht der Heidesträucher auf die Jagd. JM*

Suchbild: Die winzige Heidezikade (Ulopa reticulata) *schmiegt sich eng an den Zweig der Besenheide und versucht damit, den hungrigen Blicken vieler räuberischer Insekten und Spinnen zu entkommen. JM*

Larven des Heideblattkäfers *(Lochmaea suturalis)* oder Heidezikaden *(Ulopa reticulata)*.[70]

Die mit kaum drei Millimeter Länge winzige Heidezikade ist eine sehr häufige Art in Heidebeständen. Trotzdem bekommt man sie kaum zu Gesicht, denn sie ist farblich perfekt an Heidekraut angepasst. Aus diesem saugt die Zikade süßen Zellsaft und bewegt sich dabei kaum. Anders als andere Zikaden hat die Heidezikade keine Sprungbeine. Auch Flügel fehlen den meisten Tieren, nur sehr wenige Weibchen haben lange Flügel, sind flugfähig und können andere Heidebereiche besiedeln. Durch die große Individuenzahl nimmt diese Art eine sehr wichtige Stellung im Nahrungsnetz von Heidelandschaften ein, denn sie dient sehr vielen räuberischen Tieren als Nahrungsquelle.

Der Sandohrwurm

Ganz weit vorn unter den Arten, die an vegetationsfreie, sandige Pionierstandorte angepasst sind, steht der Sandohrwurm *(Labidura riparia)*. Er ist deutlich heller gefärbt als andere Ohrwürmer und verbirgt sich tagsüber unter Steinen, Totholz oder Metallteilen, wo man ihn an geeigneten Stellen gezielt suchen kann. Charakteristisch sind seine großen Zangen (Cerci) am Hinterleib, die an der Innenkante gezähnelt sind. Kennzeichnend für die Männchen ist ein größerer Zahn etwa in der Mitte der Zangen. Bei Bedrohung werden die Cerci dem Angreifer abwehrbereit entgegengerichtet. Sandohrwürmer bevorzugen tierische Nahrung, zumeist in Form von toten oder geschwächten Insekten und anderen Kleintieren.

Typische Drohhaltung des Sandohrwurms. RD

Die Wohnröhren der Sandohrwürmer sind etwa 4 bis 8 Zentimeter lang und führen flach in den Boden hinein. Der Eingang wird, sofern er nicht unter einem Stein oder Holzstück liegt, tagsüber mit einem Sandhäufchen verschlossen. Die Brutzeit der Sandohrwürmer liegt im Sommer, zwischen Juni und August. In dieser Zeit betreiben die Weibchen bis zum Schlüpfen der Jungen Brutpflege: Die Weibchen stützen in der Brutröhre Kopf und Vorderbeine auf das Gelege und verteidigen es vehement gegen Männchen und fremde Weibchen. Erweist sich die Brutröhre als ungünstig, gräbt das Weibchen eine neue und lagert die Eier um. Die Eier werden permanent gewendet und beleckt. Nahrung nimmt das Weibchen in dieser Zeit nicht zu sich. Zur Überwinterung graben Ohrwürmer etwa zwei Meter tiefe Gänge in den Sand.

Ursprünglich besiedelt die weltweit verbreitete Art in Mitteleuropa nur die Küsten- und offenen Binnendünen sowie dynamische Flusssysteme. Da es Flusslandschaften mit natürlichen, sandigen Uferbänken heute in Deutschland kaum mehr gibt, haben (ehemalige) Truppenübungsplätze und Bergbaufolgelandschaften mit großen

Ein Männchen des Sandohrwurms (Labidura riparia) *in Wanninchen. HP*

Ein Jungtier des Sandohrwurms unter einem Stein in den Sanddünen Wanninchens. HP

offensandigen Bereichen eine wichtige Funktion als Ersatzlebensräume eingenommen. Wenn diese künstlich entstandenen Sandbiotope wieder zuwachsen, gehen die Lebensräume für den stark gefährdeten Sandohrwurm (Rote Liste 2) verloren. Die Verbreitung der Art im Nordosten Deutschlands folgt vorwiegend den großen Urstromtälern. Häufig findet man ihn in Sandlebensräumen mit hohem Grundwasserstand oder in der Nähe von Gewässern. Da der Sandohrwurm unter den Flügeldecken gefaltete Flügel und eine gut entwickelte Flügelmuskulatur besitzt, sind die meisten Tiere wohl flugfähig. In Wanninchen kommt er in den großflächigen vegetationsfreien Bereichen sehr zahlreich vor. Auch in der Döberitzer und der Kyritz-Ruppiner Heide hat er Verbreitungsschwerpunkte, allerdings wurde in der Döberitzer Heide bereits ein Rückgang der besiedelten Flächen aufgrund zunehmenden Bewuchses festgestellt.[71]

Der strukturreiche Görlsdorfer Wald ist wohl der interessanteste Waldstandort in Sielmanns Naturlandschaften Brandenburg. RD

Zahlreiche alte, zum Teil abgestorbene Eichen machen den Görlsdorfer Wald zum Paradies für spektakuläre Käferarten. RD

Von großen Käfern und alten Eichen

Sielmanns Naturlandschaft Wanninchen ist vor allem geprägt von einem vielfältigen Mosaik verschiedener Lebensräume in einer jungen Bergbaufolgelandschaft, die im ständigen Wandel ist. Aufsteigendes Grundwasser, Wind- und Wassererosion sowie Geländerutschungen und Grundbrüche verleihen der Landschaft immer wieder neue Gesichter. Nährstoffarmut, Unzerschnittenheit, das Fehlen gewachsener Nutzungsansprüche sowie die Ruhe infolge langjähriger bergrechtlicher Sperrungen machen diese Landschaft zu einem besonders wertvollen Lebensraum und Refugium für Arten, die in der umliegenden Kulturlandschaft kaum noch geeignete Lebensbedingungen vorfinden. Denn diese Kulturlandschaft ist geprägt von intensiver Nutzung durch Land- und Forstwirtschaft und nur noch selten förderlich als gesunder Lebensraum für Mensch und Tier: Auf der einen Seite dienen riesige Ackerflächen dem Maisanbau zur Versorgung von Hochleistungsrindern und der Herstellung von Biogas, auf der anderen Seite geben monotone Kiefernforste der Landschaft ein sehr eintöniges Bild. Doch es gibt Ausnahmen: Am Rande der

Das Graue Langohr (Plecotus austriacus) *ruht in Höhlen, häufig auch in Gebäuden und geht nachts bevorzugt auf Nachtfalterjagd. RD*

Bergbaulandschaft haben sich an einigen Stellen Reste der vorbergbaulichen Landschaft erhalten können. Es sind Relikte ehemals reich strukturierter Laubwälder mit mächtigen Eichen, Buchen und Kiefern. Zwar haben auch diese wegen der bergbaulichen Grundwasserabsenkung gelitten, sie bilden jedoch immer noch interessante Waldstrukturen aus. Diese Flächen sind wertvolle Lebensräume für Wald bewohnende Tier- und Pflanzenarten und damit Quellen für die künftige Wiederbesiedlung der Bergbaufolgelandschaft. Nahe dem Heinz Sielmann Natur-Erlebniszentrum Wanninchen befindet sich der Görlsdorfer Wald. Wegen seines Mosaiks aus unterschiedlichen Waldtypen und des Vorkommens seltener Käfer- und Fledermausarten wurde das Gebiet als Naturschutzgebiet ausgewiesen und als FFH-Gebiet gemeldet.

Vor allem uralte Einzeleichen in Kombination mit Buchenbeständen machen das Gebiet interessant für 14 Fledermausarten, darunter Seltenheiten wie Mopsfledermaus *(Barbastella barbastellus)*, Große und Kleine Bartfledermaus (*Myotis brandtii* und *M. mystacinus*), Graues Langohr *(Plecotus austriacus)* und Zweifarbfledermaus *(Vespertilio murinus)*. Sechs Spechtarten, Wendehals *(Jynx torquilla)*, Hohltaube *(Columba oenas)* und Waldschnepfe *(Scolopax rusticola)* sind nur einige Beispiele für die reiche Vogelwelt im Görlsdorfer Wald.

Der Görlsdorfer Wald ist der Wald der großen Käfer. Die geschwächten Eichen bieten vielen Holz bewohnenden Käferarten geeignete Lebensbedingungen. Darunter sind auch besonders seltene und attraktive Arten. So benötigt der mächtige Hirschkäfer *(Lucanus cervus)* morsche Stämme und Stümpfe von Eichen für die oft fünfjährige Entwicklung seiner Larven. In den Sommermonaten fliegen die ausgewachsenen Hirschkäfer in der Dämmerung umher und suchen nach austretenden Baumsäften.

Durch seine bis elf Zentimeter langen Fühler fällt der Große Eichenbock *(Cerambyx cerdo)* während seiner abendlichen Flugzeit zwischen Juni und August vor allem an den absterbenden Eichen auf. Aber auch sonst deuten große Fraßlöcher mit einem Durchmesser von etwa drei Zentimetern in Eichen darauf hin, dass hier die Larven des Großen Eichenbocks tätig sind. Auch sie benötigen drei bis fünf Jahre für ihre Entwicklung.

Mit bis zu vier Zentimeter Körperlänge ist der Eremit (*Osmoderma eremita*, auch Juchtenkäfer genannt) eigentlich recht auffällig, wird aber dennoch kaum gesehen. Von Mai bis August ist der sehr standorttreue Käfer

Der Hirschkäfer (Lucanus cervus) *ist mit bis zu 75 Millimeter Länge der größte heimische Käfer. Die geweihartigen Mandibeln (Kiefer) der Männchen werden zum Kampf gegen Rivalen eingesetzt. RD*

Der Große Eichenbock oder Heldbock (Cerambyx cerdo) *entwickelt sich ausschließlich in alten Eichen. In Deutschland gilt er als vom Aussterben bedroht. RD*

Der europaweit streng geschützte Eremit (Osmoderma eremita) *ist kennzeichnend für besonders wertvolle Altbaumbestände. RD*

Der Große Goldkäfer (Protaetia aeruginosa, *auch unter* P. speciosissima *geführt) entwickelt sich wie der Eremit gern im Mulm alter Baumhöhlen. RD*

in der Abenddämmerung aktiv, verlässt seinen Baum selten und fliegt kaum. Für die drei- bis vierjährige Entwicklung benötigen seine Larven zerfallendes Holz (Mulm) in alten Bäumen unterschiedlicher Arten.

Neben weiteren Holz bewohnenden Käferarten wie dem Großen Goldkäfer *(Protaetia aeruginosa)*, dem Balkenschroter *(Dorcus parallelipipedus)* und dem Sägebock *(Prionus coriarius)* fallen vor allem die Kleinen Leuchtkäfer (Glühwürmchen, *Lamprohiza splendidula*) in warmen Sommernächten rund um den Johannistag (24. Juni) auf, wenn die Männchen wie schwebende Laternen durch die Nacht fliegen.

Ein ganz spezieller Fisch: der Europäische Schlammpeitzger

Auch seltene Fische finden in Sielmanns Naturlandschaften wichtige Refugien. Der Schlammpeitzger *(Misgurnus fossilis)* etwa ist ein hoch spezialisierter Fisch, der bestens an das Leben in Kleingewässern angepasst ist. Er ist in Deutschland stark gefährdet. In flachen, schlammigen Tümpeln oder Wassergräben des Ferbitzer Bruches und der Großen Grabenniederung in der Döberitzer Heide kann man ihn finden.

Den Tag verschläft er dort tief eingegraben im moderigen Sediment.[72] Erst im Schutze der Dunkelheit, wenn Kranich und Reiher schlafen, begibt er sich auf Nahrungssuche nach Insektenlarven, kleinen Krebsen, Schnecken oder Muscheln. Besonders bei warmen Temperaturen im Sommer nimmt nachts der Sauerstoffgehalt im Wasser rapide ab, da die Wasserpflanzen keine Photosynthese betreiben und die Sauerstoffreserven des Tages von den vielen Mikroorganismen aufgebraucht werden. Der Schlammpeitzger meistert diese für Fische eigentlich lebensbedrohliche Situation, indem er an der Wasseroberfläche nach Luft schnappt, diese verschluckt und in seinen Darm presst. Der Gasaustausch findet im Enddarm statt, dessen Schleimhaut stark durchblutet ist und so wie eine primitive Lunge funktioniert. Die veratmete Luft sucht sich anschließend den Weg zum Ausgang und entweicht aus diesem durchaus geräuschvoll. Sogar durch die schleimige Haut können Schlammpeitzger Sauerstoff aufnehmen. Dadurch können sie eine bis zu einem Jahr dauernde Austrocknung überstehen und bei Regen – ähnlich wie Aale – kurze Wanderungen über Land zu benachbarten Kleingewässern unternehmen.[73]

Der Europäische Schlammpeitzger (Misgurnus fossilis) *wurde in den Gewässern der Döberitzer Heide und in den Groß Schauener Seen nachgewiesen. UR*

Konzerte am Gewässer: Amphibien

Lurche (Amphibien) gehören zu den interessantesten Tieren unserer heimischen Landschaften. Ihr jahreszeitlicher Wechsel in verschiedene Lebensräume ist bemerkenswert, viel mehr aber noch ihre wundersame Umwandlung (Metamorphose) von wasserbewohnenden, kiemenatmenden Kaulquappen zu landlebenden, lungenatmenden Molchen, Kröten, Fröschen und Unken. Sie spielen im Naturhaushalt eine große Rolle und imponieren durch ihre körperlichen Leistungen, ihre oft weithin hörbaren Stimmen und ihre Fortbewegungsarten (Laufen, Klettern, Springen). Die große Abneigung vieler Menschen gegenüber diesen Tieren ist unbegründet und wandelt sich bei näherer Beschäftigung mit ihnen schnell in Faszination.

Oft schon während der Wanderung zum Laichgewässer sind männliche Erdkröten (Bufo bufo) *in Fortpflanzungsstimmung und umklammern die Weibchen, die sie dann bis zum Ziel tragen müssen. RD*

Wenn ab März die Nachttemperaturen nicht mehr unter fünf Grad fallen und zugleich feuchtes Wetter vorherrscht, beginnt die Zeit der Amphibien. Oft weitab von ihren Laichgewässern haben sie, in Laubwäldern, Gebüschen, Hecken und Gärten frostfrei in der Erde vergraben, unter Baumstümpfen oder sogar in Kellern überwintert. Jetzt beginnt die Zeit ihrer großen Wanderungen. Einige Arten wie die Erdkröte *(Bufo bufo)* machen sich mehrere Kilometer auf den Weg, um das Gewässer zu erreichen, in dem sie geschlüpft sind und sich entwickelt haben. Andere Arten wie der Teichfrosch (*Pelophylax* kl. *esculentus*) machen sich diese Mühe nicht und überwintern auf dem Grund der Laichgewässer oder in direkter Gewässernähe. Für die Wanderarten jedoch beginnt nun ein Weg voller Gefahren. Unsere Kulturlandschaft ist zerschnitten durch Straßen und Wege, Bahnlinien und Siedlungen. Oft wurden dabei die Wanderkorridore der Amphibien gekreuzt. Da viele Arten eine ausgesprochene Laichplatzbindung haben, also immer wieder zu ihren Geburtsgewässern zurückkehren, müssen Frösche, Kröten und Molche oft stark befahrene Straßen überqueren – vielfach mit Todesfolge.

Oft schon auf dem Weg, spätestens aber nach erfolgreicher Ankunft im Laichgewässer beginnt die Paarung mit dem großen Klammern. Erdkrötenmännchen umklammern alles, was sich bewegt – manchmal sehr zum Leidwesen der Weibchen, die bei einer Umklammerung durch mehrere Männchen sogar ertränkt werden können!

Oft verraten die unterschiedlichen Rufe, welche Art man vor sich hat: Grasfrösche *(Rana temporaria)* knurren, Moorfrösche *(Rana arvalis)* glucksen, als ob man eine Flasche unter Wasser hält, Kreuzkröten *(Epidalea calamita)* knarren, Wechselkröten *(Bufo viridis)* trillern, Teichfrösche quacken und Laubfrösche *(Hyla arborea)* heppern. Knoblauchkröten *(Pelobates fuscus)* hört man nur aus wenigen Meter Entfernung, Laubfrösche und Kreuzkröten sind noch aus über einem Kilometer Entfernung zu hören.

Da alle heimischen Amphibien ihre Eier in Gewässer ablegen, spielen diese eine herausragende Rolle. Molche heften einzelne Eier an Wasserpflanzen, Frösche legen Eierballen ab, wogegen Kröten meterlange Laichschnüre ins Wasser legen. Leider bieten immer mehr Gewässer in unserer Landschaft nur suboptimale Lebensbedingungen. Gewässerverschmutzung, Nährstoffeintrag, intensive Fischwirtschaft, Uferbebauung oder der gänzliche Verlust des Gewässers schmälern den Lebensraum vieler Amphibien. So ist es nicht verwunderlich, dass Amphibien zu den am stärksten bedrohten heimischen Tiergruppen zählen.

In Brandenburg sind 15 Amphibienarten heimisch. Darunter sind auch mehrere Arten, die deutschlandweit auf der Roten Liste stehen: die stark gefährdete

Rotbauchunke (*Bombina bombina*, Rote Liste 2) sowie die gefährdeten Arten Wechselkröte, Knoblauchkröte, Moorfrosch und Laubfrosch (Rote Liste 3). Außerdem werden Kreuzkröte und Kammmolch *(Triturus cristatus)* auf der Vorwarnliste geführt, der Kleine Wasserfrosch *(Pelophylax lessonae)* ist in unbekanntem Ausmaß (Rote Liste G) gefährdet. Deutschlandweit halten die deutlichen Bestandsrückgänge bei den meisten Arten an. Zwar unterliegen alle Amphibienarten dem gesetzlichen Schutz, und die Mehrzahl sind als »streng geschützte Arten von gemeinschaftlichem Interesse« auch in der Flora-Fauna-Habitat-Richtlinie (FFH) europarechtlich verankert. Der Zustand der Lebensräume wird dadurch jedoch oft keineswegs besser. In Sielmanns Naturlandschaften Brandenburg sind mit 14 Arten fast alle in Brandenburg vorkommenden Arten nachgewiesen. Lediglich der Springfrosch, dessen Verbreitung in Brandenburg nur den Süden erreicht, fehlt.

Mit bis zu 18 Zentimeter Länge ist der Kammmolch unsere größte heimische Molchart. Er lebt in reich strukturierten, meist tieferen Gewässern. Auffällig sind die Männchen während der Paarungszeit mit dem namensgebenden, gezackten Hautsaum auf dem Rücken. Wegen seiner Seltenheit zählt er europaweit zu den besonders geschützten Arten. In Sielmanns Naturlandschaften kommt er in den Groß Schauener Seen, der Döberitzer Heide und in Wanninchen vor.

Der Bergmolch *(Ichthyosaura alpestris)* ist der bunteste der in Deutschland heimischen Molche. Den leuchtend orangeroten ungefleckten Bauch besitzen beide Geschlechter. Das Männchen beeindruckt in der Paarungszeit durch leuchtend blaue Flanken und eine gelb-schwarze Hautleiste auf dem Rücken. Er kommt innerhalb von Sielmanns Naturlandschaften nur in Wanninchen vor, wo er im Randbereich zu den waldreichen Hängen des Niederlausitzer Landrückens kleine Tümpel bewohnt. Der Bergmolch wurde bereits 1973 im Naturschutzgebiet Wanninchener Moor entdeckt – zehn Jahre bevor das Moor durch den Kohleabbau vernichtet wurde. Langsam wandert er wieder in die Bergbaulandschaft ein.

Als häufigste Molchart in Deutschland gilt der Teichmolch *(Lissotriton vulgaris)*, der an den Groß Schauener Seen, der Döberitzer Heide und in Wanninchen in Seen, Teichen, Kleingewässern und Gräben vorkommt. Erstaunlich sind seine Vorkommen in Folienbecken, die als Löschwasserentnahmestellen in sonst gewässerfreien Kiefernforsten genutzt werden. Teichmolche sind

Mit ihrer Größe und auffälligen Form beeindrucken Kammmolche (Triturus cristatus) *vor allem zur Fortpflanzungszeit im Frühjahr. Aufgrund des leuchtend gelben Bauchs mit schwarzen Flecken werden sie manchmal mit Feuersalamandern verwechselt – diese tragen jedoch die gelb-schwarze Färbung auch auf der Körperoberseite. RD*

Als zoogeografische Besonderheit bewohnt der Bergmolch (Ichthyosaura alpestris) *außerhalb seines geschlossenen Verbreitungsgebietes waldreiche Gegenden Südbrandenburgs. RD*

Teichmolche (Lissotriton vulgaris) *sind im Frühjahr die ersten Schwanzlurche, die im Laichgewässer anzutreffen sind. Zu dieser Zeit entwickeln sich der auffällige Rückenkamm und die Farbenpracht an den Schwanzseiten. RD*

Schon bei geringster Störung tauchen Rotbauchunken (Bombina bombina) *unter Wasser ab und verstecken sich am Gewässergrund. Ist die Gefahr vorbei, tauchen sie an gleicher Stelle auf, um ihr Rufkonzert fortzusetzen. RD*

mitunter weitab von Gewässern zu finden. Sie unternehmen weite Wanderungen und können dadurch schnell neue Gewässer erobern.

Zu den seltensten und eigenartigsten Amphibienarten gehört die Rotbauchunke. Auch sie gehört europaweit zu den besonders geschützten Arten. In Deutschland kommt sie nur im nordostdeutschen Tiefland vor. Ihre monotonen, aber sehr klangvollen Lautäußerungen (uh-uh-uh) sind weit zu hören, da die Männchen große innere Schallblasen als Resonanzraum nutzen. Bei Gefahr biegen sie ihren Rücken zum Hohlkreuz, sodass die leuchtend orangerote Bauchseite sichtbar wird. Rotbauchunken gibt es in Wanninchen und der Döberitzer Heide. An den Groß Schauener Seen wurden für eine kleine Restpopulation des Lurches Maßnahmen zur Verbesserung der Lebensbedingungen durchgeführt.

Für die Knoblauchkröte bietet die Wanninchener Bergbaufolgelandschaft mit krautigen ausdauernden Kleingewässern und Weihern in der Offenlandschaft geeignete Lebensräume. Voraussetzung für ihr Vorkommen ist die Kombination dieser Gewässer mit lockerem, sandigem Substrat im weiteren Umfeld. Hier gräbt sie sich dank ihrer »Grabschaufel« an den Fersen der Hinterbeine mühelos ins Erdreich. Da Knoblauchkröten unter Wasser rufen, sind sie kaum zu hören, fallen jedoch durch ihre riesigen, bis zehn Zentimeter langen Kaulquappen, die auch als solche überwintern können, auf. Auch in den Kleingewässern im Ferbitzer Bruch, dem Feuchtgebiet im Westteil der Döberitzer Heide, kann man sie beobachten.

Ein Paradies für die Rotbauchunke: Kleingewässer im Ferbitzer Bruch mit blühender Wasserfeder (Hottonia palustris). *HP*

Ende August halten sich auf überschwemmten Wiesen im Ferbitzer Bruch oft junge Rotbauchunken auf – bei diesem Exemplar ist noch der Schwanzstummel der Kaulquappe erkennbar. HP

Wie Katzenaugen muten die senkrechten Pupillen der Knoblauchkröte (Pelobates fuscus) *an. Durch ihre versteckte Lebensweise ist sie meist nur im Frühjahr zur Fortpflanzungszeit zu beobachten. RD*

Die großen Kaulquappen der Knoblauchkröte sind auch im Ferbitzer Bruch eine begehrte Beute von Eisvogel und Ringelnatter. HP

Von den drei deutschen Krötenarten ist die Erdkröte am weitesten verbreitet. Sie unternimmt mitunter mehrere Kilometer weite Wanderungen von den Winterquartieren zu den Laichgewässern und ist daher vom Straßentod besonders betroffen. Da sie an ihr Laichgewässer geringe Ansprüche stellt, ist sie dennoch recht häufig. In manchen Jahren kommt es zu einem regelrechten »Froschregen«, wenn junge Kröten ihr Geburtsgewässer verlassen und in alle Richtungen ausschwärmen.

Als ausgesprochene Pionierarten zählen Kreuz- und Wechselkröte zu den Charakterarten der Bergbaufolgelandschaft. Da sie nur eine geringe Ortstreue zum Laichgewässer haben, werden kleine, vegetationslose Niederschlagsansammlungen von ihnen gerne spontan besiedelt, wenn sie im Aktionsumfeld bestehender Laichgebiete existieren und in der Umgebung lockere Bodensubstrate und geeignete Versteckmöglichkeiten vorhanden sind. Hierbei ist der Erfolg der Fortpflanzung von der Dauer des Wasserdargebotes abhängig und daher jahrweise sehr unterschiedlich. Aufgrund fehlender Konkurrenz und weil sie die Fortpflanzung zeitlich an die Gegebenheiten anpassen können, können Kreuz- und Wechselkröten Verluste gut ausgleichen.

Die Wechselkröte bewohnt vor allem trockenwarme Habitate mit lockeren, grabfähigen Böden. Ihre trillernden Rufe können mit den Geräuschen der Maulwurfsgrille verwechselt werden. Ihre Verbreitung ist sehr lückenhaft; in Wanninchen kommt sie sehr vereinzelt vor und bewohnt Flachwasserbereiche in der Bergbaufolgelandschaft. Hier teilt sie sich den Lebensraum mit der Kreuzkröte. Als Anpassung an eine oft kurze Verfügbarkeit von Wasser verfügt die Kreuzkröte über eine sehr kurze Embryonalentwicklung, die bei günstigen Temperaturen nur wenige Tage dauert. Auch die Entwicklung der Kaulquappen ist bei optimalen Temperaturen deutlich kürzer als bei allen anderen Amphibienarten. Ihre knarrenden Rufe, die zu den lautesten Stimmen einheimischer Amphibien gehören, sind vor allem in milden Nächten im Mai und Juni zu hören.

Der Laubfrosch, ein Bewohner von Gewässern mit reichem Uferbewuchs, besiedelt nach und nach die Bergbaufolgelandschaft in Wanninchen aus den zum Teil großen Populationen der umliegenden Teiche. Seine weithin hörbaren Rufe können sogar vom Natur-Erlebniszentrum Wanninchen aus vernommen werden.

Zu den ersten Amphibienarten, die im Frühjahr zu beobachten sind, gehören Grasfrosch und Moorfrosch. Sie versammeln sich oft schon im März an ihren Laichgewässern und fallen durch ihr reges Treiben auf der Suche nach dem passenden Partner auf. Besonders auffällig sind dabei die Männchen der Moorfrösche, die nun für einige Tage intensiv blau gefärbt sind. Beide

Dem auffälligen Strich über dem Rücken (Kreuz) verdankt die Kreuzkröte (Epidalea calamita) *ihren Namen. Durch ihn lässt sie sich von den beiden anderen Krötenarten gut unterscheiden. RD*

Ihren Namen verdankt die Wechselkröte (Bufo viridis) *der Fähigkeit, ihre Färbung je nach Temperatur, Lichtverhältnissen und Jahreszeit zu variieren. RD*

Laubfrösche (Hyla arborea) *sonnen sich gern auf Schilfblättern, im Brombeergestrüpp oder sogar auf Bäumen. Dabei können sie sich mit ihren Haftscheiben an den Zehen besonders gut festhalten. RD*

Arten sind in Wanninchen, hier vor allem außerhalb der Bergbaufolgelandschaft, und an den Groß Schauener Seen anzutreffen. Den Moorfrosch kann man auch in den Gewässern und auf den feuchten Wiesen des Ferbitzer Bruchs antreffen.

Teichfrösche wiederum besiedeln schnell die Bergbauseen und entwickeln individuenreiche Populationen, wenn die Wasserqualität stimmt und flache Uferbereiche vorhanden sind. Auch an verschiedenen Uferstellen an den Groß Schauener Seen sind Teichfrösche regelmäßig zu hören. Vor allem in Wanninchen fallen bei den Froschkonzerten immer wieder laut meckernde Stimmen auf; sie gehören dem größten heimischen Frosch, dem Seefrosch *(Pelophylax ridibundus)*. Er wanderte aus dem Spreewald ein und besiedelt die größeren Bergbauseen.

Insgesamt tragen die gewässerreichen Landschaften der Heinz Sielmann Stiftung zum Erhalt von bedeutsamen Amphibienpopulationen bei. Die Kleingewässer des Ferbitzer Bruchs spielen im Verbund mit den in regenreichen Jahreszeiten überschwemmten Wiesen eine herausragende Rolle für die Amphibien der Döberitzer Heide. An den Groß Schauener Seen sind es vor allem die strukturreichen Uferbereiche sowie gewässernahe Feuchtgebiete, verbunden mit geeigneten Sommerlebensräumen. Das überwiegend lockere, sandige Substrat und der sich entwickelnde Strukturreichtum in den Gewässern begünstigen in der Bergbaufolgelandschaft Wanninchen die Entstehung neuer Amphibienlebensräume. Ausschlaggebend ist die Existenz von Gewässern mit einer amphibienfreundlichen Uferstruktur und Wasserqualität – in stark sauren Gewässern mit pH-Werten unter 4 können sich Amphibien nicht fortpflanzen. Bemerkenswert ist daneben die schon erwähnte spontane Besiedlung von Löschwasserentnahmestellen, welche im Rahmen der forstwirtschaftlichen Waldbewirtschaftung angelegt wurden. Neben Grünfröschen nutzen auch Erdkröte, Knoblauchkröte, Teich- und Kammmolch diese Folienbecken. Leider werden hier vielerorts durch Privatpersonen Fische (Goldfische!) eingesetzt, welche eine Reproduktion der Amphibien verhindern.

Moorfroschmännchen besitzen zwei innere Schallblasen, die der Tonverstärkung ihrer glucksenden Rufen dienen. RD

Das knurrende Konzert der Grasfrösche läutet das Frühjahr ein. Finden sich mehrere Paare zusammen, entstehen ausgedehnte Teppiche von Luichballen, die an der Gewässeroberseite treiben. RD

*Unsere größte heimische Froschart ist der Seefrosch (*Pelophylax ridibundus*), der durch seine meckernden Rufe auf sich aufmerksam macht. RD*

*Der Teichfrosch (*Pelophylax *kl.* esculentus*) ist wegen seiner Anspruchslosigkeit weit verbreitet. Es ist sehr mobil und findet sich schnell in neuen Gewässern ein. RD*

Wenn die Wasserqualität der Bergbauseen es zulässt – wie hier in der Tornower Niederung – werden ihre Ufer schnell von mehreren Amphibienarten besiedelt. RD

In ehemaligen Fischteichen wie den Bornsdorfer Teichen nahe Wanninchen finden Amphibien geeignete Laichplätze. RD

Geschmeidige Sonnenanbeter: Reptilien

Mit acht heimischen Arten sind die Kriechtiere oder Reptilien in Brandenburg recht artenarm vertreten, was daran liegt, dass diese wärmebedürftige Tiergruppe sich überwiegend auf Tropen und Subtropen konzentriert. Sie benötigen Lebensräume, die reich an kleinräumigen und abwechslungsreichen Strukturen sind und damit sowohl geeignete Winterquartiere, Tagesverstecke, Sonnenplätze und sonnenexponierte Fortpflanzungsstellen als auch ausreichende Nahrungsgrundlagen bieten. Fast alle heimischen Arten sind in den Gefährdungskategorien der Roten Liste Deutschlands aufgeführt; auch in Brandenburg heimische Arten wie die Europäische Sumpfschildkröte *(Emys orbicularis)* und die Östliche Smaragdeidechse *(Lacerta viridis)* sind bundesweit vom Aussterben bedroht (Rote Liste 1). Reptilien gelten als die am stärksten gefährdete Wirbeltiergruppe in Deutschland.

Wegen der sehr unterschiedlichen Habitatansprüche der einzelnen Arten sind auch die Gefährdungsursachen sehr vielfältig. Wesentliche Faktoren sind der Verlust oder die Entwertung der Lebensräume durch Beseitigung von Kleinstrukturen, Nutzungsintensivierungen in Land- und Forstwirtschaft, Eutrophierung, Sukzession und Zerschneidung durch Verkehrswege sowie intensive Freizeitnutzung. Reptilien haben es in unserer intensiv genutzten Kulturlandschaft sehr schwer, geeignete Lebensbedingungen zu finden. Umso wichtiger ist die Erhaltung noch bestehender oder die Schaffung neuer Lebensräume auf großer Fläche. Genau dies geschieht in Sielmanns Naturlandschaften, die in großen Teilen von trockenwarmen, offenen bis halboffenen Heide- oder Trockenrasenbeständen geprägt sind, aber auch lichte Wälder und Feuchtgebiete enthalten. Somit existieren sowohl trockene Lebensräume für die Zauneidechse *(Lacerta agilis)*, lichte Wälder und Waldränder für Blindschleiche *(Anguis fragilis)* und Schling- oder Glattnatter *(Coronella austriaca)* sowie Gewässer, Moore und Feuchtgebiete für Waldeidechse *(Zootoca vivipara)* und Ringelnatter *(Natrix natrix)*.

Die Blindschleiche besiedelt lichte Laub- und Laubmischwälder, insbesondere strukturreiche Waldinnen- und Waldaußenränder, aber auch trockene Kiefernkul-

Typische Lebensräume für Reptilien umfassen trockene, offene Flächen zum Sonnen und Jagen, durchsetzt mit einzelnen Gehölzen, die Unterschlupf und Deckung bieten – so wie hier am Ostufer des Schlabendorfer Sees in Wanninchen. RD

turen und Hecken. Voraussetzungen für ihr Vorkommen sind halbfeuchtes bis trockenes Gelände mit einem Mosaik aus deckungsreicher Vegetation, vegetationsfreien Sonnenplätzen und Tagesverstecken. Obwohl die Blindschleiche vergleichsweise geringere Umgebungstemperaturen benötigt als andere Reptilienarten, sind trockene, warme Sonnenplätze wichtig. Fehlen natürliche Sonnenplätze, nutzen Blindschleichen gern Waldwege oder Straßen, wo es häufig zu tödlichen Begegnungen mit Fahrzeugen kommt.

Als Bewohner wärmebegünstigter Habitate mit hoher Strukturvielfalt in offenen Sandtrockenrasen und Heiden, lichten Gehölzen und Waldrändern ist die Zauneidechse eine Charakterart mehrerer Sielmanns Naturlandschaften. Voraussetzung für ihr Vorkommen ist eine Mischung von sonnenexponierten Sonnenplätzen, Jagdgebieten mit ausreichend Nahrung und Versteckmöglichkeiten auf kleinem Raum. In der jungen Bergbaufolgelandschaft Wanninchens ist sie weit verbreitet. Mit zunehmender Sukzession, insbesondere der voranschreitenden Verbuschung durch Sanddorn und Ölweide sowie der Bewaldung durch Kiefer, Birke und Robinie, verschlechtern sich die Lebensraumbedingungen in der

Keine Schlangen, sondern beinlose Echsen: Unter Steinen oder in verrottenden Holzresten versammeln sich vor allem an kühlen Tagen oft mehrere Blindschleichen (Anguis fragilis). *RD*

sich entwickelnden Bergbaufolgelandschaft. Die Heideflächen der Döberitzer Heide, der Kyritz-Ruppiner Heide und der Tangersdorfer Heide bieten ihr optimale Lebensräume. Hier werden durch großflächige Maßnahmen die Bestände der Besenheide optimiert, wovon auch die Zauneidechsen profitieren. Während in den Heidegebieten der Sielmanns Naturlandschaften etablierte Populationen so erhalten und gestärkt werden, erfolgt in der Bergbaufolgelandschaft Wanninchens eine Wiederbesiedlung, die auf individuenstarke Quellpopulationen in den Randbereichen angewiesen ist. Da Zauneidechsen nur einen sehr geringen Aktionsradius haben, fördern linienhafte Biotopstrukturen wie Gehölzstreifen, Wurzelstubbenreihen oder Lesesteinhaufen diese Besiedlung.

Im Vergleich zur Zauneidechse existiert bei der Waldeidechse eine höhere Toleranz gegenüber kühleren Umgebungstemperaturen. Daher besiedelt sie auch schattige Bereiche an Waldrändern, an Gewässerufern sowie in Mooren. Eine weitgehend geschlossene, deckungsreiche Bodenvegetation, Sonnenplätze und hohe Bodenfeuchtigkeit kennzeichnen ihre charakteristischen Lebensräume. Die Waldeidechse trifft man vor allem in den gewässernahen Bereichen an den Groß Schauener Seen, den feuchten Niederungen der Döberitzer Heide sowie den Mooren in Wanninchen an.

Sehr unauffällig und oft übersehen, lebt die Schlingnatter vorwiegend in sonnig-trockenen Randbereichen von Mooren und lichten Laubwäldern mit Zwergstrauchgesellschaften, halbverbuschten Magerrasen und Hecken. Allmählich wandert sie in die Bergbaufolgelandschaft Wanninchens ein, wo sie in den Waldgebieten des Niederlausitzer Landrückens noch regelmäßig vorkommt. Auch in der Kyritz-Ruppiner Heide kann sie immer wieder beobachtet werden.

Die leuchtend grüne Färbung der Zauneidechsenmännchen (Lacerta agilis) *ist nur zur Paarungszeit in dieser Intensität ausgebildet. RD*

Die Zauneidechsenweibchen sind durch eine braune Farbe und Längsreihen kräftiger Augenflecken gekennzeichnet. HP

Junge Zauneidechsen schlüpfen im Spätsommer aus den im warmen Sandboden abgelegten Eiern. Dann nutzen sie die warmen Tage, um noch möglichst viel Sonne zu tanken und Beute zu jagen, bevor sie in die lange Zeit der Winterstarre gehen. RD

Waldeidechsen (Zootoca vivipara) *bewohnen auch feuchtere und kühlere Lebensräume. Da sich die Jungen sich im Mutterleib entwickeln und bei der Geburt aus den Eiern schlüpfen, benötigen Waldeidechsen keine warmen, besonnten Eiablageplätze. RD*

Gut getarnt und oft halb versteckt in der Krautschicht, wird die Schling- oder Glattnatter (Coronella austriaca) *oft übersehen. Bei Störungen hebt sie den Vorderkörper drohend an, zieht sich aber fast immer sehr diskret zurück. RD*

Die dunklen, balken- oder fleckenartigen Zeichnungen auf dem Rücken der Schlingnatter wie bei diesem großen Exemplar in Wanninchen haben bei flüchtiger Betrachtung schon häufig zu Verwechslungen mit der Kreuzotter (Vipera berus) *geführt. HP*

Häufiger hingegen ist die Ringelnatter, die vor allem rund um die Groß Schauener Seen und im Ferbitzer Bruch im Westteil der Döberitzer Heide offene bis halboffene Lebensräume bewohnt. Sie besitzt eine enge Bindung an Gewässer mit heterogener Vegetationsstruktur. Weitere Voraussetzungen für ihr Vorkommen sind das Vorhandensein von Tagesverstecken, Sonnenplätzen, Reproduktionsbereichen, Winterquartieren und geeigneten Jagdrevieren. Da Ringelnattern einen recht weiten Aktionsradius haben, was zur Folge hat, dass Tiere auch weitab von Gewässern gefunden werden, besiedeln sie auch die Bergbaufolgelandschaft in Wanninchen.

Ringelnattern halten sich – wie dieses Jungtier – in den ersten Wochen nach dem Schlupf in Gewässernähe auf. Charakteristisch sind die gelben, manchmal weißlichen »Halbmonde« hinter dem Kopf. RD

Diese Ringelnatter (Natrix natrix) *verschluckt mit viel Mühe eine Erdkröte* (Bufo bufo). *RD*

El Dorado für Ornithologen: spektakuläre Vogelwelten

Sandheiden als Refugien für gefährdete Vogelarten

Ein Neuntötermännchen (Lanius collurio) *mit Beute. RD*

Offene bis halboffene Landschaften, bestehend aus Zwergstrauchheiden, Trockenrasen, Binnendünen, Mooren und lichten Wäldern, sind charakteristisch für die Flächen in Wanninchen, der Döberitzer Heide, der Kyritz-Ruppiner Heide und der Tangersdorfer Heide. Sie bieten einer Vielzahl von seltenen Vogelarten Lebensräume, die sie ansonsten in unserer zersiedelten und von intensiver Landwirtschaft geprägten Landschaft fast nirgends mehr vorfinden.

Der Neuntöter *(Lanius collurio)* gilt als eine solche Charakterart offener bis halboffener, reich strukturierter Landschaften mit größeren kurzrasigen oder vegetationsarmen Flächen sowie ausgedehnten Busch- und Heckenbeständen. Dabei zieht er trockene, sonnige Standorte vor, die ihm genügend Warten zur Ansitzjagd und Revierbeobachtung bieten. Als Niststandorte favorisiert der Neuntöter Sträucher von einem halben bis eineinhalb Meter Höhe, die vorzugsweise mit Stacheln oder Dornen bewehrt sind, wie zum Beispiel Brombeere, Schlehe, Weißdorn oder Heckenrose. Auf seinem Speisezettel stehen vor allem Insekten, aber auch Eidechsen, Amphibien, Mäuse und Jungvögel, die er in Zeiten des Nahrungsüberflusses zur Vorratshaltung auf Dornen aufspießt oder in Astgabeln einklemmt. Diesem Verhalten ist auch sein martialischer Name geschuldet, da man früher annahm, dass der Neuntöter stets neun Tiere erbeutet, bevor er sie verspeist. In Wirklichkeit kann sein Vorratslager sogar bis zu 30 Beutetiere umfassen.[74] Allein in der Döberitzer Heide brüten fast 200 Paare dieses eindrucksvollen Vogels.[75]

Im Gelände lässt sich vor allem das Männchen gut beobachten, da es, um sein Revier zu überblicken, oft an exponierter Stelle auf einem Busch oder Zaunpfahl Platz nimmt. Optisch fällt es besonders durch den breiten, schwarzen Augenstreif und sein kontrastreiches Gefieder auf. Der aschgraue Scheitel und Nacken setzen sich farblich von den rotbraunen Rücken- und Flügelpartien sowie dem hell-rosabraunen Bauch und der weißen Kehle ab. Die unscheinbareren Weibchen hingegen haben eine gelblich weiße Unterseite mit dunkler Querbänderung sowie einen braunen Rücken und Scheitel. Ihr Augenstreif ist schwächer ausgeprägt als bei den Männchen. Beide Geschlechter besitzen einen kurzen, kräftigen Schnabel, der an der Spitze hakenförmig gebogen ist und ein wenig an den Schnabel eines Falken erinnert. Kurz vor der Spitze des Oberschnabels befindet sich eine Ausbuchtung, der sogenannte Falkenzahn, der dazu dient, Beutetiere durch einen einzigen kräftigen Nackenbiss zu töten.

Die Sperbergrasmücke *(Sylvia nisoria)* hat ähnliche Habitatansprüche wie der Neuntöter, weshalb sie sich oft den Lebensraum teilen. Besonders in der Döberitzer Heide ist der ansonsten deutschlandweit als gefährdet eingestufte Singvogel (Rote Liste 3) noch relativ häufig vertreten: Im Jahr 2016 wurden 86 Brutreviere festgestellt.[76] Ihrem Namen macht die recht große und kräftig gebaute Grasmücke alle Ehre. Vor allem die Männchen erinnern durch ihre starke, dunkelgraue Querbänderung auf der Unterseite und die leuchtend gelbe Iris an die Optik eines Sperberweibchens. Im Gegensatz dazu ist die Querbänderung der Weibchen weniger stark ausgeprägt, und ihre Iris besitzt eine gelbbraune Färbung. Revierbesetzende Männchen bauen bis zu drei Nestanlagen, bevorzugt in dornige oder stachelige Sträucher.

Eine Sperbergrasmücke (Sylvia nisoria) *im Singflug. MP*

Vermutlich ist es dann das Weibchen, das entscheidet, bei welchem Nest sich der Komplettausbau lohnt. Das Gelege umfasst anschließend drei bis sechs Eier und wird von beiden Geschlechtern bebrütet. Schlüpfen die Jungen, bleibt das Weibchen anfänglich zu deren Schutz im Nest, während das Männchen Nahrung in Form von kleineren bis größeren Insekten herbeischafft.[77]

Ein weiterer sehr seltener und verborgen lebender Vertreter der an halboffene Landschaften gebundenen Vögel ist der Ziegenmelker *(Caprimulgus europaeus)*. Seinen eigentümlichen Namen hat der Vogel einem jahrhundertealten Aberglauben zu verdanken, der besagt, dass er des Nachts die Milch aus den Eutern der Ziegen saugen würde. Entstanden ist dieser Aberglaube wahrscheinlich aufgrund der Vorliebe des Ziegenmelkers, im Schutze der Dämmerung das Weidevieh zu umflattern, allerdings nicht aus Interesse an Milch, sondern um die vom Vieh aufgescheuchten Insekten zu jagen.[78] Mit seinem graubraunen, beigeweißen und schwarz gemusterten Gefieder ist der Ziegenmelker tagsüber, wenn er zumeist regungslos in Längsrichtung mit geschlossenen Augen auf einem Ast oder am Boden verharrt, kaum auszumachen. Erst in der Dämmerung erhebt er sich und gleicht mit seinen langen schmalen Flügeln der Silhouette eines Falken, während der lautlose Flug an eine Eule erinnert. Verwandtschaftlich gehört er allerdings zu den Nachtschwalben und ist damit der einzige in Deutschland vorkommende Vertreter dieser Vogelfamilie.

Auf der Suche nach nachtaktiven Insekten erweist sich der Ziegenmelker als geschickter Jäger, der unterschiedlichste Flugmanöver beherrscht. Behilflich ist ihm außerdem sein breiter, tief eingeschnittener Schnabel, der seitlich von steifen Borsten umgeben ist. Dieser wird kurz vor Ergreifen der Beute weit aufgerissen und wirkt wie ein Fangkescher.[79] Obwohl man den Ziegenmelker aufgrund seiner Lebensweise nur selten zu Gesicht bekommt, kann man ihn mit etwas Glück während der Balz hören. Dann ertönt in der Abenddämmerung ein weithin vernehmbares, lang anhaltendes und mit einem Tonwechsel vorgetragenes, ratterndes Schnurren, das einen zunächst nicht an einen Vogel denken lässt. Gesellt sich ein Weibchen dazu, endet das Schnurren abrupt mit einer Folge von glucksenden Lauten. Nun vollführt das Männchen unter Flügelklatschen und kurzen, hellen Rufen einen Balzflug, bei dem es dem Weibchen mit langsamen Flügelschlägen seine weißen Signalflecken auf Handschwingen und Schwanzfedern präsentiert.[80] Mit über 500 Brutpaaren im Gesamtgebiet der Witt-

Nachts wird der Ziegenmelker aktiv. MP

Der Ziegenmelker (Caprimulgus europaeus) *ruht tagsüber extrem gut getarnt. GL*

Eine Heidelerche (Lullula arborea) *in der Döberitzer Heide. MP*

Feldlerchenküken (Alauda arvensis) *im Bodennest in der Döberitzer Heide. HP*

stock-Ruppiner Heide hat die gefährdete Art (Rote Liste 3) dort ein äußerst bemerkenswertes Vorkommen und profitiert von den großflächig ausgeprägten Übergangsbereichen zwischen Heide und Pionierwäldern.[81]

Ein scheuer und unnahbarer Bewohner des Halboffenlandes ist die Heidelerche *(Lullula arborea)*. Außer auf Heideflächen ist sie auch in lichten Waldgebieten mit schütterer Gras- und Krautvegetation sowie auf baum- und buschbestandenen Trocken- und Halbtrockenrasen anzutreffen. Vollkommen offene Flächen sowie dicht bewaldete Gebiete meidet sie hingegen. Wichtige Voraussetzungen für ihre Ansiedelung sind trockenwarme Standorte sowie das Vorhandensein von Sandplätzen und Singwarten.

Als kleinste der drei in Deutschland regelmäßig vorkommenden Lerchenarten wirkt die Heidelerche mit ihrem kurzen Schwanz und den runden, breiten Flügeln im Flug recht kompakt. Charakteristisch am ansonsten unauffälligen braun- und sandfarbenen Gefieder sind das kleine schwarzweiße Abzeichen an der Kante des zusammengelegten Flügels sowie der helle Überaugenstreif, der im Nacken V-förmig zusammenläuft. Unverkennbar ist allerdings der äußerst attraktive Gesang der Heidelerche mit seinen gefälligen, weichen, melancholischen Abfolgen, der charakteristisch für weite Bereiche der Döberitzer und der Kyritz-Ruppiner Heide ist. Vorgetragen wird dieser unter anderem beim für Lerchen so typischen Singflug, bei dem das Männchen erst steil bis auf 150 Meter aufsteigt und dann unter flatternd-rüttelnden Flügelschlägen wieder absinkt.[82]

Die inzwischen als gefährdet (Rote Liste 3) eingestufte Feldlerche *(Alauda arvensis)*, deren Gesang man ebenfalls oft in der Döberitzer Heide hören kann, benötigt deutlich größere Offenflächen als die Heidelerche und hat ihre Schwerpunkte daher eher in den Bereichen der Sandtrockenrasen und Flachlandmähwiesen.

Eine enge Bindung an offene, steinige Landschaften mit kurzer, schütterer Vegetation und teils »schmatzende« Rufe haben dem Steinschmätzer *(Oenanthe oenanthe)* seinen Namen eingebracht. In Deutschland gilt er mittlerweile allerdings als vom Aussterben bedroht (Rote Liste 1), was besonders mit dem Rückgang an geeigneten Lebensräumen im Zuge der Intensivierung der Landwirtschaft seit den 1950er-Jahren zusammenhängt. Unabdingbar für seine Ansiedelung sind vor allem Felsschutthalden, Lesesteinhaufen, Trockenmauern, Holzstapel oder ähnliche Strukturen, in denen er nisten kann, die in unserer aufgeräumten Landschaft aber selten geworden sind. Auf den Offen- und Halboffenlandflächen kann man ihn in Sielmanns Naturlandschaften Brandenburg allerdings noch regelmäßig beobachten.

Im Flug ist der spatzengroße Vogel an dem auffälligen schwarzen T-Muster am Ende der ansonsten schneeweißen Schwanzfedern gut zu erkennen. Das kontrastreiche Prachtkleid der Männchen, das sie im Frühling und Sommer tragen, ist zudem gekennzeichnet durch einen grauen Mantel, schwarze Flügel, die beigefarbene Brust und den weißen Bauch. Charakteristisch ist der markante schwarze Augenstreif, der wie eine Zorromaske anmutet und von einem hellen Überaugenstreif

Ein männlicher Steinschmätzer (Oenanthe oenanthe)*. Er zählt zu den ausgesprochenen Charakterarten in den Sandheiden und Bergbaufolgelandschaften Brandenburgs. RD*

flankiert wird. Im sogenannten Schlichtkleid, das im Herbst und Winter getragen wird, ähneln die Männchen den Weibchen. Diese sind am Rücken bräunlich grau, haben dunkelbraune Flügel und einen weniger stark ausgeprägtem Augenstreif.

Eine vom Erscheinungsbild her besonders prachtvolle Offenlandart ist der Wiedehopf *(Upupa epops)*. Er imponiert besonders durch seine große Federhaube, die im aufgestellten Zustand an den Kopfschmuck eines Indianerhäuptlings erinnert. Des Weiteren fällt er durch die breite, schwarz-weiße Bänderung seiner Schwanz- und Flügelfedern auf, die einen Kontrast zum orangebräunlichem Körpergefieder bilden. Auch sein wellenförmiger, unsteter Flug, meist niedrig über dem Boden, bei dem die breiten Flügel teils vollständig angelegt werden, ist charakteristisch. Bevor man ihn zu Gesicht bekommt, verrät sich der Wiedehopf meist schon durch seinen typischen, nicht lauten, aber weithin hörbaren Ruf, ein mehrfach wiederholtes, dumpfes, dreisilbiges »hup hup hup«.

Als Nahrung bevorzugt der Wiedehopf Großinsekten wie Heuschrecken, Maulwurfsgrillen, Raupen und Käferlarven, nach denen er am und im Boden mit seinem langen, schmalen Schnabel stochert. Dementsprechend ist er an warme, sonnige und trockene Lebensräume mit lückiger, kurzer Vegetation gebunden, wo seine Beutetiere in ausreichender Zahl vorkommen. Als Höhlenbrüter ist er zudem auf alte Bäume mit verlassenen Spechthöhlen sowie Steinhaufen, Holzstapel, Mauer- und Erdlöcher angewiesen, die ihm einen geeigneten Platz für sein Nest bieten. Um Feinde von seinem meist recht niedrig liegenden Nest abzuhalten, hat der in Deutschland gefährdete Wiedehopf (Rote Liste 3) eine besondere Abwehrstrategie entwickelt: Brütende Weibchen und Jungvögel sind in der Lage, bei Gefahr ihren Kot zusammen mit einem übel riechenden Sekret ihrer Bürzeldrüse zielgerichtet einem Angreifer entgegenzuspritzen.[83]

Der Wendehals *(Jynx torquilla)*, ein außergewöhnlicher Vertreter der Spechte, ist ebenfalls auf Offenlandflächen im Zusammenspiel mit lichten Waldbeständen oder strukturreichen Kulturlandschaften angewiesen. Äußerlich hat er mit seiner Spechtverwandtschaft nur wenig gemein: Sein kurzer, spitzer Schnabel und das stark marmorierte Gefieder lassen ihn eher wie einen Singvogel aussehen. Er brütet zwar in Baumhöhlen, baut diese allerdings nicht selber. Auf der Suche nach bereits vorhandenen Höhlen geht er zudem recht rigoros vor – sind diese bereits von Meisen oder anderen Singvögeln besetzt, schreckt er nicht davor zurück, deren Gelege zu zerstören, um selbst dort einzuziehen.

Viele Vogelfreunde besuchen Sielmanns Naturlandschaften in Brandenburg, um den Wiedehopf (Upupa epops) *zu sehen und zu hören. MP*

Seinen Namen verdankt der Wendehals übrigens einem außergewöhnlichen Verhalten, das er an den Tag legt, wenn man ihm in seiner Nisthöhle zu nahe kommt. Dann wendet er nicht nur den Hals hin und her, sondern gibt auch noch zischende Laute von sich. Ein potenzieller Angreifer soll durch dieses schlangenhafte Gehabe vermutlich in die Flucht geschlagen

Dem Wendehals (Jynx torquilla) *sieht man nicht an, dass er zur Familie der Spechte gehört. RD*

werden.[84] Das ansonsten recht scheue Verhalten und die ausgezeichnete Tarnung aufgrund der baumrindenartigen Färbung und Musterung seines Gefieders machen den Wendehals zu einem nur schwerlich zu entdeckenden Vogel. Sein Balzruf, eine Abfolge der immer selben, laut quäkend vorgetragenen Silbe (»gjä-gjä-gjä…«), ist aber ein sicheres Indiz für seine Anwesenheit. Als ausgesprochener Nahrungsspezialist ernährt sich der Wendehals hauptsächlich von Ameisen und deren Puppen und Larven, die er mit seiner langen, klebrigen Zunge aufliest. In Deutschland ist er stark gefährdet (Rote Liste 2).

Neben den genannten Vogelarten der offenen oder halboffenen Landschaften sind auch Grauammer *(Emberiza calandra)* und Schwarzkehlchen *(Saxicola rubicola)* in teils beachtlichen Anzahlen in den Sandheide-Lebensräumen heimisch. Außerdem haben Braunkehlchen *(Saxicola rubetra,* Rote Liste 2*)*, Raubwürger *(Lanius excubitor,* Rote Liste 2*)* und Wespenbussard *(Pernis apivorus,* Rote Liste 3*)* hier Brutreviere. Sogar der vom Aussterben bedrohte Brachpieper (*Anthus campestris*, Rote Liste 1), die wohl anspruchsvollste Offenlandvogelart der Sandheiden und in der Döberitzer Heide nach 1997 nicht mehr nachgewiesen, kommt in der Kyritz-Ruppiner Heide noch vor und profitiert unter anderem von jungen Brandflächen.[85]

Vögel zwischen Schilf und Rohrkolben

Große, zusammenhängende und ungestörte Röhrichtbestände, wie sie im Ferbitzer Bruch, am Ufer der Groß Schauener Seen und in Wanninchen noch anzutreffen sind, bilden ein einzigartiges Biotop für eine Vielzahl von Vogelarten. Diese finden im undurchdringlichen Gewirr an Stängeln und Halmen nicht nur Schutz, sondern auch Nistmöglichkeiten und Nahrungsgründe.

Ein besonders skurriler und in Deutschland sehr selten gewordener Bewohner solcher Röhrichte ist die Große Rohrdommel *(Botaurus stellaris,* Rote Liste 3*)* aus der Familie der Reiher. Mit ihren kurzen Beinen, dem gedrungenen Körperbau und einem relativ kurzen, dicken Hals wirkt sie im Gegensatz zu ihren eleganten Verwandten wie dem Graureiher *(Ardea cinera)* oder dem Seidenreiher *(Egretta garzetta)* etwas plump. Durch ihre zurückgezogene Lebensweise bekommt man Rohrdommeln nur selten zu Gesicht. Ihre Anwesenheit lässt sich am besten im Frühjahr während der Balzzeit erfassen, wenn die Männchen durch einen tiefen, dumpfen Ton, der dem eines Nebelhorns ähnelt, auf sich aufmerksam machen. Diese Lautäußerungen, die bis zu fünf Kilometer weit hörbar sind, haben der Rohrdommel im Volksmund auch den Namen »Moorochse« eingebracht. Eine weitere Besonderheit ist die aufrechte Pfahlstellung, die sie bei Gefahr einnimmt. Dabei richtet sich die Rohrdommel auf und reckt ihren Hals, Kopf und Schnabel senkrecht nach oben. Mit ihrem gelbbraunen, dunkel gescheckten Gefieder ist sie in dieser Stellung in Altschilfbeständen kaum auszumachen. Um die Tarnung zu perfektionieren, imitiert die Rohrdommel zusätzlich durch sacht wiegende Körperbewegungen das sie umgebende, im Wind schwankende Schilf.[86]

Die Männchen der Rohrdommel sind polygam und beteiligen sich nicht am Brutgeschäft oder der Aufzucht der Jungen. Wo die Bestände groß genug sind, verpaaren sie sich mit bis zu fünf Weibchen, die ihre Nester in Flachwasserbereichen rund um den Rufplatz des Männchens anlegen.[87] Bei der Nahrungssuche zeigt die Rohrdommel das für Reiher typische Jagdverhalten: Mit vorsichtigen Bewegungen und eingezogenem Hals nähert sie sich langsam ihrer Beute an, um diese dann stoßartig mit dem dolchförmigen Schnabel zu ergattern. Zu ihrem Nahrungsspektrum gehören unter anderem Fische, Frösche, Molche und Wasserinsekten, aber auch Mäuse, Ringelnattern und junge Wasservögel.

Singendes Blaukehlchen (Luscinia svecica) *im Schilfröhricht des Ferbitzer Bruchs. MP*

Das Röhricht in Kombination mit Weidengebüschen bietet auch dem Blaukehlchen *(Luscinia svecica)* einen willkommenen Lebensraum. Dieser zierliche, spatzengroße Vogel fällt besonders durch die namensgebende blaue Färbung der Männchen an Brust und Kehle ins Auge. Die in Mitteleuropa vorkommende Unterart zeichnet sich zudem durch einen weißen Fleck inmitten der blauen Färbung unterhalb der Kehle aus und wird deshalb auch als Weißsterniges Blaukehlchen *(L. s. cyanecula)* bezeichnet. Besonders gut zu beobachten sind Blaukehlchen während der Balz im April, wenn die Männchen sich zur Schau stellen. Dann sitzen sie an exponierter Stelle auf Büschen oder Schilfhalmen, stellen die Schwanzfedern auf, präsentieren ihre blaue Brust und versuchen, mit ihrem Gesang Weibchen von sich zu überzeugen. Weitere Aufmerksamkeit erregen sie durch schwirrende Imponierflüge, die oft in einer Verfolgungsjagd nach dem auserkorenen Weibchen münden und nicht selten zu dessen Flucht führen. Kehrt es zurück, kann sich dieser Vorgang mehrfach wiederholen, bis das Weibchen der Paarung zustimmt. Anschließend beginnt es mit dem Bau des Nestes, das sich gut versteckt am Boden oder in Bodennähe befindet. Nach einer zweiwöchigen Bebrütung des meist fünf bis sechs Eier umfassenden Geleges durch das Weibchen kümmern sich beide Elternteile um die Aufzucht der Jungen.

Eine Besonderheit stellt der Gesang des Blaukehlchens dar. Neben den arttypischen Lautäußerungen und Strophen erweitert es sein Repertoire, indem es den Gesang anderer Vogelarten imitiert. Außerdem ist es in der Lage, komplexere Geräusche aus seiner Umwelt wie beispielsweise das Plätschern eines Wasserfalls oder das Läuten eines Kirchturms nachzuahmen.[88]

Die Rohrweihe *(Circus aeruginosus)* – der Name lässt es bereits vermuten – ist eine weitere Vogelart, die stark an Röhrichtbestände gebunden ist. Dieser Greifvogel aus der Familie der Habichtartigen zieht es vor, sein Nest am Boden oder in Bodennähe, gut versteckt zwischen den Schilfhalmen, anzulegen. Während das Weibchen die Eier bebrütet und auch im Anschluss, solange die Nestlinge noch auf dessen Schutz und Wärme angewiesen sind, am Nest bleibt, ist es dem Männchen vorbehalten, die gesamte Familie mit Nahrung zu versorgen.[89] Dazu erbeutet es vor allem Singvögel und Jungvögel von Enten, Teich- und Blässrallen, aber auch Kleinsäuger sowie in geringerem Ausmaß Fische, Frösche und Eidechsen. Äußerlich ist das gegenüber dem Männchen etwas größere Weibchen mit seiner braunen Grundfärbung eher unscheinbar und am ehesten an seinem cremefarbenen Kopf mit dem dunklen, breiten Augenstreif zu erkennen. Beim Männchen bilden der mittlere Bereich der Flügel sowie der Schwanz einen silbergrauen Kontrast zu den schwarzen Handschwingen und den braunen Rücken- und Bauchpartien. Ein anderes Erkennungsmerkmal ist das für Weihen typische Flugbild. Um Beute ausfindig zu machen, fliegen Rohrweihen häufig in einem langsamen, taumelnden Suchflug nur wenige Meter über dem Boden und halten ihre Flügel dabei in einer charakteristischen V-Stellung. Während der Balz vollführt das Männchen dann wahre Kunststücke in der Luft, inklusive Sturzflügen und plötzlichem Seitwärtskippen.

Viele weitere auf Feuchtgebiete oder deren Nähe angewiesene Arten sind in Sielmanns Naturlandschaften zu beobachten: Jeweils ein Brutpaar Seeadler *(Haliaeetus albicilla)* und Fischadler *(Pandion haliaetus)* haben jüngst ihren Nachwuchs erfolgreich in der

Rohrweihenpaar (Circus aeruginosus) *bei der Balz, unten das Männchen. MP*

Döberitzer Heide aufgezogen. In den Feuchtwiesen des Ferbitzer Bruchs brüten mehrere Paare von Bekassine (*Gallinago gallinago*; Rote Liste 1) und Kiebitz (*Vanellus vanellus*; Rote Liste 2).

Nach der Kohle: Wandel der Landschaft, Wandel der Vogelwelt

In Sielmanns Naturlandschaft Wanninchen sind bisher 118 Brutvogelarten und 93 Gastvogelarten nachgewiesen worden. Der stetige Wandel in der Landschaft führt jedoch auch dazu, dass einige Lebensräume und deren optimale Ausprägung für verschiedene Vogelarten oft nur von kurzer Dauer sind. Spezialisten besiedeln die junge Bergbaufolgelandschaft, erreichen ihr Verbreitungsoptimum, werden von neuen Lebensraumstrukturen wieder verdrängt, und es entsteht Raum für neue Arten.[90]

Die vegetationsfreien bis -armen Flächen bilden als charakteristischer Lebensraum der jungen Bergbaufolgelandschaft einen deutlichen Gegensatz zur umgebenden, gewachsenen Kulturlandschaft, die durch intensive

Im Frühjahr hört man in den Bergbaufolgelandschaften, aber auch in den Sandheiden häufig den Gesang der Grauammer (Emberiza calandra). *RD*

Landbewirtschaftung, Zerschneidung, Nährstoffüberfrachtung und Nutzungsdruck gekennzeichnet ist. Die sandigen Rohbodenflächen bieten zunächst für einige Spezialisten unter den Vogelarten ideale Lebensräume. Typische Vertreter dafür sind Brachpieper *(Anthus campestris)* und Steinschmätzer *(Oenanthe oenanthe)*. Durch den Fortgang der Sanierung sowie den natürlich einsetzenden Bewuchs verringert sich der Anteil dieser Rohböden zusehends. Heute existieren solche Bereiche nur noch auf exponierten Extremstandorten, langfristig werden auch diese verschwinden. Derzeit entstehen jedoch durch großflächige, geologisch bedingte Störungen immer wieder neue Freiflächen.

Mit zunehmender Sukzession schließt sich allmählich die Vegetationsdecke, und es entstehen Trocken- und Magerrasen mit offenen Sandflächen, die extrem nährstoffarm sind und ein geringes Wasserhaltevermögen besitzen. Es kommt zur Zunahme von Blütenpflanzen, zum Beispiel der Sandstrohblume *(Helichrysum arenarium)* und des Bergsandglöckchens *(Jasione montana)*. Bei entsprechender Habitatausstattung (Sitzwarten, Lesesteinhaufen) kommen weiterhin Brachpieper und Steinschmätzer vor. Bemerkenswert sind die auf diesen Flächen hohen Dichten der Feldlerche *(Alauda arvensis)*. Als Nahrungsgebiet werden diese Areale bereits vom Wiedehopf *(Upupa epops)* genutzt.

Mit dem Einwandern verschiedener Pioniergehölze wie Kiefer *(Pinus sylvestris)*, Birke *(Betula pendula)*, Robinie *(Robinia pseudoacacia)*, Sanddorn *(Hippophae rhamnoides)* oder Ölweide *(Elaeagnus multiflora)* erfolgt zunächst eine Erhöhung des Strukturreichtums. Arten

*Das stark gefährdete Braunkehlchen (*Saxicola rubetra*, Rote Liste 2) findet in Wanninchen und in der Döberitzer Heide noch die begehrten Sitzwarten in offener Landschaft. RD*

wie Schwarz- und Braunkehlchen (*Saxicola rubicola* und *S. rubetra*) sowie die Dorngrasmücke *(Sylvia communis)* siedeln sich dann an. Auch Grauammer *(Emberiza calandra)*, Sperbergrasmücke *(Sylvia nisoria)* und Neuntöter *(Lanius collurio)* sind typische Bewohner dieser Phase. Wenn Lesesteinhaufen oder Wurzelstubbenhaufen angelegt oder spezielle Nistkästen angebracht wurden, besiedelt auch der Wiedehopf diese Flächen als Brutvogel. Sumpfohreulen *(Asio flammeus)* nutzen die offene bis halboffene Landschaft als Überwinterungsgebiet.

Nimmt die Sukzession ungehindert ihren Lauf, werden Vorwaldstadien erreicht. Die Bestände und die Anzahl der Offenlandarten gehen zurück. Die Landschaften sind nun optimal für Ziegenmelker *(Caprimulgus europaeus)* und Heidelerche *(Lullula arborea)*. Auch Baumpieper *(Anthus trivialis)*, Rotkehlchen *(Erithacus rubecula)* und Haubenmeise *(Parus cristatus)* begleiten die Waldentwicklung, die viele Jahrzehnte dauert.

Vor allem im Norden umgeben landwirtschaftlich genutzte Flächen Sielmanns Naturlandschaft Wanninchen. Hier erfolgt meist eine normale Bewirtschaftung; es bestehen jedoch auch hier Lebensraumpotenziale, wenn entsprechend der oft geringen Substratqualität eine extensive Bewirtschaftung erfolgt. Lockere Getreideflächen fördern Arten der Offenlandschaft wie Wachtel *(Coturnix coturnix)* und Feldlerche. Sind diese Ackerflächen mit Gehölzhecken strukturiert, finden sich Grauammer, Ortolan *(Emberiza hortulana)*, Neuntöter und Sperbergrasmücke ein. Sogar der Steinschmätzer ist bei entsprechenden Brutmöglichkeiten wie Lesesteinhaufen anzutreffen. Auf Ackerflächen, die von bergrechtlichen Sperrungen betroffen sind, entstehen langjährige Brachen. Hier finden sich schon bald ebenfalls typische Arten der extensiven Landbewirtschaftung wie Schwarz- und Braunkehlchen, Dorngrasmücke und Grauammer ein.

Die Bergbaufolgelandschaft ist neben ihren charakteristischen terrestrischen Landschaftsteilen vor allem durch Gewässer unterschiedlicher Größe und Struktur geprägt, die großen Einfluss auf die Vogelwelt haben und eine wesentliche Basis für ihren Artenreichtum darstellen. Nach dem Ende des Kohleabbaus und mit dem Fortschreiten der Rekultivierungsarbeiten wurde die

*Ein Flussregenpfeifer (*Charadrius dubius*) in der Bergbaufolgelandschaft von Wanninchen. RD*

Ableitung des Grundwassers in Wanninchen nach und nach eingestellt. Das wieder ansteigende Grundwasser füllte über mehrere Jahre die Senken und die Restlöcher mit sehr unterschiedlichen Strukturen. Dabei bildeten sich über einen längeren Zeitraum ausgedehnte Flachwasserbereiche, die sich mit zunehmendem Seewasserstand an die künftigen Ränder der Seen verlagern. Von hohem Wert sind diese Flachwasserbereiche als Schlafplatz für Kraniche *(Grus grus)*. Die Ufer der großen Bergbauseen werden von Flussregenpfeifer *(Charadrius dubius)* und Flussuferläufer *(Actitis hypoleucos)* als Brutplatz genutzt. Verschiedene Limikolen wie Großer Brachvogel *(Numenius arquata)*, Alpenstrandläufer

Herbstlicher Starenschwarm (Sturnus vulgaris) *in der Tornower Niederung in Sielmanns Naturlandschaft Wanninchen. RD*

(Calidris alpina) oder Kampfläufer *(Philomachus pugnax)* rasten hier.

Bilden sich an diesen Gewässern Schilfröhrichte aus, finden weitere Arten geeignete Lebensräume: Teichrohrsänger *(Acrocephalus scirpaceus)*, Rohrschwirl *(Locustella luscinioides)* und Blaukehlchen *(Luscinia svecica)* brüten hier ebenso wie Drosselrohrsänger *(Acrocephalus arundinaceus)* und Rohrammer *(Emberiza schoeniclus)*, die hohe Siedlungsdichten erreichen. Nehmen die Röhrichte größere Ausmaße an, bieten sie Brutmöglichkeiten für Rohrdommel *(Botaurus stellaris)*, Rohrweihe *(Circus aeruginosus)*, Wasser- und Tüpfelralle *(Rallus aquaticus und Porzana porzana)* sowie Bartmeise *(Panurus biarmicus)*. Schwärme von bis zu 16.000 Staren *(Sturnus vulgaris)* und mehreren tausend Rauchschwalben *(Hirundo rustica)* nutzen ausgedehnte Röhrichte als Schlafplatz.

Die großen Bergbauseen bieten bereits im Spätsommer mehreren tausend Graugänsen *(Anser anser)* und vor allem im Herbst mehreren zehntausend nordischen Saat- und Blässgänsen (*Anser fabalis* und *A. albifrons*) gute Schlafplätze. Mehrere hundert Sing- und Höckerschwäne (*Cygnus cygnus* und *C. olor*) nutzen im Winter die weiten Wasserflächen, bis sie zugefroren sind. Nicht selten werden dadurch mehrere Seeadler *(Haliaeetus albicilla)* angelockt.

In noch nicht sanierten Restgewässern existieren durch Abbrüche und Erosion verursachte Steilböschungen. Diese werden spontan von Uferschwalben *(Riparia riparia)* besiedelt. Allerdings sind solche Steilufer bergrechtlich nicht zugelassen und sollen mit großem Aufwand beseitigt werden.

Einen weiteren hohen naturschutzfachlichen Wert bilden Inseln in den großen Bergbauseen, da diese den Druck durch Räuber (Fuchs, Marderhund, Waschbär) minimieren. Solche zum Teil temporären, inselartigen Strukturen nutzen bereits in der sehr jungen Bergbaufolgelandschaft Flussregenpfeifer, Sturmmöwen *(Larus canus)* und Lachmöwen *(Larus ridibundus)* sowie bei Nahrungsverfügbarkeit auch Flussseeschwalben *(Sterna hirundo)* als Brutplatz. Mittlerweile zählen Inseln in der Bergbaufolgelandschaft von Wanninchen zu den bedeu-

Im Morgennebel erhebt sich eine Schar rastender Gänse von ihrem Schlafplatz auf dem Schlabendorfer See in Wanninchen. RD

Die Winterrast nordischer Singschwäne (Cygnus cygnus) *zählt zu den großen Attraktionen Wanninchens in der kalten Jahreszeit. RD*

Uferschwalben (Riparia riparia) *nisten in den Steilwänden an den Bergbauseen. RD*

tendsten binnenländischen Brutgebieten der Lachmöwe, Mittelmeermöwe *(Larus michahellis)* und Steppenmöwe *(Larus cachinnans)*. Auch Schwarzkopfmöwe *(Larus melanocephalus)* und Sturmmöwe gehören zu den regelmäßigen Brutvogelarten dieser Bereiche.

Somit besitzen die Bergbauseen schon bei ihrer Entstehung ein hohes, wenn auch oft nur temporäres Lebensraumpotenzial. Nach den erforderlichen bergrechtlichen Maßnahmen zur Herstellung der Trittsicherheit verlieren die Uferbereiche in einigen Seen jedoch an naturschutzfachlichem Wert, da vorgegebene Böschungswinkel und betretungssichere Wassertiefen umgesetzt werden müssen. Die Sicherung reicher Strukturen in und an den Bergbauseen gehört daher zu den wesentlichen Aufgaben bei der naturschutzfachlichen Begleitung der Sanierung und erfordert einen hohen Abstimmungsbedarf zwischen der Heinz Sielmann Stiftung, dem Landesamt für Geologie und Bergbau sowie dem Sanierungsträger, der Lausitzer und Mitteldeutschen Bergbauverwaltungsgesellschaft (LMBV).

In vielen Bergbaurestgewässern existieren saure Wasserkörper (pH-Wert unter 4). Durch das weitgehende Fehlen von Zooplankton bilden diese Gewässer für Vögel einen sehr eingeschränkten Nahrungsraum. Seit einigen Jahren werden daher ausgewählte Seen per Schiff bekalkt, um den pH-Wert anzuheben. Diese

Seeadler (Haliaeetus albicilla) *lassen sich in Wanninchen vor allem im Winter hervorragend beobachten. RD*

Zu den elegantesten Vögeln an den Gewässern Wanninchens zählt die Flussseeschwalbe (Sterna hirundo). *RD*

Auf Inseln in den Bergbauseen bilden Lachmöwen (Larus ridibundus) *große Brutkolonien. RD*

Ein echtes Spektakel auf dem Wasser ist die Balz der Schellenten (Bucephala clangula). *RD*

Der Eisvogel (Alcedo atthis) *ist ein Juwel der heimischen Vogelwelt. RD*

Maßnahme ist erforderlich, um den Anforderungen an die Wasserqualität zu entsprechen, wenn die Seen ihren Endwasserstand erreicht haben und das Seewasser in die natürliche Vorflut eingeleitet wird. Ermöglicht die Qualität des Seewassers dann die Entwicklung von Nahrungsketten, spiegelt sich das auch in der Artenzusammensetzung der wasserbewohnenden Vogelarten wieder.

So siedeln sich Schellente *(Bucephala clangula)*, Rothalstaucher *(Podiceps grisegena)* und Zwergtaucher *(Tachybaptus ruficollis)* bereits in mittelgroßen Gewässern an. Fischadler *(Pandion haliaetus)*, Flussseeschwalbe (Sterna hirundo) und Eisvogel *(Alcedo atthis)* sind bei der Jagd zu beobachten. Haubentaucher *(Podiceps cristatus)* und Graugänse *(Anser anser)* brüten in Ufernähe.

Kraniche in Sielmanns Naturlandschaft Wanninchen

Der Kranich *(Grus grus)* gehört zweifellos zu den beeindruckendsten heimischen Tierarten. Als sympathisches Charaktertier ist er in der Öffentlichkeit weithin bekannt. Seine allgemeine Beliebtheit macht es auch im Naturschutz leichter, Projekte zur Lebensraumsicherung und -entwicklung umzusetzen, die meist einer Vielzahl weiterer Arten dienen.

Mit derzeit über 10.200 Paaren hat der Kranich in Deutschland einen Brutbestand auf hohem Niveau mit Schwerpunkten im nordostdeutschen Raum. Derzeit erfahren wir eine Wiederausbreitung nach Süden, Südwesten, Westen und Nordwesten. Neben Mecklenburg-Vorpommern und Brandenburg sind Schleswig-Holstein, Niedersachsen, Sachsen-Anhalt und Sachsen nahezu flächendeckend besiedelt. In Nordrhein-Westfalen, Thüringen und Bayern brüten einzelne Paare.[91] Dies war nicht immer so: In den 1970er- und 1980er-Jahren galt der Kranich in Deutschland als vom Aussterben bedrohte Art. 1982 wurden im damaligen Gebiet der DDR ca. 750 Brutpaare und im Süden Brandenburgs (damaliger Bezirk Cottbus) 45 Brutpaare gezählt.[92]

Vor allem Naturschutzprojekte zur Aufwertung und Schaffung von Bruthabitaten, aber auch die Fähigkeit der Anpassung an veränderte Lebensraumbedingungen sowie ein Populationsdruck aus nördlichen und östlichen Teilen Europas ermöglichten eine stetige positive Bestandsentwicklung. Die Anzahl rastender Kraniche während des Herbstzuges hat sich in Deutschland ebenfalls stetig erhöht: Waren es 1985 für das damalige Gebiet der DDR ca. 45.000 Kraniche, die während des Herbstzuges rasteten, sind es derzeit etwa 380.000 Tiere (Gesamtgebiet Deutschland). Auch bei den Rastgebieten ist eine deutliche Ausweitung nach Westen und Südwesten ersichtlich. Allerdings werden zunehmend regional auch negative Brutergebnisse registriert, was unter anderem ein Hinweis auf suboptimale Brutbedingungen, Druck durch Räuber und ein ungünstiges Nahrungsangebot bei der Jungenaufzucht ist.

Im Gebiet des heutigen Naturparks Niederlausitzer Landrücken, in dem sich Sielmanns Naturlandschaft Wanninchen befindet, gab es schon vor über 100 Jahren einzelne Kranichpaare und im Herbst rastende Kraniche. Bis Anfang der 1980er-Jahre waren es maximal 300 Tiere, die hier rasteten und ihre traditionellen Schlaf-

Typisch für den Kranichflug sind der lang ausgestreckte Hals sowie ein ruhiger Flügelschlag. RD

Versteckt im Moor und von Wasser umgeben, bauen Kranichpaare ihr Nest. Sie bebrüten abwechselnd das Gelege, das meist aus zwei Eiern besteht. RD

Vor allem auf abgeernteten Getreidefeldern finden Kranichfamilien ausreichend Nahrung, um sich für die lange Reise nach Süden zu stärken. Bräunlich gefärbt und ohne bunte Kopfzeichnung sind die Jungtiere. RD

Weite Flachwasserbereiche in der sonst kargen Bergbaufolgelandschaft in Wanninchen bieten den Kranichen optimale Übernachtungsplätze. RD

plätze hatten. Genau in dieser Zeit lief der Abbau von Braunkohle im Lausitzer Revier auf Hochtouren, und die Entwicklung der Kranichrast wurde stark von der Tätigkeit des Braunkohletagebaus auf der einen Seite und der Entwicklung der Bergbaufolgelandschaft auf der anderen Seite beeinflusst. Die negativen Auswirkungen auf die Landschaft betrafen auch Lebensräume des Kranichs: Im Gebiet der heutigen Sielmanns Naturlandschaft Wanninchen sind während des Braunkohleabbaus mindestens zwei Brutplätze vernichtet und ein Schlafplatz durch Grundwasserabsenkung aufgegeben worden. Im Naturschutzgebiet Borcheltsbusch, ebenfalls ein traditioneller Kranichschlafplatz am Rande der Kohlegruben, verbesserte sich die Situation jedoch infolge von Grubenwassereinleitung.

Mit dem Ende des Kohleabbaus 1991 und der Entwicklung der Bergbaufolgelandschaft, verbunden mit dem Grundwasserwiederanstieg, fanden Kraniche hier neue Lebensräume. Besonders in den Bereichen, in denen die bergrechtliche Sanierung bis heute noch nicht abgeschlossen ist, existieren zum Teil großflächige Vernässungen mit ausgedehnten Flachwasserbereichen. Direkt in der Bergbaufolgelandschaft der ehemaligen Schlabendorfer Felder entstanden seit 1983 die ersten Kranichschlafplätze in den künftigen Seen, die sich durch Grundwasserwiederanstieg langsam füllten und damit Flachwasserbereiche aufwiesen. Je nach Füllstand der Seen boten sich jährlich Schlafbereiche an wechselnden Standorten. So übernachteten im Lichtenauer See von 1983 bis 2010 bis zu 1.000 Kraniche jährlich. Auch der Stiebsdorfer und der Stoßdorfer See wurden mehrere Jahre als Schlafplatz genutzt, bis durch den steigenden Grundwasserstand keine Flachwasserbereiche mehr vorhanden waren. Seit 2002 entwickelt sich im Innenkippenbereich von Schlabendorf-Süd der Schlafplatz Wanninchen. Hier übernachten aktuell bis zu 6.000 Kraniche in ausgedehnten Flachwasserbereichen sowie an den Ufern des Schlabendorfer Sees. Die Umsetzung noch ausstehender Sanierungsmaßnahmen mit der Berücksichtigung von Möglichkeiten zur Erhaltung von Flachwassergebieten wird über die Zukunft dieser Schlafplätze entscheiden.

Eine ähnliche Situation ergibt sich in der Tornower Niederung (Schlabendorf-Nord), in der seit 2003 bis zu 1.800 Kraniche rasten. Dieses Gebiet wurde jahrelang landwirtschaftlich genutzt, bis erste Vernässungsflächen durch Grundwasserwiederanstieg im Jahr 2000 auftraten. Heute ist die Tornower Niederung eines der beeindruckendsten Feuchtgebiete im Naturpark. Erste Brutpaare des Kranichs haben sich niedergelassen, und bis zu 300 Junggesellen verbringen hier den Sommer. Mit diesen beiden Gebieten besitzen wir in Sielmanns Naturlandschaft Wanninchen zwei der bedeutendsten Schlafplätze für Kraniche in Südbrandenburg.

Nicht nur aus Naturschutzsicht ist die Entwicklung der Kraniche bemerkenswert. Die Kraniche leisten in der Region einen Beitrag zur Regionalentwicklung. Jährlich besuchen Tausende Menschen Sielmanns Naturland-

Neue Schlafplätze für Kraniche entwickeln sich an breiten Ufersäumen der Bergbauseen. RD

Im morgendlichen Nebel verlassen die Kraniche ihre Schlafplätze in der Tornower Niederung. RD

Hauptsaison in Wanninchen ist der Herbst, wenn Tausende Naturfreunde unter fachkundiger Führung den Einflug der Kraniche in ihre Schlafplätze beobachten. CD

schaft Wanninchen, um an den vielen Veranstaltungen rund um den Kranich teilzunehmen. Dies sind zum Beispiel gemeinsame Beobachtungen beim Schlafplatzeinflug, Kranichsafaris und Kranichcamps für Kinder und Jugendliche. Dabei gibt es auch Beobachtungen spannender Begebenheiten, wie das Zusammentreffen von Kranich und Wolf. Viele Besucher nutzen Gaststätten und Pensionen und bringen so auch zu einer Jahreszeit, in der die touristische Saison eigentlich längst beendet ist, Geld in die Region.

Von Wisenten, Wildpferden und Wölfen: die großen Säuger

Wisente – die Rückkehr der Könige

Nein, Wisente *(Bison bonasus)* haben mit Enten auf der Wiese so gar nichts gemein (wie manch einer, der diesen Namen erstmals hörte, tatsächlich schon assoziiert hat). Im Gegensatz zum Muhen von Kühen erinnern die Lautäußerungen unseres größten heimischen Landsäugetiers eher an ein dumpfes, leises, monotones Knören oder Brummen. Zuweilen gleichen sie bei Aufregung einem lauten Prusten. Ihre Stimme gebrauchen die grundsätzlich friedfertigen Kolosse ohnehin selten – meist um Kontakt zu den Artgenossen und Kälbern zu halten. Auch zu Zeiten der Brunft machen sich die beeindruckenden, urtümlichen Kreaturen so bemerkbar.

Fast wären die braunen Riesen einst vollständig ausgestorben. Von den ehemals drei Unterarten haben mit dem Kaukasus- und dem Flachlandwisent nur zwei bis in die heutige Zeit überdauert. Der Karpatenwisent starb vollends aus. Die heute noch existierenden Populationen setzen sich aus der sogenannten Flachland-Kaukasus-Linie, auch »Kreuzungslinie« genannt, und der sogenannten Flachlandlinie zusammen. Ende der 1920er-Jahre waren Wisente in freier Wildbahn vollständig ausgestorben, nur in Zoos und Gehegen konnten einige Dutzend Exemplare überleben. Alle heutigen Wisente gehen daher auf gerade einmal zwölf zur Zucht geeignete Gründertiere aus dieser Restpopulation zurück. Gegenwärtig gibt es dank eines im Jahre 1923 durch die Internationale Gesellschaft zur Erhaltung des Wisents initiierten umfangreichen Zuchtprogramms weltweit wieder mehr als 7.200 Tiere in Zoos, Gehegen und in freier Wildbahn. Wisente gelten aber noch immer als in ihrem Bestand gefährdet. In Deutschland helfen seit einigen Jahren vier Wisent-Kompetenzzentren in Kooperation mit den polnischen Kollegen, die Zucht der Tiere zu koordinieren und alle Fragen zum Wisent zu beantworten.

Bis zu 1.000 Kilogramm Masse bringt ein ausgewachsener Wisentbulle, auch Stier genannt, auf die

Waage. Dabei erreichen unsere letzten urigen Wildrinder Mitteleuropas eine Schulterhöhe von bis zu zwei Metern und eine Länge von bis zu drei Metern. Die Masse und die Muskulatur liegen dabei überwiegend auf der Körpervorderseite, die Körperlinie fällt ab der Mitte deutlich nach hinten ab. Der Kopf des Wisents wirkt im Verhältnis zum Körper relativ klein, solange man nicht direkt davor steht. Die weiblichen Vertreter, Kühe genannt, sind mit durchschnittlich 300 bis 400 Kilogramm deutlich leichter als Bullen. Faszinierend, wie flink die Tiere bei diesem Gewicht noch immer sind – erreichen sie doch Geschwindigkeiten von bis zu 60 Kilometern pro Stunde (die schnellsten menschlichen Sprinter erreichen gerade einmal Geschwindigkeiten von gut 40 Kilometern pro Stunde). Es fehlt den Wisenten allerdings an Ausdauer, dieses Tempo langfristig zu halten. Flüchten müssen Wisente ohnehin eher selten, schließlich fehlt es ihnen derzeit an natürlichen Feinden. Zwar ist ein Wolfsrudel durchaus imstande, auch einen Wisent zu reißen, allerdings bevorzugen Wölfe generell eher weniger wehrhafte Beute. Insbesondere Kälber werden durch die gesamte Wisentherde mutig verteidigt. Daher können Wisente ohne Zweifel als die echten Könige des Waldes bezeichnet werden. Das Sehvermögen der Tiere ist zwar nicht gerade herausragend, aber sie verfügen über einen feinen Geruchssinn und hören auch recht gut. So nehmen sie Gefahren rechtzeitig wahr. Neben der Größe und den sekundären Geschlechtsmerkmalen lassen sich Bullen und Kühe aus der Distanz recht zuverlässig anhand ihrer Hornkrümmung unterscheiden, die bei den Kühen deutlich stärker ausgeprägt ist als bei den Bullen.

Spielerisches Kräftemessen junger Wisentbullen (Bison bonasus) *mit recht einseitigem Interesse. GE*

Ihr gehörntes Haupt halten die Tiere meist gesenkt – weniger zur Verteidigung, sondern weil sich am Boden Gräser und Kräuter, die Hauptnahrung der typischen Raufutterfresser, befinden. Auch Flechten, Moose, Farne, Laub, zarte Triebe, Rinde und Früchte aller Art werden nicht verschmäht. Es wird in zeitlich variablen Intervallen von Sonnenauf- bis Sonnenuntergang gefressen, wiedergekäut und erneut gefressen. Bei voll ausgewachsenen Bullen verschwinden da schon einmal bis zu 60 Kilogramm Grünfutter täglich in den vier Wisentmägen.

Interessiert beobachtet der junge Bulle die Kuh beim Fressen junger Eichentriebe. PN

Wisente halten sich im Tagesrhythmus gern zwischen Wiesen und Wäldern auf, und zwar lieber in reich strukturierten Laubmisch- als in Nadelwäldern.

Die Brunft der Wisente fällt in den Zeitraum von August bis Oktober. Während die Tiere außerhalb der Brunft in mehr oder weniger festen Mutterkuhgruppen zusammenleben, die von erfahrenen Leitkühen geführt werden, gesellen sich zur Paarungszeit auch die Junggesellengruppen und die oft solitär lebenden, alten »Satelliten«-Bullen zu den Kühen. Gewöhnlich beteiligen sich nur diese dominanten Bullen an der Reproduktion, wenngleich auch jüngere Bullen, die gemeinhin ab einem Alter von drei bis vier Jahren geschlechtsreif sind, immer ihre Chance bei den Kühen suchen. Selten kommt es beim Kampf um die Weibchen zu Verletzungen oder gar Todesfällen, ausgeschlossen sind sie aber nicht. Normalerweise genügen aber allein das Auftreten und die schiere Größe eines Bullen, um Konkurrenten zu beeindrucken. Wisentkühe bringen meist ab dem vierten Lebensjahr im Frühsommer, vorwiegend im Mai/Juni, nach rund 264 Tagen Tragezeit zumeist ein Kalb, selten zwei Kälber zur Welt. Dazu sondert sich die Kuh für wenige Tage von der Herde ab. Die Jungen wiegen rund 25 Kilogramm, wobei männliche allgemein schwerer sind als weibliche. Die Kälber stehen in der Regel nach kurzer Zeit auf eigenen Beinen und folgen der Mutter fortan auf Schritt und Tritt. Nach einigen Tagen kehrt die Kuh mit ihrem Nachwuchs wieder zur Herde zurück. In der Döberitzer Heide sind innerhalb von acht Jahren in einem ehemaligen Schaugehege vor der Auswilderung mehr als 40 Kälber geboren worden. Sicher ebenso viele Kälber haben seit 2010 zusätzlich nach der Auswilderung in der Kernzone das Licht der Welt erblickt. Wisente werden in freier Wildbahn bis zu 25 Jahre alt, wobei Bullen für gewöhnlich eine etwas geringere Lebenserwartung haben als Kühe.

Eine Junggesellengruppe, auch »Bachelorgroup« genannt. PN

Mutterkuhgruppe mit »Kindergarten« in der Döberitzer Heide. OG/PB

In der Döberitzer Heide leben zurzeit nahezu unbeeinflusst durch den Menschen rund 90 Wisente – die gegenwärtig größte Herde in ganz Deutschland. Alle Wisente der Döberitzer Heide stammen ausschließlich aus Zoos und Gehegen in Deutschland sowie dem eigenen Nachwuchs und wurden sukzessive über Wochen und Monate in einem ehemaligen Schaugehege oder schließlich in einer 50 Hektar großen Eingewöhnungszone auf ihr Leben in der fast 2.000 Hektar großen Kernzone vorbereitet. Dort müssen sie sich selbst mit Nahrung versorgen. Sie haben Ruhe vor Störungen, können sich vermehren und dürfen hier am Ende eines artgerechten Lebens auch sterben.

Zu sehen sind die Wisente auf rund 20 Quadratkilometern der insgesamt 36,5 Quadratkilometer großen Döberitzer Heide. Dort, wo noch zu Zeiten des militärischen Übungsbetriebes Explosionen und Brände die Landschaft stark veränderten, die Panzerketten dröhnten und offene Landschaftsstrukturen schufen, halten seit dem Jahre 2010 die großen Pflanzenfresser die Vegetation kurz – so, wie es vielleicht vielerorts vor vielen Jahrhunderten in Mitteleuropa geschehen ist. Wildkameras dokumentieren die Herdenstruktur und -zusammensetzung sowie die Bewegungen der sanften Riesen im Gebiet. Im Zusammenwirken eines umfangreichen Tiermonitorings, bestehend aus Biotelemetrie, also Habitatpräferenzen, Bestandsentwicklung mit Geschlechterverhältnis und Gesundheitsmonitoring sowie Nahrungsmittelanalytik samt Futterwertanalysen dient ein Forschungsprojekt der Feststellung einer maximalen Kapazitätsgrenze für die Kernzone der Döberitzer Heide. Dabei geht es also um die Frage, wie viele Tiere das Areal auch unter besonderen klimatischen Bedingungen wie Sommerdürren oder Extremwintern tierwohlgerecht verträgt.

Besonders bemerkenswert ist, mit welch geradezu unbändiger Kraft Wisente imstande sind, auch stärkere Gehölze mit ihrer Brust umzudrücken, um an das frische Laub oder die Triebe zu gelangen. Diese Verhaltensmuster, die sie in Zoos und Gehegen nie erlernen konnten oder mussten, entdecken sie, um nunmehr eigenständig an Nahrung zu gelangen, in kürzester Zeit instinktiv wieder. Auffällig ist dabei ihre Vorliebe für Neophyten wie Robinie oder Spätblühende Traubenkirsche, die wegen ihrer Konkurrenzkraft in vielen Wirtschaftswäldern und im Offenland seit Jahren erhebliche Probleme bereiten. Wenn es zum Winterhalbjahr an energiereichen Kräutern und Gräsern fehlt, konzentrieren sich die Tiere vermehrt auf Gehölze, die nach einem intensiven Verbiss und dem Schälen durch die Wisente teils völlig neuartige, skurrile Wuchsformen zeigen.

Auch junge Eichen werden vom Wisent nicht verschmäht. PN

Einzelne Bäume sterben gar vollends ab und erhöhen so maßgeblich den für viele Organismen so wichtigen Totholzanteil im Wald.

Über ihre Wanderwege, Staubbadeplätze und Suhlen schaffen große Pflanzenfresser wie die Wisente überdies Rohbodensituationen und somit Ausbreitungskorridore für eine Vielzahl an Insekten, Spinnen, Reptilien und weiteren Tieren. Pflanzensamen und Kleinstorganismen werden über ihr Fell verbreitet, welches obendrein, zum Fellwechsel abgestreift an Bäumen, auch so manchem Vogel als Nistmaterial dient. Auch die Hinterlassenschaften der Wisente ziehen eine ganz besondere Gemeinschaft an Organismen an, die auf Dung spezialisiert sind. Viele Käfer, Fliegen, Schmetterlinge, Würmer, zahlreiche Mikroorganismen und Pilze profitieren von den Fladen. Nachfolgend gehören auch allerhand Vögel zu den Profiteuren, da sie sich wiederum von ebendiesen Insekten ernähren. Mit Spannung werden auch die Beobachtungen an Kadavern erwartet. Tote Nutztiere müssen andernorts einer Tierkörperverwertung zugeführt werden, was für die »Wildtiere« der Kernzone nicht zutrifft. Insbesondere Greifvögel, künftig vielleicht auch der eine oder andere Geier, könnten die Gewinner dieser Situation sein.

Wisente teilen ihren Lebensraum in der Döberitzer Heide u. a. mit Przewalski-Pferden und Rothirschen und bilden mit anderen heimischen Wildtierarten eine komplette »Äsergemeinschaft«, wie sie in unserer heutigen Kulturlandschaft praktisch nicht mehr zu finden ist. Insbesondere auf Flächen, wo Feuerökologie, Nutztierbeweidung, mechanische und motormanuelle Maßnahmen zum Erhalt naturschutzfachlich wertvoller Bereiche aufgrund einer möglichen Munitionsbelastung ausgeschlossen sind, gibt es wenige Optionen, wertgebende Lebensräume dauerhaft mit einem finanziell überschaubaren Aufwand zu erhalten. Hier können solche großen, »wilden« Pflanzenfresser eine praktikable Alternative darstellen, die diese gesellschaftliche Naturschutzaufgabe übernehmen. Parallel tragen derartige Projekte ganz maßgeblich zum Arterhalt der seltenen Spezies bei.

Wiesentbullen bei ausgiebigem Staubbad. PN

Wisente und Przewalski-Pferde vertragen sich bestens. PN

So konnten aus dem Nachwuchs bereits weitere Wisentprojekte mit Tieren aus der Döberitzer Heide unterstützt werden. Mit ein wenig Glück lassen sich Wisent, Przewalski-Pferd und Co. bei einem Spaziergang in der Sielmanns Naturlandschaft Döberitzer Heide von einem 22 Kilometer langen Rundweg aus, der um die Kernzone führt, beobachten.

Ein alter Wisentbulle. PN

Wo die wilden Pferde wohnen

Irgendwie erinnern sie mit ihrer charakteristischen, dunklen Stehmähne an die Punks der späten 70er-Jahre mit ihren Irokesenfrisuren. Przewalski-Pferde *(Equus ferus przewalskii)* sind die einzigen Pferde, die eine so auffallend aufrecht stehende Mähne tragen, deren Haare sie obendrein einmal pro Jahr wechseln. Wie bei Zebras endet der Schopf bereits auf Höhe der Ohren. Ein deutlich erkennbarer dunkler Aalstrich auf dem Rücken, das weiße Milchmaul – auch Mehlmaul genannt – und die meist schwarze Zeichnung an den Läufen, schwarzen Netzstrümpfen gleich, machen sie unverwechselbar. Nicht viel größer als ein großes Pony, sind Przewalski-Pferde, mongolisch auch »Takhi« genannt, mit maximal 1,45 Meter Schulterhöhe deutlich kleiner als ihre domestizierten Namensvetter. Diesen körperlichen Nachteil gleichen Przewalski-Pferde durch ein eindeutig größeres Aggressionspotenzial aus. Insbesondere Hengste kämpfen zeitweise erbittert um Stuten. Aber auch die Stuten sind untereinander bei der Festlegung ihrer Rangordnung nicht immer vornehm zurückhaltend.

Dennoch leben Przewalski-Pferde mehrheitlich friedlich und gesellig in sogenannten Haremsgruppen zusammen. Diese bestehen in der Regel aus einem

Ein Przewalski-Hengst (Equus ferus przewalskii). PN

Kämpfende Przewalski-Pferde. WZ

Ein wiehernder Przewalski-Hengst. PN

Hengst und mehreren Stuten inklusive ihres Nachwuchses und können sich auch mit mehreren Haremsgruppen zu einer großen Herde zusammenschließen. Selten zählt eine einzelne Haremsgruppe mehr als 15 bis 20 Tiere.

Przewalski-Pferde wirken bei einer mittleren Kopf-Rumpf-Länge von rund zweieinhalb Metern recht gedrungen und kräftig. Ihr Gewicht erreicht selten mehr als 300 bis 350 Kilogramm, wobei Hengste gemeinhin schwerer sind als Stuten. Die Farbe der Pferde variiert im Wesentlichen von hell- bis dunkelbraun, teils mit rötlichen Farbnuancen. Dabei ist ihr Fell im Sommer kurz und glatt, im Winter dagegen lang und struppig. Przewalski-Pferden machen Temperaturschwankungen von starker Sommerhitze bis extremen Frosttemperaturen wenig aus, sofern ausreichend Wasser und Nahrung zur Verfügung stehen. Im Gegensatz zu Hauspferden bedürfen die Hufe der Tiere keinerlei Pflege. Sie verfügen über Sollbruchstellen, die ein Auswachsen der Hufe verhindern.

Aktuelle Veröffentlichungen zeigen, dass Przewalski-Pferde genetisch mit den sogenannten Botai-Pferden durchmischt sind oder entwicklungsseitig gar auf diese zurückgehen.[93] Verpaarungen zwischen wilden und domestizierten Artverwandten sind in der Natur zwar die Ausnahme, kommen aber immer wieder vor. Indes kommen Przewalski-Pferde den letzten echten Wildpferden wohl nach wie vor am nächsten. Sie sind zoologisch noch gar nicht so lange beschrieben: Erst 1878 brachte Oberst Nikolai Michailowitsch Prschewalski, der auch als Expeditionsreisender in Zentralasien unterwegs war, einen Pferdeschädel und eine Decke mit von seinen Reisen. Diese übergab er dem zoologischen Museum in Sankt Petersburg zur Untersuchung. Die bis dahin weitgehend unbekannte Pferdeart war bereits zu Zeiten der Erstbeschreibung rund ein Jahrhundert zuvor sehr selten und wurde mit ihrer wissenschaftlichen Einordnung nach dem russischen Offizier benannt. Ende der 1960er-Jahre gab es die letzte dokumentierte Beobachtung frei lebender Przewalski-Pferde. Es ist wahrscheinlich, dass die Pferde infolge effektiverer Jagdmethoden und einer fortschreitenden Lebensraumzersiedelung mit Nahrungskonkurrenz zu Haustieren in freier Wildbahn ausstarben. Obendrein waren Przewalski-Pferde und auch deren Nachkommen aus Kreuzungen mit Hauspferden kaum zähmbar und somit, mit Ausnahme als Jagdbeute, nutzlos für die Bevölkerung. Dank eines

Przewalski-Pferde im Gobi B Nationalpark, Mongolei. Takhi Group

Eine Stute mit Jährling und Fohlen beim Staubbad. PN

umfangreichen Erhaltungszuchtprogramms gibt es heute wieder gut 2.000 Exemplare. Damit gelten Przewalski-Pferde weiterhin als in ihrem Bestand gefährdet. Die Tiere gehen, ähnlich den Wisenten, allesamt auf gerade einmal zwölf Gründertiere zurück. Das internationale Zuchtbuch wird im Prager Zoo geführt, welcher mithilfe der sogenannten Takhi Group *(Return of the Wild Horses)* auch die Wiederansiedlung dieser beeindruckenden Tiere in freier Wildbahn koordiniert. Das europäische Erhaltungszuchtprogramm wird dagegen vom Zoo in Köln gesteuert und verwaltet.

Den geographischen Schwerpunkt der Wiederansiedlung von Przewalski-Pferden bilden seit Beginn der 1990er-Jahre neben Kasachstan und China vorwiegend ausgewählte Schutzgebiete im russischen Teil der Mongolei. Im Winter 2010/11, der als Jahrhundertwinter in die Geschichte einging, kam es aufgrund der anhaltend extremen Kälte zu einem starken Einbruch der dortigen Population. Der Erfolg des einzigartigen Auswilderungsprojektes war gefährdet. Mit vier Stuten konnte die Heinz Sielmann Stiftung nach der Katastrophe zum dortigen Wiedererstarken der Herden beitragen. Die »Sielmann-Pferde« eigneten sich offenbar ganz besonders gut für die Auswilderung, da sie bereits in der Döberitzer Heide halb wild gehalten wurden. Nach einem Zwischenaufenthalt der Auswilderungsgruppe in Prag, wo sich die Tiere aneinander gewöhnen konnten und auf ein Leben in Freiheit vorbereitet wurden, ging es in zwei Chargen per Luftpost mit der tschechischen Luftwaffe auf die große Reise. Schließlich nach einem weiteren LKW-Transport in der Mongolei angekommen, wurden die Tiere noch eine Zeit lang von Experten beobachtet, bevor sich die Tore zur Wildnis endgültig für sie öffneten. Bereits im Folgejahr gab es den ersten Nachwuchs. Alle Stuten aus der Döberitzer Heide haben seitdem dort mehrere Fohlen bekommen.

Im Mittel sind Przewalski-Pferde ab dem zweiten Lebensjahr geschlechtsreif. Junghengste werden spätestens jetzt aus dem Harem vertrieben und bilden sogenannte Junggesellengruppen oder Bachelorgroups, die ähnliche Größen wie eine Haremsgruppe erreichen können. An der Reproduktion beteiligen sich Hengste erst dann, wenn es ihnen gelingt, einem Leithengst seinen Harem abspenstig zu machen, oder sich durch

Noch keine 24 Stunden ist dieses Fohlen auf der Welt. PN

Auch mit solchen angenehmen Aktivitäten zur Körperpflege halten Przewalski-Pferde den Sandboden als idealen Lebensraum für Wildbienen, Grabwespen, Sandlaufkäfer und Ameisenlöwen offen. TS

den Tod eines Tieres eine entsprechende Lücke auftut. Oftmals sind aber erbitterte Kämpfe angesagt, die nicht selten zu schlimmen Verletzungen oder gar zum Tod eines Hengstes führen können.

Ist die Zeit der Niederkunft gekommen, sondert sich die Stute vom Harem ab, um das Fohlen im Schutze der Nacht auf die Welt zu bringen. Selten werden Fohlen tagsüber geboren, noch seltener sind Mehrlingsgeburten. Die Jungtiere wiegen bei der Geburt rund 20 Kilogramm. Vornehmlich werden sie zwischen April und Juni zu Beginn der Vegetationszeit geboren. So steht der Stute in der strapaziösen Laktationsphase ausreichend energiereiche Nahrung zur Verfügung. Bereits kurze Zeit nach der Geburt steht das Fohlen auf eigenen Beinen, sucht unverzüglich das Gesäuge der Mutter auf und folgt ihr überall hin. Einige Tage später gesellen sich Stute und Fohlen wieder zum Harem, und der Nachwuchs wird der Herde vorgestellt. Die Fohlen bilden in der Herde zuweilen kleine Kindergartengruppen, in denen sie ihr Sozialverhalten, kleinere Rangordnungskämpfe und ihr Fluchtverhalten spielerisch trainieren.

Unmittelbar nach der Geburt ist die Stute erneut empfängnisbereit, ihre Tragezeit beträgt rund elf Monate. In der Döberitzer Heide konnte mehrfach beobachtet werden, dass die ranghöchste Stute auch die ist, die als Erste vom Hengst befruchtet wird. In der ehemaligen Zuchtstation der Sielmanns Naturlandschaft wurden in zehn Jahren über 30 Fohlen geboren. In der Kernzone befinden sich aktuell hingegen nur 25 Tiere, die sich nicht vermehren können. Das hat seine Ursache darin, dass den strengen Vorgaben des Zuchtbuches hinsichtlich Abstammungskontrolle, also welcher Hengst sich mit welcher Stute paaren darf, auf solch großer Fläche nicht umfassend entsprochen

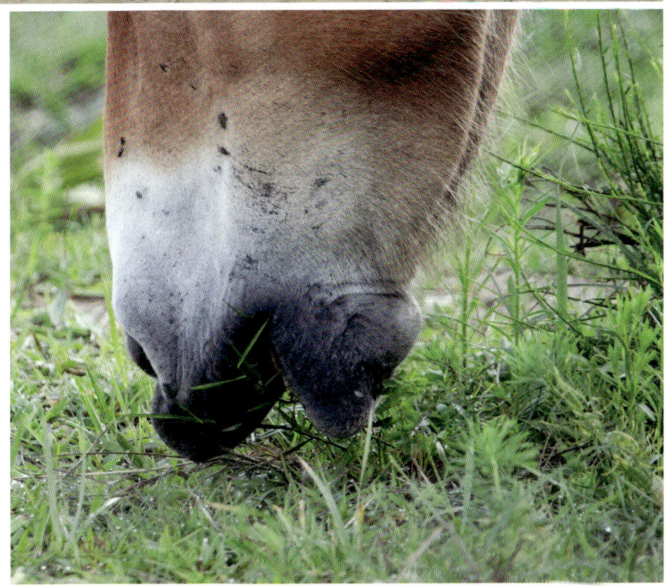

Im Unterschied zu Wisenten, die ihre Nahrung samt Wurzeln mit der Zunge umgreifend ausreißen und so unablässig kleinere Bodenverwundungen verursachen, schneiden Pferde das Gras mit ihren Zähnen regelrecht ab. OG/PB

Przewalski-Stuten auf Sandtrockenrasen. PN

werden kann, und Paarungen in Wildnis daher vermieden werden. In der Döberitzer Heide leben daher nur Wallache und Stuten.

Zeitweise unternehmen Przewalski-Pferde auf der Suche nach Nahrung auch größere Wanderungen. Höhlenmalereien von Pferden in Südfrankreich erinnern in Habitus und Färbung stark an Przewalski-Pferde. So ist nicht ausgeschlossen, dass sich die Tiere auch weit bis nach Westen ausgebreitet haben. Noch heute bilden Gräser, wie sie ursprünglich in den weiten Steppen reichlich zu finden waren, die Hauptnahrung der Pferde. Neben Gras und Kräutern fressen Przewalski-Pferde in der Döberitzer Heide mit Vorliebe das Laub der Bäume und Sträucher und schälen auch deren Rinde. Der große Vorteil der Pferde im Gegensatz zu Rindern oder Hirschen im Sinne der Landschaftsgestaltung ist, dass sie nahezu ständig fressen können und keine Zeit auf das Wiederkäuen verwenden müssen, auch wenn sie ihre Nahrung im direkten Vergleich nicht ganz so gut aufschließen können. So sind die Tiere nicht nur tagaktiv, sondern auch zuweilen nachts auf Futtersuche.

Przewalski-Pferde halten sich als Fluchttiere in der Döberitzer Heide meist auf offenen und halboffenen, recht karg bewachsenen Arealen auf, da ihnen offenkundig der weite Blick auf potenzielle natürliche Feinde wichtiger ist als reiche Nahrung. Offenbar aus Gründen der Feindvermeidung »äppeln« die Pferde auch zumeist gemeinsam in sogenannte Latrinen. Diese stellen, wie auch beim Wisent beschrieben, einen Magneten für an Dung angepasste Organismen und deren Fressfeinde dar.

Auch die Pferde in der Döberitzer Heide trugen vereinzelt Halsbandsender. So ließen sich ihre Wanderwege am Computer nachvollziehen. Im Gegensatz zu den Wisenten bewegen sich die Pferde nicht im »Gänsemarsch« fort, vielmehr laufen sie oft nebeneinander her. Weht ein kalter Wind, suchen die Tiere die Nähe der Artgenossen und stellen sich gegen die eisigen Böen. Die Tiere zeichnen sich allgemein durch ein ausgeprägtes Sozialverhalten aus.

Der Rothirsch – ein deutscher Klassiker ohne Raum

Vor gar nicht allzu langer Zeit war er noch in nahezu jedem deutschen Wohnzimmer zu finden: der Rothirsch *(Cervus elaphus)*. Meist thronte er in Form eines großformatigen Gemäldes direkt mittig über dem Familiensofa, röhrend im deutschen Wald oder auch damals schon häufiger auf der Heide. Letztere entspricht auch viel mehr dem ursprünglich angestammten Lebensraum des Rothirsches, der früher bevorzugt in offenen und halboffenen Landschaftsstrukturen mit strukturreichen Wäldern zu finden war und Wanderungen zwischen seinen Sommer- und Wintereinständen vollzog. Heute ist der Rothirsch zumeist vom Feld in den Wald verbannt – die Effekte dieser Verdrängung sind oft in Form von sogenannten Schälschäden an Bäumen zu finden, die zu einer starken finanziellen Wertminderung der Stämme führen können. Allein bei der Betrachtung des gewaltigen männlichen Kopfschmucks, des Geweihs, wird deutlich, dass Rothirsche eigentlich nicht für den teils engstämmigen deutschen Wirtschaftswald geschaffen sind. So kommt es leider immer wieder zu Kontroversen in Bezug auf die Beurteilung der jetzigen Lebensweise dieses so traditionell deutschen Wildtieres. Wirtschaftliche Interessenkonflikte in Wald und Flur, Lebensraumzersiedelung, Jagd, Autoverkehr und die Existenz in mehrheitlich genetisch inselartig voneinander isolierten Populationen beeinflussen neben der zunehmenden Ausbreitung von Raubtierpopulationen die Bestandsentwicklung der Rothirsche.

Der Rothirsch, auch Rotwild genannt, ist eine der größten in Europa vorkommenden Hirscharten. Sein ursprüngliches Verbreitungsgebiet umfasst auch Teile Asiens und Nordafrikas. Nach Nord- und Südamerika sowie Australien und Neuseeland wurde Rotwild künstlich eingeführt. Ausgewachsene Rothirsche können bei einer Körperlänge von rund zwei Metern je nach Herkunft durchaus ein Gewicht von 150 bis 200 Kilogramm erreichen. Weibliche Tiere, Kühe genannt, sind deutlich leichter. Rothirsche sind Läufertypen und auf der Flucht durchaus imstande, weite und hohe Hindernisse zu überspringen. Alle Sinne der Rothirsche sind sehr gut ausgeprägt, sodass Gefahren jederzeit effektiv erkannt werden.

Die Färbung des Rotwilds variiert von Rötlichbraun im Sommer bis zu einem Graubraun im Winter. Cha-

Gemischtes Rudel mit Hirschen (Cervus elaphus) *im Bast beim kühlenden Bad. PN*

Noch ist es ruhig im gemischten Rothirschrudel. PN

rakteristisch sind der entlang des Körpers verlaufende schwarze Aalstrich auf dem Rücken der Tiere und die deutlich hellere Farbe des Hinterteils. Mit zunehmendem Alter bildet sich bei vielen männlichen Tieren eine zumeist dunkle Halsmähne aus. Rothirsche können ein maximales Alter von 15 Jahren, selten von bis zu 20 Jahren erreichen.

Die erwachsenen männlichen Tiere, die Hirsche, tragen ein imposantes Geweih, welches viele Verzweigungen, sogenannte Enden, vorweisen kann. Rothirsche werfen ihr Geweih zumeist im Februar/März zu Zeiten des niedrigsten Testosteronspiegels ab, um unverzüglich ein neues, meist stärkeres, auszubilden. In der Wachstumsphase ist das Geweih mit einer behaarten, gut durchbluteten Haut, dem sogenannten Bast, überzogen. Zum Beginn der Brunft im September ist das Geweih nach dem Abstreifen der Basthaut an Bäumen und Sträuchern, dem Fegen, dann erneut voll ausgebildet. Erst im hohen Alter verringern sich Gewicht und Endenzahl des Geweihs wieder. Auf dem Höhepunkt seiner körperlichen Entwicklung kann ein solches Hirschgeweih durchaus auch mehr als zehn Kilogramm wiegen und ist eine begehrte Jagdtrophäe.

Ein Rothirsch wartet im Nebel auf seine Chance. PN

Im Gegensatz zu Rehen als sogenannten Konzentratselektierern mit einem Fokus auf den energiereichsten Pflanzenbestandteilen und den Raufutterfressern wie Rindern, die sich vorwiegend von Gräsern ernähren, nimmt der Rothirsch in Bezug auf sein Nahrungsverhalten als Intermediärtyp eine Zwischenstellung ein. So stehen neben Gräsern und Kräutern auch allerlei Früchte, Pilze, Moose, Flechten, Rinden, Knospen und junge Zweige von Bäumen und Sträuchern auf seiner Speisekarte. Im Tagesrhythmus wechseln sich Fress- und Ruhephasen etwa zu gleichen Teilen ab. In Letzteren wird auch ausgiebig wiedergekäut. Zuweilen wird auch bis spät in die Nacht gefressen, wenn es tagsüber zu Störungen im Rotwildrevier kommt. In Abhängigkeit von der Nahrungsqualität und dem jahreszeitlichen Bedarf unterliegt die benötigte Grünäsung starken Schwankungen. Im Durchschnitt nimmt Rotwild täglich etwa 15 Kilogramm Grünfutter auf.

Rothirsche leben mehrheitlich in teils großen Gruppen, den Rudeln, zusammen. Neben den Hirschrudeln existieren die sogenannten Kahlwildrudel, die gewöhnlich aus mehreren Mutterfamilien bestehen und sich in ihrer Größe als recht stabil erweisen. Die einzelnen Mutterfamilien setzen sich in der Regel aus der Hirschkuh, auch Alttier genannt, einem Jährling und dem diesjährigen Kalb zusammen. Leittier des Rudels ist für gewöhnlich eine alte, erfahrene und besonders aufmerksame und misstrauische Kuh, die in jedem Fall ein Kalb führt.

Etwas instabiler präsentieren sich die Hirschrudel, die sich mehrheitlich aus jungen bis mittelalten Hirschen zusammensetzen und in denen sich insbesondere vor der Paarungszeit die soziale Rangordnung der Tiere häufiger ändern kann. Alte Hirsche ziehen dagegen oftmals allein ihre Fährten oder werden maximal durch einen »Adjutanten« begleitet. Das männliche Rotwild sucht zur Brunft die weiblichen Tiere auf – im Gegensatz zu den Damhirschen, wo die Weibchen während der Paarungszeit zu den Männchen ziehen.

Die Geweihe der Rothirsche kommen zuweilen in der Brunft zum Einsatz, wenn Imponiergehabe und die lauten Rufe des Platzhirsches, das Röhren, nicht ausreichen. Die Rotwildbrunft ist ein wirklich beeindruckendes Naturschau- und Hörspiel und zieht viele Naturfreunde an. Das Röhren der Hirsche ist mit den ersten kalten Septembernächten bis deutlich in den Oktober weithin zu vernehmen. Für die Platzhirsche sind diese beiden Monate die anstrengendsten im gesamten Jahresverlauf – sind sie doch ständig bemüht, ihr Rudel gegenüber Konkurrenten zu verteidigen, es beisammenzuhalten und daneben noch paarungsbereite Kühe auszumachen. An Schlafen und Fressen ist dann kaum zu denken. Die Paarungszeit ist für ihre Rivalen, die Beihirsche, aber nicht minder strapaziös, suchen doch auch sie stets eine Chance, ihre Gene weiterzuvererben. So verlieren Hirsche in der Brunft bis zu 25 Prozent ihres Körpergewichtes.

Rothirsche besitzen eine Reihe von Duftdrüsen. Sie sondern besonders zur Brunftzeit mithilfe der sogenannten Voraugendrüse ein übel riechendes, bräunliches Sekret ab. Dieses Sekret dient unter anderem der Reviermarkierung und wird an Bäumen und Sträuchern abgestreift. Weitere Duftdrüsen sind an der Außenseite der Hinterläufe zu finden, die für das Hinterlassen einer bodennahen Duftfährte verantwortlich sind. Gleiches übernehmen die Bastdrüsen am Geweih in bodenfernen Regionen. Mittels des Sekrets der sogenannten Wedeldrüse eignen sich Hirsche dagegen zu Zeiten der Brunft einen ganz eigenen Brunftgeruch an, indem sie

Flüchtende Hirschkuh mit Kalb. TM

Ein sogenannter ungerader 24-Ender. PN

das Sekret in ihrem Fell verteilen. Überdies urinieren Hirsche zur Brunft verstärkt, um Duftmarken zu setzen und ihr Terrain abzustecken.

Treffen nun trotz aller Duftspuren und akustischen Signale ebenbürtige Platzhirsche und Konkurrenten bewusst oder zufällig aufeinander, folgt der Fortgang ihres Ringens um das Rudel einem klaren Ritual: Lässt sich der Widersacher nicht durch einschüchternde Rufe oder durch bedrohliches Forkeln mit dem Geweih im Boden auf Distanz halten, zeigen sich die Hirsche im Parallelschreiten gegenseitig ihre Breitseite und versuchen mit ihrem Körper Eindruck zu schinden. Zuweilen folgt darauf ein intensives ritualisiertes Kräftemessen in Form der sogenannten Kommentkämpfe. In diesen schieben sich die Hirsche oft über Stunden, die Geweihe ineinander verkeilt, kräftezehrend über den Brunftplatz. Wer schlussendlich nachgibt, verliert den diesjährigen Kampf um die weiblichen Tiere und versucht es im nächsten Jahr erneut. Bei Kommentkämpfen kommt es aber nur selten zu ernsthaften Verletzungen, noch seltener zu solchen, die tödlich enden.

Rotwildkühe sind ab dem zweiten Lebensjahr geschlechtsreif und können folglich im Alter von zwei Jahren ihr erstes Kalb bekommen. Kurz vor der Niederkunft sondern sich die Muttertiere vom Kahlwildrudel ab und vertreiben auch ihre Jährlinge. Nach einer Tragezeit von rund 230 Tagen kommt von Mai bis Juni zumeist ein Kalb zur Welt, selten zwei. Bei der Geburt wiegen die Kälber im Mittel etwa zehn Kilogramm und können bereits kurz nach der Geburt stehen. Sie weisen in den ersten Lebenswochen noch eine rötlich braune gefleckte Tarnfärbung mit weißen Punkten auf und verschmel-

Ein dunkel gefärbter Damhirsch in der Döberitzer Heide. PN

Damwildkuh (Dama dama) mit den typischen hellen Flecken. PN

Damwild ist sehr variabel gefärbt; hier ein weißer Damhirsch. PN

zen so optisch mit ihrer Umgebung. Im Gegensatz zu Wisenten und Przewalski-Pferden folgen die Kälber den Elterntieren nicht sofort, sondern ducken sich regungslos, zusammengerollt liegend, am zugewiesenen Ablageplatz. Dort sucht die Kuh das Kalb anfangs wiederholt zum Säugen auf. Anhand ihres Geruchs sind die Kälber in den ersten Lebenswochen durch Raubtiere nicht wahrzunehmen. Gefahr droht den kleinen Kälbern vor allem durch Fressfeinde wie den Wolf. Aber auch Füchse und große Greifvögel können den Jungtieren gefährlich werden. Taucht ein Raubtier auf, verteidigt die Mutter das Kalb erbittert. Geht in den ersten Lebenstagen alles gut, kehrt die Hirschkuh mit Kalb wieder zum Rudel zurück, wo sich für gewöhnlich die weiblichen Jährlinge wieder der Mutterkuhgruppe anschließen.

Neben Wisent, Przewalski-Pferd und Rotwild finden sich auch mehrere kleine Rudel Damwild *(Dama dama)* in der rund zwanzig Quadratkilometer großen Kernzone der Döberitzer Heide. Damwild ist in Brandenburg weit verbreitet und kommt vereinzelt auch außerhalb der Kernzone in der Döberitzer Heide vor. Beim Damwild laufen viele Prozesse in Bezug auf ihre Lebensweise im Vergleich zum Rotwild, wie z. B. Abwerfen des Geweihs, Fegen, Brunft und das Setzen der Kälber rund einen Monat später ab. Farblich variiert Damwild von weißlich hell bis dunkelbraun. Rothirsch, Damhirsch und Reh lassen sich gut von den zahlreichen Aussichtspunkten aus auf einer Tour rund um die Kernzone beobachten.

Freiheit für die Schwarzkittel

Auf einer Wanderung durch die Döberitzer Heide kann man immer wieder klappenartige Durchlässe entdecken, die in regelmäßigen Abständen in den großen Wildzaun rund um die Kernzone eingebaut sind. Für wen sind diese gedacht, warum macht man absichtlich solche Schlupflöcher in den Zaun? Grundsätzlich ist der Zaun dafür gebaut worden, die großen Wisente und Przewalski-Pferde am Verlassen der Kernzone zu hindern. Kleinere Tiere wie Fuchs, Dachs oder Wildschwein jedoch gibt es in der Umgebung auch außerhalb der Döberitzer Heide, und sie genießen allgemeine Freizügigkeit. Würde man keine eingebauten Durchlässe anbieten, würden diese grabefreudigen Tiere auf anderem Wege aus dem Gebiet aus- beziehungsweise in das Gebiet einbrechen. Dadurch würden immer wieder Schäden an der Umzäunung entstehen.

Die Wanderfreudigkeit liegt vielen heimischen Säugetieren wie dem Wildschwein *(Sus scrofa)* im Blut. Oft lebt ein Familienverband innerhalb eines weitläufigen Gebiets, in dem sich jeweils angestammte Nahrungsplätze, Wasserstellen, Feuchtgebiete und Ruheplätze befinden. Je nach Saison und damit verbundenem Nahrungsangebot ändert sich die Bedeutung solcher Nahrungsgründe auch im Laufe des Jahres. Zwischen diesen wichtigen Plätzen verlaufen sogenannte Wechsel – also regelmäßig benutzte Pfade der Wildschweinrotten. Diese Wechsel haben oft eine ungewöhnlich lange Tradition und sind über mehrere Generationen in Benutzung. Die Wechsel sind den Wildschweinen sehr tief vertraut. Ihren Verlauf müssen die kleinen Frischlinge nicht erst von ihren Eltern lernen, sie sind bereits

Hereinspaziert, herausspaziert! Wildschweine in der Döberitzer Heide dürfen durch kleine Klappendurchlässe den Zaun zur Kernzone passieren. JM

In der Kernzone halten Wildschweine (Sus scrofa) nicht mehr Abstand als unbedingt notwendig zu den Przewalski-Pferden. PN

innerlich fest verankert.[94] Eine künstliche Barriere wie ein Zaun oder eine Straße sind für Wildschweine keine Veranlassung, ihre Routen zu ändern, sie überwinden die Zäune irgendwie und überqueren auch Straßen trotz gefährlichen Verkehrs.

Eicheln gehören zur Lieblingsnahrung der Wildschweine. Um diese zu finden, nutzen sie ihren ausgezeichneten Geruchssinn und durchpflügen gezielt den Waldboden unter Eichen mit ihrer Rüsselschnauze. Ist eine Eichel gefunden, wird diese jedoch nicht gleich verschlungen. Die als Feinschmecker bekannten Schwarzkittel gehen dabei nämlich sehr vorsichtig zu Werke, um nicht die harte spröde Schale mitessen zu müssen. Sie knacken die Eichel und schälen das Innere vorsichtig heraus, lassen die Schale fallen und genießen den nussig-bitteren Samen.

Trotz aller Zielführung durch die Nase ist der Boden unter Eichen nach einem Wildschweinbesuch regelrecht durchgepflügt. Auch nach der Suche nach schmackhaften Regenwürmern oder Käferlarven im Boden sind die Spuren durch die Wildschweine unübersehbar. Eine Zerstörung des Waldbodens bedeuten sie jedoch nicht. Ganz im Gegenteil: Diese Bodenstörungen sorgen dafür, dass in den geschaffenen Bodenlücken Kräuter und Gräser keimen können, die sonst in der dichten Streuauflage keine Chance hätten, sich im geschlossenen Wald zu etablieren. Mehr noch: Wildschweine sorgen auch für die Verbreitung von Pflanzen. Im Inneren des Wildschweins reisen einige schmackhafte Arten durch den Wald. Diese werden als Nahrung in Form von Früchten aufgenommen, nicht verdaut und gelangen mittelfristig samt einer Ladung Dünger in den Waldboden. Auch in ihrem borstigen Fell und zwischen den Klauen transportieren Wildschweine unzählige Pflanzensamen, die sie aufsammeln, während sie durch Wald und Flur streifen oder sich in schlammigen Pfützen suhlen.[95] Insbesondere der Pfützenschlamm beinhaltet oft eine Vielzahl von Samen kleiner Wald-

Wildschweine erfüllen viele wichtige ökologische Funktionen im Wald. PN

kräuter, die die Wildschweine vornehmlich an ihren angestammten Schubberbäumen abladen, indem sie sich dort gründlich die Schwarte durchkratzen. Erstaunlicherweise sind Pflanzen nicht die einzigen Passagiere, die in solchen Suhlen oder Kleinstgewässern auf das Wildschweintaxi warten. Auch einer Reihe von wirbellosen Kleintieren, die im Pfützenwasser leben, wie zum Beispiel Strudelwürmern, Wasserflöhen oder den geheimnisvollen Muschelkrebsen (Ostracoda), gelingt es so, solche für sie sonst unerreichbar weit entfernten geeigneten Habitate effektiv zu besiedeln.[96]

Insgesamt tragen Wildschweine so dazu bei, eine naturnahe Waldgesellschaft mit ihren darin lebenden Tier- und Pflanzenarten zu erhalten und deren Artenvielfalt zu sichern. Damit der wichtige und durch Wildschweine gewährleistete Austausch von Pflanzensamen und Kleintieren auf Landschaftsebene gesichert ist, sind Wildschweinklappen im Zaun also höchst praktisch. Allerdings ist in den letzten Jahrzehnten vielerorts in Deutschland eine sehr starke Zunahme der Wildschweinbestände zu verzeichnen, die nicht zuletzt von großflächigem Maisanbau profitieren. Dies ist nicht nur für die Landwirtschaft problematisch, sondern auch für den Natur- und Artenschutz, weil bodenbrütende Vögel, Amphibien und Reptilien – die gleichzeitig einem verstärkten Druck durch die eingeschleppten Arten Waschbär und Marderhund ausgesetzt sind – unter den Allesfressern leiden. Es spricht also vieles dafür, den Bestand jagdlich zu regulieren.

Vor allem im Winter sind die Spuren der Wölfe gut zu erkennen. Gut sichtbar ist das typische Merkmal des geschnürten Trabs, bei dem die Hinterpfote genau in den Abdruck der Vorderpfote gesetzt wird. RD

Wölfe in Sielmanns Naturlandschaft Wanninchen

Im weichen Sand sind die im Vergleich zum Hund sehr großen, länglich ovalen Wolfsspuren deutlich sichtbar. RD

Wie kaum eine andere Tierart bewegt der Wolf *(Canis lupus)* seit jeher die Gemüter der Menschen. Eine schonungslose Bejagung führte einst zur Ausrottung des Wolfes in Deutschland. Doch ganz verschwunden war er nie. Immer wieder versuchten Tiere aus dem benachbarten Polen einzuwandern. Diese wurden zu DDR-Zeiten stets getötet – und dies wurde als Erfolg gefeiert. Mit der politischen Wende änderte sich das, denn Wölfe waren nun gesetzlich geschützt. Bereits Mitte der 1990er-Jahre gab es erste Hinweise auf Wölfe in der Bergbaufolgelandschaft um Schlabendorf im Gebiet der heutigen Sielmanns Naturlandschaft Wanninchen. Als dann im Jahr 2000, nach über einhundert Jahren, erstmals Wel-

Wölfe sind neugierig. So findet die Wildkamera schnell ihr Interesse (Februar 2015).

pen in Nordsachsen nachgewiesen wurden und in den Folgejahren eine Ausbreitung erfolgte, war es nur eine Frage der Zeit, bis sich auch in den brandenburgischen Bergbaufolgelandschaften Wölfe dauerhaft ansiedelten. Denn diese großen, unzerschnittenen Flächen mit hohem Bestand an Schalenwild bieten für den Wolf ideale Lebensbedingungen. Seit 2007 gab es immer wieder Hinweise auf die Anwesenheit von Wölfen in Sielmanns Naturlandschaft Wanninchen sowie in der benachbarten Bergbaufolgelandschaft Seese, wo 2012 erstmals eine Reproduktion nachgewiesen werden konnte. Seitdem werden Sichtungen, Kot- und Fährtennachweise systematisch erfasst. So konnten Anfang 2013 nördlich von Fürstlich Drehna bei geschlossener Schneedecke Fährten von zwei Wölfen registriert werden.

Typisch für Wolfskot ist der große Anteil an Tierhaaren und großen Knochenstücken. RD

Um genauere Informationen über die Anwesenheit der Wölfe zu erhalten, wurden mit Unterstützung der unteren Naturschutzbehörde des Landkreises Dahme-Spreewald Anfang Juni 2013 zwei Fotofallen ausgebracht. Bereits im August 2013 gelang der erste Bildnachweis eines Altwolfes. Die Sensation folgte am 19. August 2013, als ein Wolfswelpe ins Bild lief. Im Laufe des Jahres erfolgten weitere Wolfsnachweise. Spektakulär war dabei eine Wolfssichtung am 22. September 2013, als drei Wölfe am Wanninchener Kranichschlafplatz gesichtet wurden. Seitdem gehört Sielmanns Naturlandschaft Wanninchen zum festen Revier mindestens einer Wolfsfamilie, die regelmäßig Welpen großzieht. Da junge Wölfe auch noch im Familienverband bleiben, wenn im Folgejahr die nächste Generation heranwächst, können mehr als zehn Wölfe zusammen unterwegs sein. In Wanninchen wurden schon bis zu 14 Wölfe gleichzeitig gesehen. Nach zwei Jahren suchen sich die Jungwölfe dann eigene Reviere.

Die letzten Reste einer erfolgreichen Jagd, den Lauf eines Wildschweines, trägt der Wolf mit sich (März 2017).

Wegen der bergrechtlichen Sperrung weiter Teile der Bergbaufolgelandschaft ist ein Betreten der Flächen verboten. Daher erfolgen hier keine Nutzung, keine Jagd und eigentlich auch kein Betreten von Menschen, auch wenn dies manchmal missachtet wird. Somit existiert hier in der Regel Ruhe, und es haben sich hohe Bestände von Wildschweinen, Rehen und Rothirschen entwickelt. Also: perfekte Bedingungen für den Wolf!

Aufnahmen mit der Wildkamera zeigen, dass Wölfe oft auch tagsüber aktiv sind (März 2015).

Die Anwesenheit von Wölfen in Wanninchen wurde zu allen Jahreszeiten nachgewiesen (Februar 2016).

Mit etwas Glück lassen sich Wölfe und Kraniche gemeinsam in Wanninchen beobachten (September 2017). Im Bild sind fünf Wölfe zu sehen. PK

Die Fläche dieser Bergbaufolgelandschaft reicht jedoch nicht für die erforderliche Größe eines Wolfsrevieres aus. Somit sind die Wölfe auch außerhalb des Gebiets unterwegs. Dabei wurden bereits mehrere Wölfe Opfer des Straßenverkehrs. Auch Übergriffe der Wölfe auf Nutztiere (insbesondere Schafe) haben stattgefunden, halten sich jedoch sehr in Grenzen. Die Schäfer vor Ort akzeptieren die Anwesenheit der Wölfe und schützen ihre Tiere mit Herdenschutzhunden und Elektrozäunen. Sehr zur Freude aufmerksamer Naturbeobachter ist es keine Seltenheit, Wölfe vom Natur-Erlebniszentrum Wanninchen aus sehen zu können. Vor allem in den Morgen- und Abendstunden sind Sichtungen und das Vernehmen von Wolfsgeheul am gegenüberliegenden Ufer des Schlabendorfer Sees möglich.

Vom deutschlandweit ersten Nachweis des Goldschakals 1996/97 in der Tornower Niederung wurde ein Gedenkstein aufgestellt. RD

Der Wolf ist in Sielmanns Naturlandschaft Wanninchen willkommen. Er gehört zum natürlichen Arteninventar, hält die Schalenwildbestände gesund und ist ein wichtiger Helfer bei der Entwicklung strukturreicher Wälder durch Naturverjüngung. Es ist zu hoffen, dass wir lernen, mit der Anwesenheit des Wolfes gelassener zu leben, ihm respektvoll zu begegnen und mögliche Probleme sachlich zu lösen. Die Heinz Sielmann Stiftung hat mit mehreren Projekten in Sachsen und Sachsen-Anhalt eine Vielzahl von Landwirten darin unterstützt, Präventionsmaßnahmen gegen Übergriffe von Wölfen auf Nutztiere zu realisieren.

Es soll an dieser Stelle nicht unerwähnt bleiben, dass es 1996 den Erstnachweis eines Goldschakals *(Canis aureus)* für Deutschland in der Tornower Niederung gab. Dieser nahe Verwandte des Wolfes erreicht seine eigentliche nördliche Verbreitungsgrenze im Südosten Europas. Es existieren jedoch Ausbreitungstendenzen in Ungarn bis Österreich. Männliche Tiere unternehmen dabei oft weite Wanderungen über die Arealgrenzen hinaus. Der Nachweis in der Tornower Niederung wird einem solchen Vorstoß zugeordnet. Der damalige Revierförster Dieter Mudra beobachtete zunächst im Januar 1996 ein wolfsähnliches Tier beim Mäuseln. Er ging damals von einem Wolf aus, hatte jedoch Zweifel wegen der geringen Größe des Tieres. Regelmäßige Sichtungen und mehrfaches Heulen belegten die Anwesenheit bis Juli 1997. Am 27. Juli 1997 verunfallte der Goldschakal im Straßenverkehr und erlag den schweren Verletzungen. Es stellte sich heraus, dass es sich um ein männliches Tier mittleren Alters handelte. Ein Gedenkstein erinnert an die Anwesenheit dieser Seltenheit im Gebiet.

Neubürger: Wie im Südwesten Deutschlands breitet sich die wärmeliebende Gottesanbeterin (Mantis religiosa) *aktuell auch im Osten aus. In Wanninchen wurde im Jahr 2015 dieses Männchen als erstes Exemplar dokumentiert, in den übrigen Sielmanns Naturlandschaften wird ihre Ankunft in näherer Zukunft erwartet. RD*

Wiederherstellung der Heide mithilfe von GAK-Fördermitteln in der Tangersdorfer Heide: Der Vorwald aus Kiefern und Espen hat die Heide überwachsen (oben, Dezember 2017); die Entfernung der Gehölze erzeugt wieder den Charakter einer Offenlandschaft (Mitte, Februar 2018); auf geschopperten Teilflächen kann sich die Heide auf offenem Rohboden vollständig regenerieren (unten, Dezember 2018). HP

Naturschutz in Sielmanns Naturlandschaften

Viele Lebensräume, die Sielmanns Naturlandschaften so besonders machen, waren früher ganz »normaler« Bestandteil der Kulturlandschaft in Deutschland. Dort sind sie – und mit ihnen unzählige Tier- und Pflanzenarten – längst der intensiv genutzten Monotonie der modernen Agrarlandschaft gewichen. Um die wertvollen Refugien zu erhalten, ist ein gezieltes Management aus aufwendiger mechanischer Wiederherstellung und langfristig gesicherter extensiver Nutzung mithilfe öffentlicher Fördermittel notwendig.

Moore und Moorschutz in Wanninchen

Im Naturpark Niederlausitzer Landrücken sind Moore inzwischen rar. Ursprünglich existierten hier jedoch viele großflächige Moore. Das durch die Eiszeit geschaffene Relief der Landschaft – das Luckauer Becken – war eine Voraussetzung dafür, dass zufließendes Grundwasser oberflächennah reichlich zur Verfügung stand. Verschiedene Pflanzen wie Schilf, Seggen und Weidengebüsch konnten dadurch üppig wachsen. Deren abgestorbene Pflanzenteile wurden zeitweise von Wasser überdeckt und bildeten im Laufe von Jahrtausenden dicke Torfschichten. So entstanden sogenannte Verlandungs- und Versumpfungsmoore.

Eine Besonderheit im Naturpark sind die kleinflächigen Moore am Nordhang des Niederlausitzer Landrückens. An den Quellen des Hangs entwickelten sich viele Quellmoore. Häufig lagerte sich hier natürlich freigesetztes Eisenhydroxid ab. Andere Moore entstanden im Mittelalter, als der Höhenzug wegen des großen Bedarfs an Holz (Baumaterial, Brennholz, Pechherstellung, Köhlerei) zu weiten Teilen entwaldet worden war. Niederschlagswasser rauschte damals ungehindert ins Tal. Feines mitgespültes Material sammelte sich dabei in Senken am Hang, wo es den Boden irgendwann abdichtete und Niederschlags- und Quellwasser länger zurückhielt. Dadurch konnten sich Torfmoose ansiedeln, es kam zur Entstehung von Hangmooren.

Weite Bereiche dieser Moore sind heute nicht mehr als solche erkennbar. Vor allem in den 1960er- und 1970er-Jahren wurden große Flächen entwässert, um die nährstoffreichen Gebiete für die Landwirtschaft nutzbar zu machen. »Komplexmeliorationen«, also das Absenken des Grundwassers durch das Anlegen vieler Gräben und die Beseitigung von Gehölzen, führte zur Vernichtung der meisten Moore. Von den 1970er- bis in die 1990er-Jahre hinein führte der Braunkohletagebau mit seinen weitreichenden Grundwasserabsenkungen zur Schädigung verbliebener Moorböden. Naturschutzfachliche Untersuchungen wiesen Schädigungen von Kleingewässern, Feuchtgebieten und Altbäumen bis in eine Entfernung von zehn Kilometern von der Bergbaukante nach. Besonders stark traf es dabei die am Nordhang des saaleeiszeitlichen Niederlausitzer Landrückens existierenden Hang- und Quellmoore. Durch das fehlende Grundwasser versiegten Quellen, Moorkörper trockneten aus, und die Torfe begannen, sich durch Kontakt mit Luftsauerstoff zu zersetzen, und mineralisierten. Wertvolle Lebensräume für seltene Tier- und Pflanzenarten waren gefährdet, der Landschaftswasserhaushalt funktionierte nicht mehr.

Seit dem Ende des Kohleabbaus 1991 füllt sich der Absenkungstrichter langsam wieder mit Grundwasser, und seit 2005 springen Quellen entlang des Landrückens an. Jedoch hat die lange Zeit ohne Wasser die ehemaligen Moore stark geschädigt und ihr Bild völlig verändert. Es fand eine starke Sukzession statt: Kiefern und Birken besiedelten die ehemals offenen Torfmoosflächen, die typische Moorvegetation war nicht mehr vorhanden. Begehrlichkeiten der Flächeneigentümer, diese Gebiete waldwirtschaftlich zu nutzen, verstärkten sich. Das wenige ankommende Wasser floss ungehindert aus den Mooren heraus.

Bereits im Jahre 2005 begann die Heinz Sielmann Stiftung, sich mit den durch den Bergbau beeinflussten Mooren zu beschäftigen. Gemeinsam mit der Verwaltung des Naturparks Niederlausitzer Landrücken sowie

Blühender Sumpf-Porst (Rhododendron tomentosum). *Das gefährdete Heidekrautgewächs findet man in Deutschland schwerpunktmäßig in den Mooren im Nordosten. RD*

Blick ins Bergen-Weißacker Moor mit seinen reichen Wollgrasbeständen. RD

den Fachleuten des Biologischen Arbeitskreises Luckau e.V. wurden Konzepte zur Flächensicherung und Revitalisierung der Moore erarbeitet und schrittweise umgesetzt. Mit dem Erwerb von über 270 Hektar wurde in vier Mooren die Grundlage für die Durchführung von Moorreaktivierungsmaßnahmen geschaffen.

Nach umfangreichen floristischen und faunistischen Kartierungen, Messungen zum Wasserhaushalt und zur Moormächtigkeit sowie Einschätzungen der Gebietszustände erfolgten Maßnahmeplanungen. Die einzelnen Moore sind dabei ebenso vielfältig wie die Maßnahmen, die zur Entwicklung der Gebiete umgesetzt wurden. Das Bergen-Weißacker Moor, das nur 1,5 Kilometer vom Tagebau Schlabendorf-Süd entfernt liegt, war von völliger Austrocknung bedroht und konnte nur durch gezielte jahrzehntelange Zuleitung von Tiefbrunnenwasser in Teilen erhalten werden. In wenigen Bereichen blieben dadurch Vegetationseinheiten mit Torfmoos, Wollgras, Sonnentau, Schnabelried und Sumpf-Porst erhalten. Die subatlantische Verhältnisse anzeigenden Arten Glockenheide *(Erica tetralix)* und Gagelstrauch *(Myrica gale)* waren noch in labilen Beständen vorhanden, ebenso Reste der Kiefern-Moorwälder. Ein traditioneller Kranichschlafplatz konnte leider nicht erhalten werden. Das Vorkommen der Arten in teilweise gestörten Lebensräumen führte zur Aufnahme in das Natura-2000-System als FFH-Gebiet »Bergen-Weißacker Moor«. In den brandenburgischen Moorschutzrahmenplan (2007) des Naturschutzfonds Brandenburg wurde es als sensibles Moor der Kategorie »Naturnahe bis gestörte Torfmoosmoore (1b)« aufgenommen.

Die großen Bestände des Gagelstrauchs (Myrica gale) *im Bergen-Weißacker Moor sind eine biogeographische Besonderheit, denn die in Deutschland gefährdete Art kommt sonst fast ausschließlich im atlantisch beeinflussten Nordwesten und entlang der Küste Mecklenburg-Vorpommerns vor. RD*

Der gefährdete Mittlere Sonnentau (Drosera intermedia) *fängt mit seinen Klebtröpfchen Insekten. RD*

Die Heinz Sielmann Stiftung hat hier 75 Hektar erworben und für Naturschutzmaßnahmen gesichert. Zur Revitalisierung dieses Durchströmungsmoores bestand das Ziel der Maßnahmen im größtmöglichen Rückhalt des im Einzugsgebiet gebildeten Wassers (Grund- und Niederschlagswasser) und der deutlichen Stabilisierung des Wasserhaushalts im erhaltenen Torfkörper. Durch Verschluss der Gräben mit ortsnah gewonnenem und gut abdichtendem degradierten Torf sowie dem Einbau einer mineralischen Dichtungsschicht aus sandigem Lehm wurde an den bekannten Entwässerungs- und Verlustpunkten der Wasserabfluss minimiert. Dadurch konnten sich innerhalb des zentralen Torfkörpers vorhandene ehemalige Torfentnahmestellen mittlerweile zu Torfschlenken mit typischer Vegetation entwickeln. Mindestens zwei Kranichpaare nutzen das Moor inzwischen regelmäßig als Brutplatz. Die Bestände des Gagelstrauchs erholen sich ebenso wie Sumpf-Porst (*Rhododendron tomentosum*, häufig auch unter dem Synonym *Ledum palustre* geführt), Rundblättriger und Mittlerer Sonnentau (*Drosera rotundifolia* und *D. intermedia*) sowie Scheidiges Wollgras *(Eriophorum vaginatum)*. Allerdings ist die natürliche Versorgung des Moores mit Wasser nicht gesichert. Ökonomisch und ökologisch nachhaltige Konzepte werden in Zusammenarbeit mit der LMBV (Lausitzer und Mitteldeutsche Bergbauverwaltungsgesellschaft) geprüft.

Südöstlich vom Ortsteil Grünswalde befinden sich im FFH-Gebiet »Heidegrund Grünswalde« zwei wertvolle Quellmoore. Teilweise sind hier noch naturnahe und gehölzfreie Quellmoorflächen erhalten. Vergleichbare Moore sind in Brandenburg extrem selten und entsprechend schutzwürdig. Im Moorschutzrahmenplan Brandenburgs wurde es unter der Kategorie »Naturnahe bis gestörte Torfmoosmoore (1b)« mit der höchsten Priorität für Renaturierungsprojekte eingeordnet. Von den ehemaligen etwa neun Hektar Moorfläche ist heute lediglich eine aktive Quellmoorfläche von 0,4 Hektar erhalten geblieben. Austretendes Quellwasser durchströmt die zentrale Mooroberfläche. Die Vegetation in diesem Sauer-Zwischenmoor besteht aus einem Schnabelseggen-Ried mit Torfmoosen (*Sphagnum* spp.). Trockengefallene Moorbereiche bewalden sich mit Birke und sind durch Pfeifengrasbestände gekennzeichnet. Die Quellaustritte beginnen heute weit unterhalb der ursprünglichen Quellspeisung. Einige Moorbereiche sind oberflächig – bis auf wenige Senken mit Torfmoospolstern – fast vollständig ausgetrocknet.

Nachdem die Heinz Sielmann Stiftung in diesem Gebiet über 71 Hektar erworben hat, wurden Revitalisierungsmaßnahmen mit dem Ziel der Wiederherstel-

Der Spiegelfleck-Dickkopffalter (Heteropterus morpheus)*, hier an Glockenheide* (Erica tetralix)*, ist in Deutschland nur im Norden und Osten heimisch. Im Bergen-Weißacker Moor fliegt er mit seinem typischen, »hüpfenden« Flug zahlreich über die offenen Flächen. HP*

Sehr stimmungsvoll präsentiert sich das Grünswalder Moor. RD

Die Wiederherstellung des Wasserhaushalts und die Abtragung mineralisierten Oberbodens zählen zu den wichtigsten Maßnahmen, um geschädigte Moore zu revitalisieren. RD

Die Große Moosjungfer (Leucorrhinia pectoralis) *ist eine typische Art der Moorgewässer. Die Männchen sind auf ihren Sitzwarten durch den leuchtend gelben Fleck auf dem Hinterleib schon von Weitem erkennbar. RD*

lung von möglichst großflächigen Moorwachstumsbedingungen zur Entwicklung eines Verlandungs- und eines Hangmoores durchgeführt. Diese beinhalten die Hebung der Quellaktivität und der damit verbundenen besseren Wasserversorgung des Gebietes, die Entwicklung und Vergrößerung des baumfreien Quellmoorbereiches sowie die Vergrößerung der Überrieselungsfläche. Mit der Wiederherstellung des ursprünglichen, mehrfach verzweigten Abflusssystems, der Entfernung nicht benötigter Durchlässe sowie dem Verschluss von entwässernden Binnengräben und dem Einbringen von Querverbauungen erfolgte die Förderung der flächigen Überrieselung und damit eine Verringerung der Erosions- und Hochwassergefährdung durch verzögerten Abfluss. Mit dem Abtrag von vererdetem Oberboden, der konkurrenzstarken, nicht moortypischen Pflanzenarten eine Ansiedlung ermöglichte, wurden die Voraussetzungen für die Regeneration charakteristischer Pflanzengesellschaften und erneutes Moorwachstum geschaffen. Durch Waldumbaumaßnahmen im nördlichen Umfeld des Moores entstehen aus monotonen Kiefernforsten reich strukturierte Laubmischwälder, die aus einer waldbaulichen Nutzung entlassen werden und sich als Naturentwicklungsgebiete etablieren können. Mehrere Kranichpaare haben im Moor einen Brutplatz gefunden. Sonnentau und Wollgras breiten sich wieder aus, und auch die Bestände des Königs-Rispenfarns *(Osmunda regalis)* nehmen wieder zu.

Nordwestlich der Ortschaft Gehren befindet sich der Waltersdorfer Mühlbusch. Der reich strukturierte, naturnahe und quellige Bach-Eschenwald ist Bestandteil des FFH-Gebietes »Gehren-Waltersdorfer Quellhänge«. Im Moorschutzrahmenplan ist der Moortyp der Kategorie »Naturnahe Durchströmungs-, Quell- und Hangmoore (2c)« zuzuordnen. Die Moormächtigkeit in der organischen Auflage schwankt stark zwischen 15 und 50 Zentimetern. Mit einem Höhenunterschied von 15 Meter auf etwa 400 Meter existiert hier ein stark geneigtes Quellmoor. Mit Nutzung des anfallenden Quell- und Oberflächenwassers für den Betrieb mehrerer Mühlen wurde das Gebiet in der Vergangenheit durch das Fließgewässer »Gehrener Berste« erschlossen. Zusätzlich wurden entwässernde Binnengräben im Waldbereich angelegt. Die mehrfache Zusammenlegung von Wasserläufen und deren Vertiefung führten zu erhöhtem Wasserentzug aus dem Quellmoor sowie größerer Erosionstätigkeit und Hochwassergefährdung.

Der Königs-Rispenfarn (Osmunda regalis) *gehört zu den besonders beeindruckenden botanischen Kostbarkeiten im Grünswalder Moor. HP/RD*

Nach dem Erwerb von über 16 Hektar durch die Heinz Sielmann Stiftung im Jahre 2010 folgten Maßnahmen zur Verteilung des anfallenden Oberflächenwassers für eine möglichst vollflächige Überrieselung der Moorflächen, die Verringerung der Abflussgeschwindigkeit und die verlängerte Rückhaltung des Wassers im Gebiet mit dem Ziel der Wiederherstellung von möglichst großflächigen Moorwachstumsbedingungen. Durch Entfernung nicht benötigter Durchlässe erfolgte die Wiederherstellung des ursprünglichen, mehrfach verzweigten Abflusssystems im Gebiet. Eine Förderung der flächigen Überrieselung und Anhebung der Quellak-

Quellbäche durchströmen den Waltersdorfer Mühlbusch. RD

tivität wurde durch den Verschluss von entwässernden Binnengräben und Einbringen von Querverbauungen erreicht, wodurch die Abflussgeschwindigkeit verzögert und die Sohlerosion verringert werden konnte. Da im Gebiet heute keine Nutzung mehr erfolgt, können sich hier naturnahe Bedingungen entwickeln.

Das Naturschutzgebiet »Borcheltsbusch und Brandkieten« liegt südlich von Luckau. Das etwa 300 Hektar große Grundwasseranstiegsmoor mit ehemaligen Torfstichen ist heute weitgehend mit Schilf bewachsen. Mit Höhenlagen um 60 Meter über null gehört es zu den tiefsten Stellen im Luckauer Becken. Mit der Vernichtung der natürlichen Vorflut durch Auswirkungen des Braunkohletagebaues wurde die Wasserzufuhr des Moores unterbrochen. Jedoch erfolgte die künstliche Einleitung von Grubenwasser, welches zwischenzeitlich zur Verbesserung der Wassersituation im Gebiet führte. Sukzession und Verlandungserscheinungen treten dennoch auf, und die ursprüngliche Gebietsstruktur ist gefährdet. Praktische Naturschutzmaßnahmen ließen sich hier bisher schwer realisieren, da die Eigentümerstruktur sehr klein parzelliert ist. Der Erwerb von über 113 Hektar durch die Heinz Sielmann Stiftung machte Maßnahmen zur Sicherung des Landschaftswasserhaushaltes und damit der Lebensräume realisierbar, um das Gebiet in seiner Gesamtheit zu erhalten.

Seit Jahrzehnten dient der Borcheltsbusch als international bedeutender Kranichsammel- und Rastplatz, in dem über 4.000 Kraniche übernachten. Die ausgedehnten Schilfgebiete bieten einer Vielzahl von seltenen Tierarten Lebensraum. Hier kommen Fischotter *(Lutra*

Die Aktivitäten des Bibers (Castor fiber) *sind unübersehbar im Borcheltsbusch. RD*

Blick in die Schilfflächen des Borcheltsbuschs. RD

Der »Kranichturm« am Borcheltsbusch ermöglicht faszinierende Einblicke in die Landschaft und ihre Vogelwelt. RD

lutra) und Biber *(Castor fiber)* vor; Kranich *(Grus grus)*, Rohrdommel *(Botaurus stellaris)* und Blaukehlchen *(Luscinia svecica)* brüten im Gebiet. Moorfrösche *(Rana arvalis)* laichen in den Flachwasserbereichen.

Vom großen »Kranichturm« aus, an der Straße von Freesdorf nach Goßmar, kann das Gebiet gut überblickt werden.

Mit dem Engagement zum Moorschutz werden nicht nur Lebensräume für eine große Anzahl von Tier- und Pflanzenarten gesichert und wiederhergestellt. Diese Rückzugsräume sichern auch das Arteninventar, das die neu entstandenen moorartigen Lebensräume in der Bergbaufolgelandschaft besiedeln kann. Mit dem Rückhalt von Wasser in der Landschaft erfolgt ein Beitrag zur Verbesserung des Landschaftswasserhaushaltes, welches gerade in Brandenburg zu den wesentlichen Aufgaben des Naturschutzes gehört. Schlussendlich ist Moorschutz auch praktizierter Klimaschutz, denn hier können große Mengen Kohlendioxid gebunden werden.

Exkurs

Neue Landschaftsgestalter: Robinie, Späte Traubenkirsche & Co.

Auch Sielmanns Naturlandschaften sind dem überregionalen Trend unterworfen, dass sich in ihnen vermehrt Arten ausbreiten, die ihre eigentliche Heimat in ganz anderen Erdteilen haben (Neophyten). Einige »fremde« Gehölzarten wurden auch gezielt eingebracht.

Einen großen Vorteil haben diese »Neuen« gegenüber alteingesessenen Arten: Kaum ein Tier interessiert sich für ihre nahrhaften Blätter und Früchte. Kein Blatt wird vertilgt, keine Rinde zerfressen, kein Holz durchbohrt, keine Blüte zerknabbert. Der Grund ist die hohe Spezialisierung der Beziehungen zwischen Pflanzen und Pflanzenfressern. Im Laufe der Evolution haben Pflanzen in allen Ökosystemen Vorkehrungen gegen das Gefressenwerden entwickelt: Dornen und Stacheln als Schutz gegen große Mäuler, Gift- oder Bitterstoffe in den Pflanzenorganen zur allgemeinen Fraßabwehr. Auf der anderen Seite haben Pflanzenfresser immer wieder spezielle Gegenanpassungen finden können. So können angepasste Arten etwa Pflanzen, die für andere Pflanzenfresser giftig sind, ohne Schaden aufnehmen. Auf der anderen Seite bringt solche Spezialisierung mit sich, dass viele Pflanzenfresser an ein sehr enges Spektrum von Pflanzen zur Nahrungsaufnahme angepasst sind. Wird eine Pflanze von einem Kontinent in ein vollkommen neues System auf der anderen Seite der Erde gebracht, ist möglicherweise im neuen Ökosystem keinerlei Tierart daran angepasst, diese neue Pflanze zu fressen. Die Pflanze profitiert in solchem Falle vom Zurücklassen ihrer Fressfeinde, dem sogenannten *enemy release*. Dies bringt ihnen am neuen Ort einen großen Vorteil im ständigen Konkurrenzkampf um Wasser, Licht und Nährstoffe. Somit profitieren Neophyten zunächst stark davon, dass sie neu im Ökosystem sind, und können sich ungehindert ausbreiten. Erst nach und nach etablieren sich ganz zaghaft neue Nahrungsbeziehungen mit Tieren, die sich auf die neue Nahrungsquelle einstellen. Daher sind auch Artengemeinschaften von Insekten auf nicht einheimischen Baumarten um ein Vielfaches artenärmer als auf heimischen Arten.[1]

Selbstversorger im losen Sand

Im Braunkohlerevier in Südbrandenburg ließen Tagebaue riesige leere Flächen zurück, nachdem die Kohle zutage gefördert wurde, und aller Abraum aus Sand, Kies und Lehm anschließend wieder von den Baggern zu einer neuen Landschaft geformt worden war. Auf diesen ausgeräumten Flächen experimentierte man intensiv mit neuen Methoden, um die Landschaften schnell zu rekultivieren. Das Ziel war dabei einerseits, die vollkommen vegetationslose Nachfolgelandschaft vor ungezügelter Erosion zu schützen. Wie in der Sahelzone konnten sich in der wüstenähnlichen Ödnis schnell Sandstürme entwickeln und drohten Felder, Wiesen und Siedlungen zuzuwehen. Zweitens bemühte man sich, das zurückgekommene Ödland zügig wieder gewinnbringend nutzen zu können. Beide Ziele hoffte man durch die Anpflanzung neuer Forsten zu erreichen.

Oftmals sind jedoch die nach oben verlagerten Bodenschichten sehr nährstoffarm und daher für die meisten Baumarten schwierig zu besiedeln. Vielerorts setzte man daher auf die genügsame heimische Kiefer, die als Pionierart unter solchen schwierigen, kargen Bedingungen zum Wachsen befähigt ist. Zusätzlich versuchte man, bei den Anpflanzungen auf Baumarten zurückzugreifen, die ihre Nährstoffversorgung weitgehend selbst in die Hand nehmen können. Insbesondere Schmetterlingsblütler (Fabaceae) haben die Fähigkeit entwickelt, über Anlockung und Fütterung von Knöllchenbakterien den wichtigen Stickstoff, der für Pflanzenwachstum unabdingbar ist, aus der Luft fixieren zu lassen. Diese Symbiose mit Mikroorganismen ermöglicht ein Wachstum auf stickstoffarmen Böden.

Unter diesen Symbiosespezialisten galt insbesondere die Robinie *(Robinia pseudoacacia)* als geeignete Baumart, um schnell Gehölzaufwuchs auf offenen Sandböden zu ermöglichen und gleichzeitig bald wertvolles Holz ernten zu können. Nebenbei erhoffte man sich durch sie auch eine »Verbesserung« des Bodens durch Humusbildung und Stickstoffanreicherung. Dadurch sollte der Boden zukünftig auch anspruchsvollere Pflanzenarten ernähren können, die nicht die Eigenschaft mitbringen, selbst Stickstoff fixieren zu können. Die Robinie stammt aus Nordamerika. Dort kommt sie besonders nach Waldbränden vor und wird erst nach und nach von anderen größeren Bäumen verdrängt. Nach Europa kam sie um das Jahr 1600, zunächst als Zierbaum nach Frankreich.

Die lieblich duftenden Blütentrauben der Robinie (Robinia pseudoacacia) *locken Honigbienen an. Abgefallene Blüten sondern jedoch Abwehrstoffe aus, die die Keimung anderer Pflanzen hemmen. JM*

Die amerikanische Gallmücke Obolodiplosis robiniae *ist eine der wenigen Arten mit Appetit auf Robinie. Sie reiste ihrem Wirt über den Großen Teich hinterher. JM*

Dort erntete der Baum dank der vielen weißen Blüten große Bewunderung und wurde alsbald europaweit in Parks angepflanzt. Auch Honigbienen interessieren sich sehr für das Nektar- und Pollenangebot der vielen Blüten. Die Genügsamkeit der Baumart, seine Eigenschaft, gut auf sandigen Böden zu wachsen sowie eine gute Bienenweide zu liefern, sorgten für große Beliebtheit. Daher wurde sie in vielen Gegenden Mitteleuropas gezielt eingebracht.

Anders als in ihrer Heimat hat sich die Robine in Europa vielerorts und nicht nur in der Bergbaufolgelandschaft als konkurrenzstark gegenüber anderen Baumarten erwiesen. Die Gründe dafür sind vielfältig. Der Robinie kommt hier zugute, dass es in ihrer neuen Heimat wenig Raupen, Käfer oder andere Insekten gibt, die sich von ihren Blättern, Knospen und Wurzeln ernähren, da es einerseits kaum einheimische Arten gibt, die von der Robinie leben können, und ihr andererseits bislang wenige Fressfeinde aus ihrer alten Heimat hierher gefolgt sind. Eine Ausnahme ist die amerikanische Gallmücke *Obolodiplosis robiniae*.

Zudem bringen Robinien mehrere weitere raffinierte Überlebensstrategien mit. Werden sie etwa abgesägt, bedeutet dies nicht ihr Ende: Verbleibt der Wurzelstock im Boden, vermag die Robinie durch starken Wiederausschlag bald wieder einen dichten Bestand aufzubauen. Diese Stockausschläge wachsen viel schneller in die Höhe als junge Keimlinge anderer Gehölzarten, die sich erst langsam im Boden etablieren und einen Wurzelstock aufbauen müssen. Somit haben es die anderen Gehölze schwer, ans Licht zu gelangen, und werden schon bald von den jungen Robinienschösslingen beschattet. Herabgefallenes Laub der Robinie wird außerdem nur langsam abgebaut und bildet daher eine dichte Streuschicht. Diese deckt den Boden mit allen darin wartenden Samen anderer Pflanzen zu. Sie funktioniert auch wie eine Samenfalle: Weder bleiben Samen dem Licht ausgesetzt, noch gelangen sie in den Boden, wo sie im Dunkeln zunächst im feuchten Humus keimen können. Zusätzlich hemmen Abwehrstoffe in Blättern und Blütenstreu das Wachstum anderer Pflanzenarten. Durch die Zersetzung der Blätter werden diese giftigen Stoffe freigesetzt und durchdringen den Oberboden.[2] Dazu kommt die Stickstoffanreicherung im Boden durch die Förderung von Knöllchenbakterien. Dies führt zu einer Eutrophierung des Standortes, von der nur wenige Kräuter wie Schöllkraut, Vogelmiere oder Große Brennnessel profitieren. Typische Waldarten dagegen verschwinden unter Robinien.

Insgesamt sorgt die Robinie somit für einen Artenschwund aufseiten von Insekten als auch im Unterwuchs. Auch eine typische Pilzflora fehlt in Robinenbeständen. Da viele Waldpilze wie Steinpilz oder Pfifferling vor allem in nährstoffarmen Situationen als Mykorrhizapartner von Bäumen agieren, also daran angepasst sind, in Teamwork zu leben, fehlt ihnen unter Robinien ihr Partner. Robinien versorgen sich bereits durch Knöllchenbakterien, Symbiose mit Pilzen ist ihnen fremd. In Mischbeständen mit Robinie haben auch Kiefern oder Eichen keinen Bedarf an Mykorrhiza, denn auch sie profitieren vom großen Nährstoffangebot dank der Knöllchenbakterien in der Nähe.

Robinien sind in Sielmanns Naturlandschaften Döberitzer Heide, Wanninchen und anderswo daher nicht nur erfolgreich darin, sich dort zu behaupten, wo sie gezielt gepflanzt werden. Vielerorts – an Waldrändern, auf Brachflächen und Wiesen – beweist die Robinie auch ihr großes Ausbreitungspotenzial. Ihre leichten Hülsen lassen sich gern vom Wind weit wegtragen, und Samen gelangen so zu weit entfernten geeigneten Stellen. Nahausbreitung gelingt der Baumart durch unterirdische Einwanderung durch Wurzeln und Stockausschlag vom Mutterbaum aus.

Der negative Einfluss der Robinie auf fremde Ökosysteme ist langfristig und intensiv. Zum einen verhindern die massiven Stockausschläge eine schnelle Entfernung der Robinie. Zum anderen bleibt der Boden selbst nach der Entfernung von Robinien reich an Nährstoffen und Abwehrstoffen, wodurch heimischen Arten die Wiederansiedelung erschwert wird. Eine Entfernung der Robinie und die Wiederherstellung der durch sie veränderten Lebensräume sind teuer und dauern lange. Sie sind aber unerlässlich, will man die Artenvielfalt erhalten und schützen.

Erosionsschutz und Honigbienenfutter

Der Falsche Indigo oder Bleibusch *(Amorpha fruticosa)* kommt wie die Robinie aus Nordamerika und gehört auch zu den Schmetterlingsblütlern. Seinen Namen verdankt der Strauch seiner Nutzung als Färbepflanze. Siedler in Amerika verwendeten den Falschen Indigo als Ersatz zum Blaufärben, da echter Indigo dort nicht verfügbar war. Auch diese Art ist zur Symbiose mit Knöllchenbakterien zur Stickstoffversorgung befähigt.

Die Blätter des Falschen Indigo duften beim Zerreiben stark aromatisch. Die riechbaren Inhaltsstoffe sorgen für einen wirksamen Fraßschutz gegen Raupe, Käfer & Co. Somit bietet auch der Falsche Indigo in unseren Breiten kaum einem Insekt eine geeignete Nahrungsgrundlage. Die Blüten dagegen werden gern von Honigbienen besucht. Eine gute Bestäubung der Blüten, die verminderten Einbußen durch Insektenfraß sowie die gute Nährstoffversorgung bevorteilen den Falschen Indigo gegenüber anderen Gehölzen.

Falscher Indigo oder Bleibusch (Amorpha fruticosa) *gedeiht auf sandigen Böden in Wanninchen und bildet dort bis zu vier Meter hohe Büsche. JM*

Dunkelviolette Kronblätter mit leuchtend orangefarbenen Staubbeuteln verleihen dem Falschen Indigo ein exotisches Aussehen und bieten Honigbienen eine reiche Tracht. JM

Nach Europa wurde die Art anfangs als Ziergehölz in Parks und später als Bienenweide eingeführt. Anschließend wurde Falscher Indigo gezielt als Pioniergehölz an erosionsgefährdeten Standorten wie Bahndämmen und Flussufern oder zur Rekultivierung alter Tagebaue eingebracht.[3]

Dank der saftigen Früchte gelingt es den Samen der Späten Traubenkirsche (Prunus serotina), *effektiv durch Vögel und Säugetiere verbreitet zu werden. JM*

Während sich bei der Robinie die ökologischen Auswirkungen bereits weitgehend abzeichnen, sind die Wissensdefizite bezüglich des Falschen Indigo noch sehr groß. Bislang fühlt er sich eher in wärmebegünstigten Regionen wohl, besiedelt im südlichen Mitteleuropa inzwischen viele Flussauen und verdrängt dort bereits die einheimische Flora. Die großen Vorkommen in Südbrandenburg – so auch in Wanninchen – scheinen zunächst auf solch eine wärmebegünstigte Region wie die Lausitz beschränkt zu sein. Unklar ist seine Ausbreitungsgeschwindigkeit oder wie diese Ausbreitung durch die momentan steigende Jahresdurchschnittstemperatur beeinflusst wird. Es gibt ebenfalls keine genauen Kenntnis, wie dauerhaft etablierte Bestände sind oder welche Prognosen sich für den Naturschutz ergeben und welche Handlungsanforderungen daraus resultieren.

Schmackhaft und schnellwüchsig

Die Späte Traubenkirsche *(Prunus serotina)* gilt in ihrem ursprünglichen Verbreitungsgebiet im östlichen Nordamerika als Forstbaum mit hoher Holzqualität. In der zweiten Hälfte des 19. Jahrhunderts kam man auf die Idee, in unseren Breiten die vermeintlich »verarmte« Flora unserer Wälder durch diese schnellwüchsige Baumart zu bereichern.[4] Doch leider erfüllte sich die Hoffnung nicht, Holzerträge durch den Anbau dieser Baumart zu steigern. In unseren Breiten neigt die Art meistens zu Kümmerwuchs, wird selten höher als drei Meter und sorgt flächendeckend oft für starke Verbuschung und Beschattung des Unterwuchses in den Wäldern. Diese Eigenschaft stieß jedoch wiederum in Jägerkreisen auf Wohlwollen, da man sich dadurch bessere Versteckmöglichkeiten für Wildarten und somit eine höhere Wilddichte erhoffte. Als Folge daraus wurde die Späte Traubenkirsche vielerorts gezielt in die Wälder eingebracht. Heute ist die Späte Traubenkirsche insbesondere in Eichenmischwäldern und Kiefernforsten in Mitteleuropa ein regelmäßiger Begleiter.

Hat sich die Traubenkirsche einmal etabliert, ist sie kaum wieder loszuwerden. Tiefe Wurzelstöcke sind die Basis für ständige Bildung immer neuer Schösslinge. Eine flächenhafte Besiedelung von Traubenkirsche im Waldbestand hemmt die natürliche Waldverjüngung durch Keimlinge einheimischer Bäume wie Eiche, Buche oder Ulme. Zudem wird die waldtypische Vegetation von Kräutern und Moosen durch Beschattung beeinträchtigt.

Die Späte Traubenkirsche hat in unseren Wäldern dank ihrer Herkunft wenig Gegenspieler, die lorbeerähnlichen glänzend grünen Blätter bleiben oft unbehelligt. Nur vereinzelt gibt es Interessenten für diese Nahrung, wie den Fünfpunktigen Blattkäfer *(Gonioctena quinquepunctata)*, der neben heimischer Früher Traubenkirsche *(Prunus padus)* oder Vogelbeere *(Sorbus aucuparia)* auch gern an Blättern der Späten Traubenkirsche frisst.

Die schwarzen Früchte der Späten Traubenkirsche werden meist reichlich gebildet und hängen in großen Mengen im Spätsommer an den Zweigen. Diese Nahrungsquelle wiederum findet zunehmend Abnehmer in unseren Breiten: Vögel, aber auch Dachse *(Meles meles)* kommen auf den Geschmack der leicht bitteren, saftigen Kirschen. Oft werden die Früchte im Ganzen, also samt Stein, verschlungen. Mit einem Dachs als Taxi reist dieses beliebte Wildobst so in entfernte, vormals traubenkirschenfreie Wälder und zunehmend sogar in Offenlandbiotope wie Trockenrasen oder Heiden.

Anreise per Hubschrauber

Der Eschen-Ahorn *(Acer negundo)* ist ein weiterer Neubürger unter den Gehölzen, der zunehmend in Sielmanns Naturlandschaften Fuß fasst. Der schnellwüchsige Baum stammt aus Nordamerika und erfreut sich besonders in Mitteleuropas Städten großer Beliebtheit, weil er unempfindlich gegenüber Schadstoffen ist, schon in wenigen Jahren nach Anpflanzung zum stattlichen Baum heranwächst und so schnell zur gewünschten Begrünung neuer Wohngebiete beiträgt. Der Eschen-Ahorn entpuppte sich als sehr erfolgreicher Pionier und gehört inzwischen zur floristischen Normalität auf Schuttplätzen, Brachflächen, Bahndämmen oder an Feldrändern. Dorthin gelangt der Eschen-Ahorn mit dem Wind, der gern die propellerartigen Früchte wie einen Schwarm Hubschrauber über die Landschaft verbreitet.

Auch der Eschen-Ahorn steht auf kaum einem Speisezettel europäischer Insekten und bietet somit keiner Tierart eine echte Lebensgrundlage. Immerhin ein Mehltaupilz macht sich gelegentlich über die Blätter her. Abgesehen davon, besitzt der Eschen-Ahorn kaum feste ökologische Beziehungen bei uns.

Die Früchte des Eschen-Ahorns (Acer negundo). *JM*

Investitionen in die Bewahrung der Vielfalt

Zerfahrene Wege, aufgetürmte Stapel von Baumstämmen, Bagger, die Wurzelstubben gewaltsam aus der Erde reißen – entsetzt wandte sich mancher Spaziergänger im Jahr 2018 an die Heinz Sielmann Stiftung: Warum wird die Natur im Naturschutzgebiet so martialisch zerstört? Die Antwort ist einfach: Die zahlreichen nach europäischem Recht geschützten und zum Überleben seltener Arten wie Wiedehopf und Warzenbeißer erhaltenswerten Offenlandlebensräume waren und sind auch in der Döberitzer Heide längst nicht mehr überall in so gutem und »offenem« Zustand, wie die Panzer sie einst hinterlassen haben. Nur mit großem Aufwand und dem Einsatz teurer Technik lassen sie sich dort wiederherstellen, wo sie mit Büschen und jungen Bäumen überwachsen sind. Besenginster, Kiefer, Spätblühende Traubenkirsche, Robinie, Espe, Birke, Weißdorn, in nassen Bereichen auch Weidengebüsche und dichtes Röhricht – diesen Gegenspielern sind Heidekraut, Sandtrockenrasen, offene Dünen, magere Flachlandmähwiesen und Pfeifengraswiesen hoffnungslos unterlegen, wenn sie nicht konsequent und systematisch »gepflegt«, also in einer Weise extensiv bearbeitet werden, wie es möglichst einer historischen Nutzung entspricht. Das setzt allerdings voraus, dass zugewachsene Flächen freigestellt werden, und das funktioniert nur mit schwerem Gerät. Der Eindruck einer »zerstörten« Landschaft wandelt sich sehr schnell in ein harmonisches Landschaftsbild mit hohem Offenlandanteil. Auf Moorböden müssen für die Schilfmahd spezielle Moorraupen zum Einsatz kommen, die den Boden nicht aufreißen, was zu einer Belüftung und nachfolgenden Zerstörung des Moorbodens führen würde. Um den Arbeitsschutz zu gewährleisten, müssen die stark munitionsbelasteten Flächen sondiert und von Kampfmitteln beräumt werden. Das gilt in besonderer Weise für die späteren Kontrollwege für eine extensive landwirtschaftliche Nutzung, die direkt nach den Erstmaßnahmen notwendig ist, damit Gehölze nicht sofort wieder austreiben. Die landwirtschaftliche Nutzung ist aber von den Biolandwirten und Schäfern, die dies als Pächter auf den Flächen der Heinz Sielmann Stiftung übernehmen, nur mit einer Förderung etwa aus Mitteln des Vertragsnaturschutzes oder des Kulturlandschaftsprogramms (KULAP) wirtschaftlich zu leisten.

Um die besonderen Offenlandlebensräume wiederherzustellen, setzt die Heinz Sielmann Stiftung öffentliche Fördermittel ein. So sind allein in den Jahren 2017 und 2018 insgesamt rund 8,5 Millionen Euro aus der Gemeinschaftsaufgabe »Verbesserung der Agrarstruktur und des Küstenschutzes« (GAK) und zu einem geringeren Teil aus dem Stadt-Umland-Wettbewerb (SUW, mit Potsdam als Leadpartner) beantragt worden. Mit rund 1,1 Millionen Euro konnten im Jahr 2018 rund 70 Hektar Heidefläche in der Tangersdorfer Heide von Kiefern, Espen und Birken befreit, alte Heide gemäht und stark vergraste Bereiche geschoppert werden. Ein beträchtlicher Anteil der gesamten Fördermittel floss und fließt in das einzigartige Feuchtgebiet Ferbitzer Bruch, Teil von Sielmanns Naturlandschaft Döberitzer Heide, dessen bemerkenswerte Kombination aus Lebensräumen wie Kleingewässern, Pfeifengraswiesen und Flachlandmähwiesen auf diese Weise sichergestellt werden kann.

Die besonders wertvollen Pfeifengraswiesen sind leider grundsätzlich verschiedenen gefährdenden Einwirkungen ausgesetzt: Erstens sammeln sich in ihnen durchgehend Nährstoffe an, die in Umgebung und Luft durch die menschlichen Aktivitäten reichlich vorhanden sind und in die Fläche eingetragen werden (Eutrophierung). Zweitens kontrolliert der Mensch durch seine landwirtschaftlichen und wasserbaulichen Aktivitäten den Grundwasserstand, sodass vielerorts die saisonalen Überschwemmungen reduziert werden oder ganz ausbleiben. Eine Absenkung des Grundwassers führt auch zur Mobilisierung von gebundenem Stickstoff und verändert so die sonst nährstoffarmen Standorte. Drittens wachsen bei fehlender Mahd im Laufe der Zeit Gehölze heran, dominieren die Fläche, verändern ihren Charakter und verdrängen schließlich die typischen Wiesenarten. Für die Pflege von Pfeifengraswiesen sind der Erhalt eines hohen Grundwasserpegels sowie jährlich eine Mahd unerlässlich. Besonders die Mahd ist wegen des schwierigen Geländes oft mit hohem Aufwand verbunden. Dieser Aufwand erhöht sich weiter, wenn Gehölze bereits aufgewachsen sind, da selbst nach Rodung der Gehölze ihre Stubben die Mahd erschweren. Daher wurde im Zuge der Maßnahmen im Ferbitzer Bruch der Aufwuchs von Weiden entfernt, ihre Stubben wurden zu ebener Erde geschnitten und anschließend gefräst, um einen Wiederaustrieb zu verhindern. Im Sinne stärkerer saisonal erhöhter Wasserstände wurde der Wasserabfluss im Gebiet auf eine höhere Geländehöhe zurückverlegt. Zudem wurde einwanderndes Schilf *(Phragmites australis)* durch gründliche Mahd zurückgedrängt.

Im Zuge der GAK-geförderten Aktivitäten sind außerdem besonnte Kuppen im südlichen Bereich der Döberitzer Heide von Gehölzen befreit worden, und ein Verbund von Schneisen entlang ehemaliger Panzertrassen liefert nun wieder Korridore mit Sandrasen und Waldrändern für Arten, die diese auch als Ausbreitungswege nutzen können. Die Zukunft der Urzeitkrebse wird durch ein Verbundsystem aus Wegekuhlen gesichert, die zum Teil sogar mit einem speziell dafür eingesetzten Panzer angelegt werden. Im Norden und Osten der Döberitzer Heide liegt der Schwerpunkt der Arbeiten auf dem Erhalt von Dünen, Heideflächen, Sandtrockenrasen und Mooren. An den Groß Schauener Seen werden auf den Binnensalzwiesen Gehölze entfernt, Schilfflächen zurückgedrängt und mechanische Pflegemaßnahmen dauerhaft ermöglicht. Die erfolgreiche Planung und fachliche Begleitung all dieser Arbeiten gelingt auch durch den engagierten Einsatz der jeweils beauftragten Planungsbüros und die Unterstützung des Landesamtes für Umwelt.

Einen besonders innovativen Ansatz, um große, munitionsbelastete Heideflächen effektiv zu pflegen und somit ihre Erhaltung sicherzustellen, verfolgt das Natec-Projekt (Natur und Technik in der Kyritz-Ruppiner Heide) – ein Verbundprojekt der Heinz Sielmann Stiftung und des Geoforschungszentrums Potsdam, gefördert vom Bundesministerium für Bildung und Forschung über den Projektträger DLR (Deutsches Zentrum für Luft- und Raumfahrt). In diesem auf sechs Jahre angelegten, im Jahr 2017 begonnenen Projekt wird der Zustand der Heidevegetation durch Fernerkundung, also Aufnahmen optischer Signale durch Drohnen, Satelliten oder Kleinflugzeuge, erfasst. Ein Ziel dabei ist, durch Fernerkundung ohne Betretung munitionsbelasteter Bereiche gründliche Aussagen über Alter, Höhe, Dichte und Vitalität der Heide sowie über die Anwesenheit bestimmter schützenswerter Arten zu treffen. Um durch Fernerkundung Rückschlüsse auf Käfer, Spinnen, Wildbienen oder Schmetterlinge zu ermöglichen, die nicht direkt durch Drohnen gesichtet werden können, werden exemplarisch für die unterschiedlichen Facetten der Heidelandschaft die typischen dort vorkommenden Tiere im Rahmen von Begehungen erfasst. Der zweite Hauptaspekt des Projektes beschäftigt sich mit der Entwicklung einer innovativen Heidepflegemaschine. Sie soll mehrere Arbeitsschritte in einem Arbeitsgang erfüllen können: die Entfernung kleinerer Bäume, metallischer Störkörper, Heidemahd, wahlweise auch mit Entfernung der Humusschicht, sowie die Aufnahme und Mitnahme der geernteten Biomasse. Um in besonders gefährlichen Bereichen ehemaliger Truppenübungsplätze arbeiten zu dürfen und dem Arbeitsschutz für Personen gerecht zu werden, soll diese Maschine aus bis zu 1000 Metern ferngesteuert werden können. Sie kann und soll dabei ausschließlich zur Pflege der Heide eingesetzt werden. Eine Munitionsberäumung oder Sondierung möglicher gefährlicher Objekte ist aufgrund geltender Sprengstoffgesetze nicht vorgesehen. Das Ziel des Projektes ist es also, durch die Fernerkundung verlässliche Daten über den Zustand der Heideflächen zu erhalten, um einerseits zu entscheiden, welche Bereiche mit welcher Methode gepflegt werden müssen, und andererseits den Effekt erfolgter Maßnahmen aufzuzeichnen. Die Maschine soll im nächsten Schritt helfen, kostengünstig die riesigen Heideflächen naturschutzgerecht, zeiteffektiv und energieschonend zu bearbeiten, ohne dass dabei Personen gefährdet werden.

Der Einsatz zum Erhalt von Offenland erfordert also ein intensives Management von Naturschutzflächen. Er ist nicht unumstritten – schließlich stellen gerade die großen unzerschnittenen Flächen ehemaliger Truppenübungsplätze auch ein Potenzial für Wildnisentwicklung dar, auf denen die Natur also einfach sich selbst überlassen werden könnte. Allerdings würden dann – abgesehen von der rechtlichen Verpflichtung der Länder bei der Erhaltung von FFH-Lebensräumen – die heute so stark gefährdeten Arten der Kulturlandschaft ihre Lebensräume verlieren. Für sie sind diese Schutzgebiete die letzten großen Refugien. Wenn die Gesellschaft sich entschließt, in größeren Teilen unserer Agrarlandschaft doch wieder naturverträglicher, ökologischer wirtschaften zu wollen, um dem flächendeckenden Biodiversitätsverlust entgegenzuwirken, könnten sich Arten der ehemaligen Truppenübungsplätze und der Bergbaufolgelandschaften von hier aus vielleicht sogar wieder ausbreiten.

In Wanninchen gelten durch die Gefahren, die von einem ungesicherten Untergrund ausgehen, für den Naturschutz besondere Bedingungen: Die derzeitige Sperrung der Gebiete hat direkte Auswirkungen auf die Umsetzung von Naturschutzkonzepten zur Sicherung von Lebensräumen für Offenland bewohnende Arten. Betretungsverbot bedeutet zunächst Nutzungsverbot jeglicher Art – von dieser Ruhe profitieren viele Arten. Doch die Landschaft ist im ständigen Wandel. Ganz gleich, welche Naturschutzstrategien man künftig verfolgt, es wird unter den Arten Gewinner und Verlierer geben. Eine sehr differenzierte Betrachtung ist bei der Umsetzung von Natura-2000-Vorgaben erforderlich, insbesondere bei der Pflege von Offenlandlebensräumen, deren Existenz durch Sukzession bedroht ist.

Im Zusammenhang mit dem in der Nationalen Strategie zur biologischen Vielfalt (NBS) vorgesehenen Ziel, zwei Prozent der Fläche Deutschlands zu Wildnisgebieten zu entwickeln, stehen auch die Bergbaufolgelandschaften im Fokus. Die Etablierung von Wildnisgebieten kann den Sanierungsaufwand und die damit verbundenen Kosten minimieren und langfristig naturschutzfachlich hochwertige Lebensräume entstehen lassen. Eine solche Entwicklung in Bergbaufolgelandschaften hat aber auch Auswirkungen auf Biotoptypen und die Artenzusammensetzung. Mit dem Verlust der Offenlandbereiche verschwinden die typischen Arten der frühen Sukzessionsstadien wie Steinschmätzer und Brachpieper. Arten der gehölzbetonten Lebensräume wie Neuntöter, Wiedehopf und Grauammer dagegen kommen hinzu, ziehen sich jedoch mit zunehmender Sukzession auch wieder zurück. Die anschließende Entwicklung struktur- und artenreicher Wälder werden neue Arten begleiten.

Die Beweidung mit Schafen und Ziegen wirkt der Verbuschung der offenen Lebensräume in der Döberitzer Heide entgegen. HP

Schlusswort

Biodiversität erleben, schätzen und schützen

Die Bedeutung der Biodiversität einschließlich der Ökosystemfunktionen, insbesondere für uns Menschen, ist vielfach belegt und unbestritten. Der Verlust der biologischen Vielfalt zeigt sich deutlich an den stetig länger werdenden Roten Listen für bedrohte oder ausgestorbene Arten. Wir ignorieren im täglichen Leben immer noch, dass unsere natürlichen Lebensgrundlagen durch die Zerstörung der biologischen Vielfalt, den Klimawandel, die massiven Eingriffe in Stoffkreisläufe, die Versauerung der Ozeane und vieles weitere massiv bedroht sind.

Das Volksbegehren für Artenvielfalt in Bayern hat mit der Stimme von fast jedem fünften Wahlberechtigten gezeigt, dass Biodiversität und Artenschwund in den Wohnzimmern jedoch inzwischen angekommen ist. Es beschäftigt gleichzeitig auch die Politik in Landtagen, denn einige Parteien wollen das Grundrecht auf Klima- und Artenschutz in Landesverfassungen verankern, weil ein ungebremster Klimawandel desaströse Auswirkungen auf all unsere Lebensgrundlagen haben wird. Der weltweite Freitagsmarsch der Schülerinnen und Schüler »Fridays for Future« zeigt deutlich, dass die nachfolgende Generation ein »Weiter so« nicht akzeptiert und sich wehrt. Für künftige Generationen wird das Leben stetig ungleicher. Die Transformation von einer Wegwerfgesellschaft zu einer sinnstiftenden Gesellschaft ist das Gebot der Stunde, der Respekt vor der Zukunft. Vieles ist aus dem Lot geraten. Es gilt, die Verantwortung vor der eigenen Haustür wahrzunehmen. Das hat schon der Tierfilmer und Stifter Heinz Sielmann angemahnt.

Mit der Gründung und dem bundesweiten und internationalen Wirken seiner Stiftung für den Erhalt, den Schutz und die Schaffung von Biodiversität, insbesondere mit dem Netz von Biotopverbünden und großflächigen Naturlandschaften, zeigt die Stiftung, wie es wirksam und nachhaltig gehen kann. Die Transformation der Gesellschaft zur Nachhaltigkeit muss uns künftig auch im Denken und Handeln für den Natur- und Artenschutz, bei der Förderung der Biodiversität, leiten. Es ist extrem wichtig, dass wir unseren Lebensstil aktiv hinterfragen und ändern, denn damit nehmen wir konkret und persönlich Einfluss. Solche Veränderungen werden auch mit einer deutlich höheren Lebensqualität belohnt: Beispielsweise ist weniger Fleisch, dafür aber aus heimischer Jagd oder ökologischer Landwirtschaft, eine hochwertige Alternative zum verschwenderischen Konsum von Produkten der Massentierhaltung. Weniger ist in vielen Bereichen unseres Lebens tatsächlich mehr.

Gleichzeitig sollten wir politischen Entscheidungsträgern und Unternehmen als verantwortliche Zivilbürger viel mehr Druck machen, um die richtigen Weichen zu stellen. Wir brauchen eine CO_2-Steuer für alle Produkte und Dienstleistungen. Die Rechte auf die Verschmutzung, das Recht auf den Ausstoß einer Tonne des Treibhausgases Kohlenstoffdioxid sind konsequent über den CO_2-Zertifikatehandel fortzuführen. Politische Einflussnahme in Form von Subventionen ist dabei auszuschließen. Benötigt werden gleichzeitig finanzielle Anreize und ein spürbares Strafmaß, wie es bei der Plastikmüllvermeidung in einigen afrikanischen Staaten bereits Alltag ist. Schädliche Subventionen wie die pauschale EU-Flächenprämie für die Landwirtschaft müssen abgeschafft werden, Preise im Supermarktregal sollen die ökonomische, ökologische und soziale Wahrheit der Produzenten und Lieferanten sagen, und Landwirte müssen global für den Erhalt von Biodiversität, nicht für deren Vernichtung belohnt werden. Gleichzeitig ist es aber auch die gesellschaftliche Pflicht von Politik und Behörden vor Ort, die vorhandenen Instrumente zur Förderung des Natur- und Artenschutzes vorbehaltlos anzuwenden. Wir müssen das Leben auf der Erde neu denken. Dem Gemeinwohl und der Demokratie gehören dafür mehr Raum und Fürsprache. Dazu brauchen wir Mut, Empathie, Solidarität, Gleichberechtigung, Würde und Respekt vor allem Leben auf der Erde.

Das Buch von Hannes Petrischak und seinen Mitautoren zeigt den Respekt und gibt der Flora und Fauna in den Brandenburger Naturlandschaften ihre Würde. Es bleibt mir, allen, die als Autoren an diesem Buch mitgewirkt haben, herzlich zu danken: Nicht nur durch ihre Texte und Fotos hier, sondern insbesondere durch ihren Einsatz für den Naturschutz in der Heinz Sielmann Stiftung leisten sie einen unschätzbaren Beitrag zum Erhalt der Vielfalt. Auch dem oekom verlag und der Lektorin Laura Kohlrausch gilt unser Dank für das besondere Engagement bei der Umsetzung des Buchprojektes.

Michael Beier
Vorstandsvorsitzender der
Heinz Sielmann Stiftung

Übersichtskarte

Lage von Sielmanns Naturlandschaften in Brandenburg.
TF

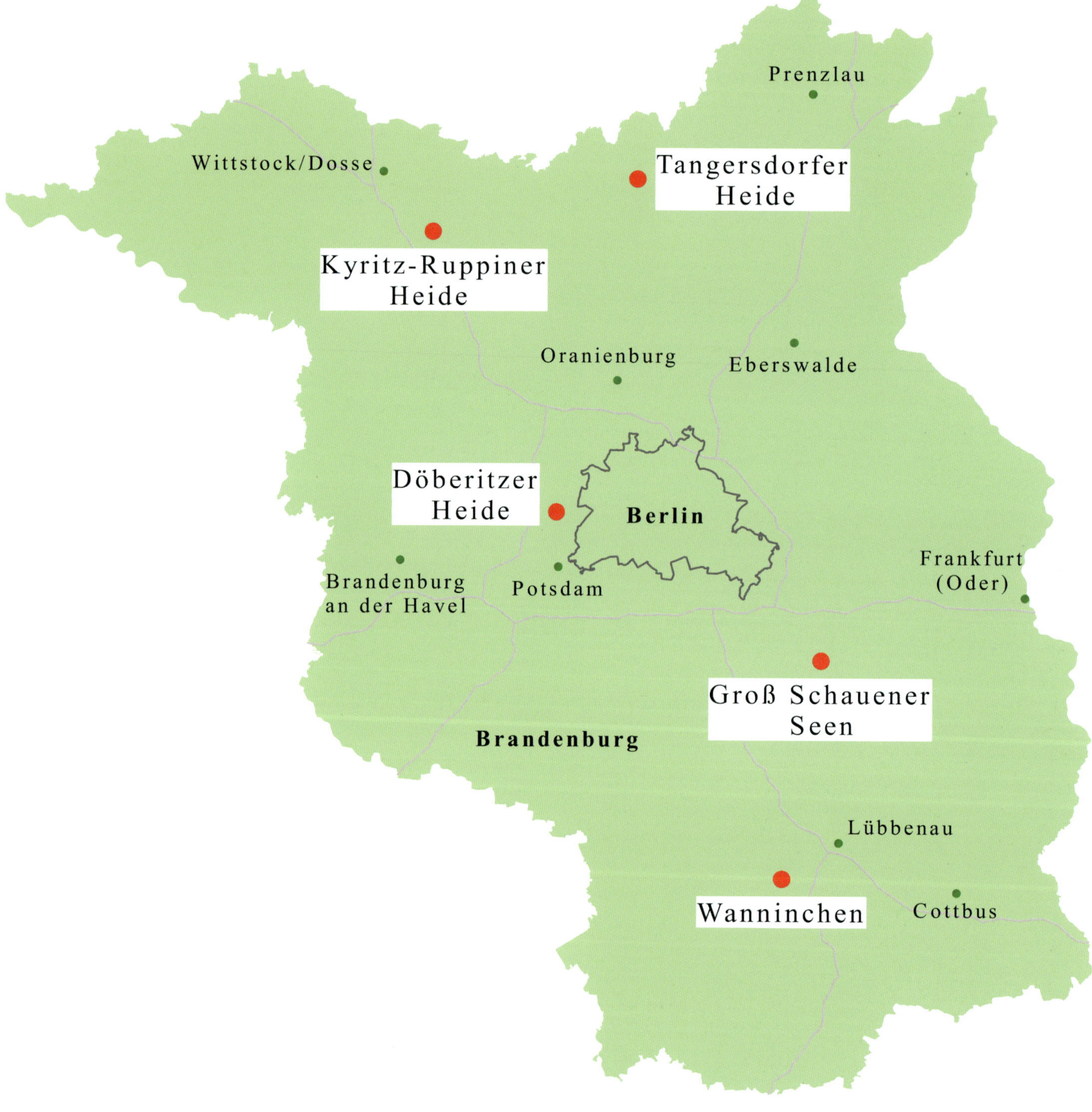

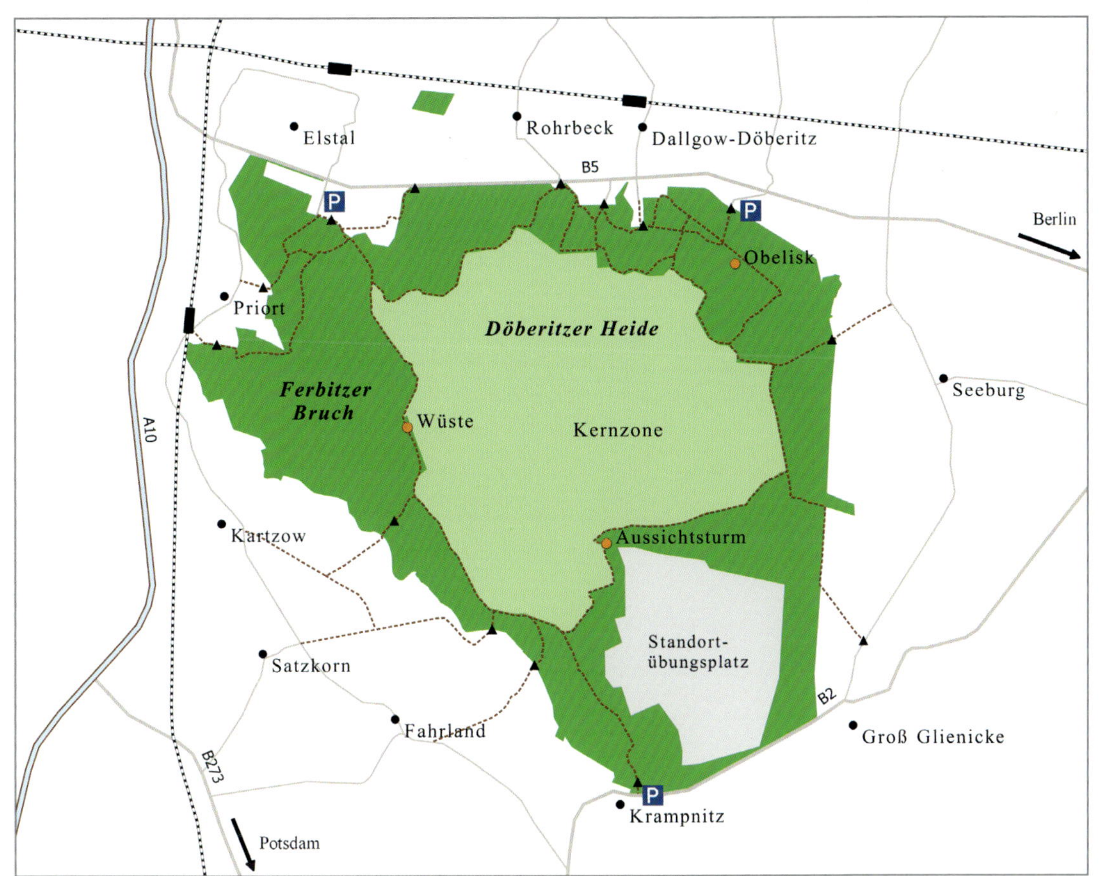

Döberitzer Heide

Die Döberitzer Heide liegt westlich von Berlin und nördlich von Potsdam. Über Zugänge von den umliegenden Ortschaften lässt sich das 55 Kilometer lange Wanderwegenetz nutzen. Um die Kernzone führt ein 22 Kilometer langer Weg herum. Ein Hauptzugang nahe der B5 liegt am Parkplatz in Wustermark, Ortsteil Elstal, Zur Döberitzer Heide 10. In der Nähe ist der Ausbau eines Naturerlebniszentrums in Vorbereitung. *TF*

Luckau
Stoßdorfer See
Langengrassau
Egsdorf
Tornower Niederung
Kranichturm
Freesdorf
Lichtenauer See
Goßmar
Görlsdorf
Waltersdorfer Mühlenbusch
Borcheltsbusch
Schlabendorf am See
Gehren
Schlabendorfer See
Schönfelder See
Bornsdorfer Teiche
Beesdau
Zinnitz
Grünswalde
Natur-Erlebniszentrum Wanninchen
A13
Heidegrund Grünswalde
Bornsdorf
Aussichtspunkt
Drehnaer See
Groß Jehser
Bergen
Fürstlich Drehna
Bergen-Weißacker Moor
Stiebsdorfer See

Wanninchen

Sielmanns Naturlandschaft Wanninchen (hellgrün eingefärbt) liegt rund 100 Kilometer südlich von Berlin in der Nähe des Spreewaldes. Am Schlabendorfer See liegt das Naturerlebnis-Zentrum (Wanninchen 1 in Luckau, Ortsteil Görlsdorf). Aus der Karte geht auch die Lage der im Buchtext erwähnten Moore hervor. *TF*

Rote Listen

Folgende Rote Listen wurden für die Gefährdungsangaben in diesem Buch herangezogen:

Blick, T.; Finch, O.-D.; Harms, K. H.; Kiechle, J.; Kielhorn, K.-H.; Kreuels, M.; Malten, A.; Martin, D.; Muster, C.; Nährig, D.; Platen, R.; Rödel, I.; Scheidler, M.; Staudt, A.; Stumpf, H.; Tolke, D. (2016): **Rote Liste und Gesamtartenliste der Spinnen** (Arachnida: Araneae) Deutschlands. Bundesamt für Naturschutz, Naturschutz und Biologische Vielfalt 70 (4), S. 383–510.

Geiser, R. (1998): **Rote Liste der Käfer (Coleoptera)**. In: Bundesamt für Naturschutz (Hrsg.): Rote Liste gefährdeter Tiere Deutschlands. Schriftenreihe für Landschaftspflege und Naturschutz 55: 168–230.

Grüneberg, C.; Bauer, H.-G.; Haupt, H.; Hüppop, O.; Ryslavy, T.; Südbeck, P. (2015): **Rote Liste der Brutvögel Deutschlands**, 5. Fassung. Berichte zum Vogelschutz 52, S. 19–67.

Kühnel, K.-D.; Geiger, A.; Laufer, H.; Podloucky, R.; Schlüpmann, M. (2009): **Rote Liste und Gesamtartenliste der Lurche (Amphibia) und Kriechtiere (Reptilia) Deutschlands**. Bundesamt für Naturschutz, Naturschutz und Biologische Vielfalt 70 (1), S. 231–256.

Maas, S.; Detzel, P.; Staudt, A. (2011): **Rote Liste und Gesamtartenliste der Heuschrecken (Saltatoria) Deutschlands**. Bundesamt für Naturschutz, Naturschutz und Biologische Vielfalt 70 (3): 577–606.

Matzke, D., & Köhler, G. (2011): **Rote Liste und Gesamtartenliste der Ohrwürmer (Dermaptera) Deutschlands**. Bundesamt für Naturschutz, Naturschutz und Biologische Vielfalt 70 (3): 629–642.

Matzke-Hajek, G.; Hofbauer, N.; Ludwig, G. (Red.)(2016): **Rote Liste der Pilze (Teil 1) – Großpilze**. Bundesamt für Naturschutz, Naturschutz und Biologische Vielfalt 70 (8).

Reinhardt, R.; Bolz, R. (2011): **Rote Liste und Gesamtartenliste der Tagfalter (Rhopalocera) (Lepidoptera: Papilionoidea et Hesperioidea) Deutschlands**. Bundesamt für Naturschutz, Naturschutz und Biologische Vielfalt 70 (3): 167–194.

Rennwald, E.; Sobczyk, T.; Hofmann, A. (2011): **Rote Liste und Gesamtartenliste der Spinnerartigen Falter (Lepidoptera: Bombyces, Sphinges s. l.) Deutschlands**. Bundesamt für Naturschutz, Naturschutz und Biologische Vielfalt 70 (3): 243–283.

Röhricht, W.; Tröger, E. J. (1998): **Rote Liste der Netzflügler (Neuropteroidea)**. In: Bundesamt für Naturschutz (Hrsg.): Rote Liste gefährdeter Tiere Deutschlands. Schriftenreihe für Landschaftspflege und Naturschutz 55: 231–234.

Schmid-Egger, C. (2011): **Rote Liste und Gesamtartenliste der Wespen Deutschlands**. Bundesamt für Naturschutz, Naturschutz und Biologische Vielfalt 70 (3), S. 419–465.

Schmidt, J.; Trautner, J.; Müller-Motzfeld, G.; Arndt, E.; Assmann, T.; Bräunicke, M.; Fritze, M.-A.; Gebert, J.; Gruttke, H.; Gürlich, S.; Hannig, K.; Hartmann, M.; Hieke, F.; Huber, C.; Kaiser, M.; Kiechle, J.; Kielhorn, K.-H.; Lorenz, W.; Malten, A.; Müller-Kroehling, S.; Persohn, M.; Rietze, J.; Schmidl, J.; Schnitter, P.; Sprick, P.; Szallies, A.; Trost, M.; Wolf-Schwenninger, K.; Wrase, D. W. (2016): **Rote Liste und Gesamtartenliste der Laufkäfer (Coleoptera: Carabidae) Deutschlands**. Bundesamt für Naturschutz, Naturschutz und Biologische Vielfalt 70 (4): 139–204.

Simon, L. (2016): **Rote Liste und Gesamtartenliste der Blattfußkrebse (Branchiopoda: Anostraca, Conchostraca, Notostraca) Deutschlands**. Bundesamt für Naturschutz, Naturschutz und Biologische Vielfalt 70, S. 367–378.

Trusch, R.; Gelbrecht, J.; Schmidt, A.; Schönborn, C.; Schumacher, H.; Wegner, H.; Wolf, W. (2011): **Rote Liste und Gesamtartenliste der Spanner, Eulenspinner und Sichelflügler (Lepidoptera: Geometridae et Drepanidae) Deutschlands**. Bundesamt für Naturschutz, Naturschutz und Biologische Vielfalt 70 (3): 287–324.

Wachlin, V.; Bolz, R. (2011): **Rote Liste und Gesamtartenliste der Eulenfalter, Trägspinner und Graueulchen (Lepidoptera: Noctuoidea) Deutschlands**. Bundesamt für Naturschutz, Naturschutz und Biologische Vielfalt 70 (3): 197–239.

Westrich, P.; Frommer, U.; Mandery, K.; Riemann, H.; Ruhnke, H.; Sure, C.; Voith, J. (2011): **Rote Liste und Gesamtartenliste der Bienen (Hymenoptera, Apidae) Deutschlands**. Bundesamt für Naturschutz, Naturschutz und Biologische Vielfalt 70 (3): S. 373–416.

Anmerkungen

Expedition in heimischen Gefilden

1
Petrischak, H.; Donat, R.; Fürstenow, J.; Müller, J. (2018): Charakteristische Spinnen und Insekten der Heiden, Sandtrockenrasen und Dünen in »Sielmanns Naturlandschaften Brandenburg«. Entomologie heute 30, S. 67–93.

2
Fürstenow, J.; Kummer, V. (2011): Exkursion 3: Vegetation und Landschaftspflege in der Döberitzer Heide. Tuexenia Beih. 4 (Flora und Vegetation in Brandenburg), S. 103–126.

3
Petrischak, H.; Fürstenow, J. (2018): Exkursion in Brandenburg: Vielfältiges Leben in Sand und Heide. Biologie in unserer Zeit 48 (3), S. 180–188.

4
RANA – Büro für Ökologie und Naturschutz Frank Meyer (2015): Managementplan für das FFH-Gebiet »Wittstock-Ruppiner Heide«. Bundesanstalt für Immobilienaufgaben (Hrsg.); Potsdam.

5
Petrischak, H.; Fürstenow, J. (2018): Exkursion in Brandenburg: Vielfältiges Leben in Sand und Heide. Biologie in unserer Zeit 48 (3), S. 180–188.

6
Lutze, G. W. (2014): Naturräume und Landschaften in Brandenburg und Berlin. Gliederung, Genese und Nutzung. Berlin.

7
Klubach, O. (1949): Protokoll über die Besprechung am 7. März bei der Kommandantur in Templin. Landesregierung Brandenburg, Abt. Landesforstamt; Brandenburgisches Landeshauptarchiv.

8
Rechlin, R. (2016): Militärkonversion und Naturschutz am Beispiel der »Kleinen Schorfheide«. Bachelor-Arbeit, Hochschule Neubrandenburg.

9
Donat, R. (2018): Naturschutz in der Bergbaufolgelandschaft von Wanninchen: Dynamische Entwicklung des Lebens nach der Kohle. Biologie in unserer Zeit 48 (4), S. 260–267.

Faszinierende Pflanzen und Pilze in Sielmanns Naturlandschaften

1
Ellenberg, H. (1995): Vegetation Mitteleuropas mit den Alpen. 5. Auflage. Stuttgart.

2
Ebd.

3
Ebd.

4
Sammler, P. (2000). Die Großpilze der Naturschutzgebiete »Döberitzer Heide« und »Ferbitzer Bruch«. Naturschutz-Förderverein »Döberitzer Heide« e. V.

5
Hofmann, D.; Preuss, G.; Mätzler, C. (2015): Evidence for biological shaping of hair ice. Biogeosciences, 12(14), S. 4261–4273.

6
Fürstenow, J.; Kummer, V. (2011): Exkursion 3: Vegetation und Landschaftspflege in der Döberitzer Heide. Tuexenia Beih. 4 (Flora und Vegetation in Brandenburg), S. 103–126.

7
Klein, T.; Siegwolf, R.T.; Körner, C. (2016): Belowground carbon trade among tall trees in a temperate forest. Science, 352(6283), S. 342–344.

8
Krieglsteiner, G.J. (2000): Die Großpilze Baden-Württembergs, Band 2. Stuttgart. Laux, H.E. (2015): Der Große Kosmos Pilzführer. Stuttgart.

9
Michael, E.; Hennig, B.; Kreisel, H. (1987): Handbuch für Pilzfreunde, Dritter Band: Blätterpilze–Hellblättler und Leistlinge. Jena.

10
Sammler, P. (2000). Die Großpilze der Naturschutzgebiete »Döberitzer Heide« und »Ferbitzer Bruch«. Naturschutz-Förderverein »Döberitzer Heide« e. V.

11
Otte, V. (2002): Die Flechten der Naturschutzgebiete »Döberitzer Heide« und »Ferbitzer Bruch«. Naturschutz-Förderverein »Döberitzer Heide« e. V. / Fürstenow, J.; Linder, W. (2015): »Biotope, LRT, Flechten/Moose«. In: RANA – Büro für Ökologie und Naturschutz Frank Meyer: Managementplan für das FFH-Gebiet »Wittstock-Ruppiner Heide«. Bundesanstalt für Immobilienaufgaben (Hrsg.); Potsdam.

Erlebnisse mit kleinen und großen Tieren

1
Petrischak, H. (2017): Profiteure der sommerlichen Regenmassen: Urzeitkrebse in der Döberitzer Heide. Biologie in unserer Zeit 47 (5), S. 288–289.

2
Engelmann, M.; Hahn, T. (2004): Vorkommen von *Lepidurus apus, Triops cancriformis, Eubranchipus (Siphonophanes) grubii, Tanymastix stagnalis und Branchipus schaefferi* in Deutschland und Österreich (Crustacea: Notostraca und Anostraca). Faunistische Abhandlungen Dresden 25, S. 3–67.

3
Thenius, E. (2000): Lebende Fossilien. München.

4
Engelmann, M.; Hahn, T. (2004): Vorkommen von *Lepidurus apus, Triops cancriformis, Eubranchipus (Siphonophanes) grubii, Tanymastix stagnalis* und *Branchipus schaefferi* in Deutschland und Österreich (Crustacea: Notostraca und Anostraca). Faunistische Abhandlungen Dresden 25, S. 3–67.

5
Ebd.

6
Fürstenow, J. (2000): Die Blattfußkrebse *Branchipus schaefferi und Triops cancriformis*. Jahresheft Döberitzer Heide 10, S. 12–13. / Baron, R.; Schulz, U. (2006): Zum Vorkommen von *Triops cancriformis* (BOSC, 1801) und *Branchipus schaefferi* (Fischer, 1834) auf dem ehemaligen Truppenübungsplatz Döberitzer Heide (Crustacea, Branchiopoda). Entomologische Nachrichten und Berichte 50 (3), S. 167–168. / Fürstenow, J.; Knuth, D. (2011): Monitoring zum Vorkommen der beiden Kiemenfußkrebsarten *Branchipus schaefferi* und *Triops cancriformis*. Workshop Monitoring Döberitzer Heide, Fachbeiträge des LUGV, Heft 123, S. 76–78.

7
Petrischak, H. (2016): Der Dornfinger – Deutschlands giftigste Spinne. Biologie in unserer Zeit 46 (4), S. 221.

8
Die Informationen, die in dem Kapitel über Spinnen enthalten sind, beruhen auf: Bellmann, H. (2001): Kosmos-Atlas Spinnentiere Europas. Stuttgart.

9
Herrmann, A.; Sacher, P.; Braasch, D. (1999): Die Verbreitung des Ammen-Dornfingers *(Cheiracanthium punctorium* Villers, 1789) im östlichen Deutschland (Araneae, Clubionidae). Entomologische Nachrichten und Berichte 43, S. 53–57.

10
Stern, H.; Kullmann, E. (1975): Leben am seidenen Faden. München.

11
Westrich, P. (2018): Die Wildbienen Deutschlands. Stuttgart.

12
Ebd.

13
Ebd.

14
Saure, C. (2016): Auswirkung von Pflegemaßnahmen in den Trockenhängen bei Altgalow-Stützkow (Uckermark) auf Bienen und Wespen (Hymenoptera Aculeata). Naturschutz und Landschaftspflege in Brandenburg 25 (1, 2), S. 6–17.

15
Westrich, P. (2018): Die Wildbienen Deutschlands. Stuttgart.

16
Ebd.

17
Ebd.

18
Ebd.

19
Ebd.

20
Die Informationen, die in dem Kapitel über Wespen enthalten sind, beruhen auf: Witt, R. (2009): Wespen. Oldenburg.

21
Petrischak, H. (2016): Imposante Fliegenjäger: Am Nistplatz der Kreiselwespen. Biologie in unserer Zeit 46 (3), S. 148–149.

22
Blösch, M. (2000): Die Grabwespen Deutschlands. Die Tierwelt Deutschlands, 71. Teil, Keltern.

23
Ebd.

24
Ebd.

25
Petrischak, H. (2018): Schillernde Widersacher: Goldwespen am Nistplatz von Bienenwölfen und Sandknotenwespen. Biologie in unserer Zeit 48 (3), S. 150–151.

26
Baumgarten, H. T. (1996): Beobachtungen zum Verhalten von *Hedychrum rutilans* (Hymenoptera: Chrysididae) bei seinem Wirt, dem Bienenwolf *Philanthus triangulum* (Hymenoptera: Sphecidae). Bembix 5, S. 35–37.

27
Blösch, M. (2000): Die Grabwespen Deutschlands. Die Tierwelt Deutschlands, 71. Teil, Keltern.

28
Ebd.

29
Ebd.

30
Weidemann, H. J.; Köhler, J. (1996): Nachtfalter: Spinner und Schwärmer. Naturbuch Verlag; Augsburg.

31
Ulrich, R. (2018): Tagaktive Nachtfalter. Stuttgart.

32
Die Informationen, die in diesem Kapitel über Tagfalter enthalten sind, beruhen auf: Gelbrecht, J.; Clemens, F.; Kretschmer, H.; Landeck, I.; Reinhardt, R.; Richert, A.; Schmitz, O.; Rämisch, F. (2016): Die Tagfalter von Brandenburg und Berlin (Lepidoptera: Rhopalocera und Hesperiidae). Naturschutz und Landschaftspflege in Brandenburg 25 (3/4).

33
Steiner, A.; Ratzel, U.; Top-Jensen, M.; Fibiger, M. (2014): Die Nachtfalter Deutschlands. Ein Feldführer. Østermarie.

34
Ebd.

35
Alf, L. (2014): Untersuchung zur Habitatpräferenz des Kleinen Eisvogels *(Limenitis camilla)* in der Döberitzer Heide/Land Brandenburg. Masterarbeit Universität Potsdam.

36
Kolligs, D. (2003): Schmetterlinge Schleswig-Holsteins – Atlas der Tagfalter, Dickkopffalter und Widderchen, Neumünster.

37
Jacobs, W.; Renner, M. (1988): Biologie und Ökologie der Insekten. Stuttgart.

38
Landeck, I.; Kirmer, A.; Hildmann, C.; Schlenstedt, J. (Hrsg., 2017): Arten und Lebensräume der Bergbaufolgelandschaften – Chancen der Braunkohlesanierung für den Naturschutz im Osten Deutschlands. Aachen.

39
Jacobs, W.; Renner, M. (1988): Biologie und Ökologie der Insekten. Stuttgart.

40
Möller, G.; Grube, M.; Wachmann, E. (2006): Der Fauna Käferführer I: Käfer im und am Wald. Nottuln.

41
Lückmann, J.; Niehuis, M. (2009): Die Ölkäfer in Rheinland-Pfalz und im Saarland. Landau.

42
Ebd.

43
Ebd.

44
Niehuis, M. (2013): Die Buntkäfer in Rheinland-Pfalz und im Saarland. Landau.

45
Bayer, C.; Winkelmann, H. (2005): Rote Liste und Gesamtartenliste der Rüsselkäfer (Curculionoidea) von Berlin.

46
Bílý, S. (1989): Käfer. Hanau.

47
Jacobs, W.; Renner, M. (1988): Biologie und Ökologie der Insekten. Stuttgart.

48
Klatt, R. (2017): Die Heuschrecken (Orthoptera, Ensifera et Caelifera) der Döberitzer Heide (Land Brandenburg). Veröffentlichungen des Naturkundemuseums Potsdam 3, S. 5–12.

49
Die Informationen, die in dem Kapitel über Heuschrecken enthalten sind, beruhen auf: Fischer, J.; Steinlechner, D.; Zehm, A.; Poniatowski, D.; Fartmann, T.; Beckmann, A.; Stettmer, C. (2016): Die Heuschrecken Deutschlands und Nordtirols. Wiebelsheim.

50
Landeck, I.; Kirmer, A.; Hildmann, C.; Schlenstedt, J. (Hrsg., 2017): Arten und Lebensräume der Bergbaufolgelandschaften – Chancen der Braunkohlesanierung für den Naturschutz im Osten Deutschlands. Aachen.

51
RANA – Büro für Ökologie und Naturschutz Frank Meyer (2015): Managementplan für das FFH-Gebiet »Wittstock-Ruppiner Heide«. Bundesanstalt für Immobilienaufgaben (Hrsg.); Potsdam.

52
Klatt, R. (2017): Die Heuschrecken (Orthoptera, Ensifera et Caelifera) der Döberitzer Heide (Land Brandenburg). Veröffentlichungen des Naturkundemuseums Potsdam 3, S. 5–12.

53
Bellmann, H. (2005): Der Kosmos Heuschreckenführer. Stuttgart.

54
Ebd.

55
Klatt, R. (2017): Die Heuschrecken (Orthoptera, Ensifera et Caelifera) der Döberitzer Heide (Land Brandenburg). Veröffentlichungen des Naturkundemuseums Potsdam 3, S. 5–12.

56
Gepp (2010): Ameisenlöwen und Ameisenjungfern. Hohenwarsleben.

57
Ebd.

58
Röhricht (1995): Myrmeleon (Morter) bore (Tjeder 1941) in Deutschland. Galathea, 2. Supplement, S. 11–13.

59
Kormann, K. (2002): Schwebfliegen und Blasenkopffliegen Mitteleuropas. Nottuln.

60
Ebd.

61
Stuke, J.-H. (2003): Die Blasenkopffliegen (Diptera: Conopidae) Niedersachsens und Bremens. Drosera 2003, S. 81–94.

62
Falk, S.: Myopa fasciata (Heath Beegrabber). https://www.flickr.com/photos/63075200@N07/sets/72157678404969083/, zuletzt aufgerufen am 4.1.2019.

63
Haupt, J.; Haupt, H. (1998): Fliegen und Mücken. Augsburg.

64
Ebd.

65
Wolff, D.; Gebel, M.; Geller-Grimm, F. (2018): Die Raubfliegen Deutschlands. Wiebelsheim.

66
Wildermuth, H.; Martens, A. (2014): Taschenlexikon der Libellen Europas. Wiebelsheim.

67
Wachmann, E; Melber, A.; Deckert, J. (2007): Wanzen, Band 3. Die Tierwelt Deutschlands, 78. Teil. Keltern.

68
Wachmann, E; Melber, A.; Deckert, J. (2006): Wanzen, Band 1. Die Tierwelt Deutschlands, 77. Teil. Keltern.

69
Kott, P. (2016): Aus dem Leben der Kurzflügeligen Raubwanze *Coranus subapterus* (de Geer, 1773). Schriftenreihe der Biologischen Station im Rhein-Kreis Neuss e. V., Band 4.

70
Wachmann, E; Melber, A.; Deckert, J. (2006): Wanzen, Band 1. Die Tierwelt Deutschlands, 77. Teil. Keltern.

71
Klatt, R. (2003): Ein selten werdender Kosmopolit: Der Sandohrwurm Labidura riparia. Döberitzer Heide mit Ferbitzer Bruch, Jahresheft 13, S. 27–31; Landeck, I.; Kirmer, A.; Hildmann, C.; Schlenstedt, J. (Hrsg., 2017): Arten und Lebensräume der Bergbaufolgelandschaften – Chancen der Braunkohlesanierung für den Naturschutz im Osten Deutschlands. Aachen.

72
Pivnička, K. (1995): Dausien's großes Buch der Fische. Hanau.

73
Müller, H. (1987): Fische Europas. Beobachten und Bestimmen. Leipzig.

74
Westphal, U. (2015): Schräge Vögel. Begegnungen mit Rohrdommel, Ziegenmelker, Wiedehopf und anderen heimischen Vogelarten. Darmstadt.

75
Putze, M. (2017): Die Brutvorkommen wertgebender Vogelarten im EU-SPA 7011 »Döberitzer Heide«. Leipzig.

76
Ebd.

77
Bezzel, E. (1993): Kompendium der Vögel Mitteleuropas: Passeres, Singvögel. Wiesbaden.

78
Westphal, U. (2015): Schräge Vögel. Begegnungen mit Rohrdommel, Ziegenmelker, Wiedehopf und anderen heimischen Vogelarten. Darmstadt.

79
Svensson, L.; Grant, P. J.; Mullarney, K.; Zetterström, D. (1999): Der neue Kosmos-Vogelführer. Alle Arten Europas, Nordafrikas und Vorderasiens. Stuttgart.

80
Westphal, U. (2015): Schräge Vögel. Begegnungen mit Rohrdommel, Ziegenmelker, Wiedehopf und anderen heimischen Vogelarten. Darmstadt.

81
RANA – Büro für Ökologie und Naturschutz Frank Meyer (2015): Managementplan für das FFH-Gebiet »Wittstock-Ruppiner Heide«. Bundesanstalt für Immobilienaufgaben (Hrsg.); Potsdam.

82
Svensson, L.; Grant, P. J.; Mullarney, K.; Zetterström, D. (1999): Der neue Kosmos-Vogelführer. Alle Arten Europas, Nordafrikas und Vorderasiens. Stuttgart.

83
Westphal, U. (2015): Schräge Vögel. Begegnungen mit Rohrdommel, Ziegenmelker, Wiedehopf und anderen heimischen Vogelarten. Darmstadt.

84
Ebd.

85
RANA – Büro für Ökologie und Naturschutz Frank Meyer (2015): Managementplan für das FFH-Gebiet »Wittstock-Ruppiner Heide«. Bundesanstalt für Immobilienaufgaben (Hrsg.); Potsdam.

86
Westphal, U. (2015): Schräge Vögel. Begegnungen mit Rohrdommel, Ziegenmelker, Wiedehopf und anderen heimischen Vogelarten. Darmstadt.

87
Südbeck, P.; Andretzke, H.; Fischer, S.; Gedeon, K.; Schikore, T.; Schröder, K.; Sudfeldt, C. (2005): Methodenstandards zur Erfassung der Brutvögel Deutschlands. Radolfzell.

88
Bezzel, E. (1993): Kompendium der Vögel Mitteleuropas: Passeres, Singvögel. Wiesbaden.

89
Südbeck, P.; Andretzke, H.; Fischer, S.; Gedeon, K.; Schikore, T.; Schröder, K.; Sudfeldt, C. (2005): Methodenstandards zur Erfassung der Brutvögel Deutschlands. Radolfzell.

90
Donat, R. (2018): Neues Leben nach der Kohle: Bergbaufolgelandschaften. Der Falke, Sonderheft »Lebensräume aus zweiter Hand«, S. 26–33.

91
Lehrmann, A. (2018): Die Entwicklung des Kranichbrutbestandes in Deutschland bis 2017. Journal der Arbeitsgemeinschaft Kranichschutz Deutschland, S. 12–15.

92
Mewes, W. (1995): Die Bestandsentwicklung des Kranichs *Grus grus* in Deutschland und deren Ursachen. Dissertation Univ. Halle-Wittenberg.

93
Gaunitz, C.; Fages, A.; Hanghøj, K.; Albrechtsen, A.; Khan, N.; Schubert, M.; Seguin-Orlando, A.; Owens, I. J.; Felkel, S.; Bignon-Lau, O.; de Barros Damgaard, P.; Mittnik, A.; Mohaseb, A. F.; Davoudi, H.; Alquraishi, S.; Alfarhan, A. H.; Al-Rasheid, K. A. S.; Crubézy, E.; Benecke, N.; Olsen, S.; Brown, D.; Anthony, D.; Massy, K.; Pitulko, V.; Kasparov, A.; Brem, G.; Hofreiter, M.; Mukhtarova, G.; Baimukhanov, N.; Lõugas, L.; Onar, V.; Stockhammer, P. W.; Krause, J.; Boldgiv, B.; Undrakhbold, S.; Erdenebaatar, D.; Lepetz, S.; Mashkour, M.; Ludwig, A.; Wallner, B.; Merz, V.; Merz, I.; Zaibert, V.; Willerslev, E.; Librado, P.; Outram, A. K.; Orlando, L. (2018): Ancient genomes revisit the ancestry of domestic and Przewalski's horses. *Science* 360 (6384), S. 111–114.

94
Meynhardt, H. (1982): Schwarzwild-Report. Mein Leben unter Wildschweinen. Leipzig.

95
Heinken, T.; Schmidt, M.; Von Oheimb, G.; Kriebitzsch, W. U.; Ellenberg, H. (2006): Soil seed banks near rubbing trees indicate dispersal of plant species into forests by wild boar. Basic and Applied Ecology, 7(1), S. 31–44.

96
Vanschoenwinkel, B.; Waterkeyn, A.; Vandecaetsbeek, T. I. M.; Pineau, O.; Grillas, P.; Brendonck, L. U. C. (2008): Dispersal of freshwater invertebrates by large terrestrial mammals: a case study with wild boar *(Sus scrofa)* in Mediterranean wetlands. Freshwater Biology, 53(11), S. 2264–2273.

Naturschutz in Sielmanns Naturlandschaften

1
Gossner, M. M. (2016): Introduced tree species in central Europe – consequences for arthropod communities and species interactions. In: Introduced tree species in European forests: opportunities and challenges. European Forest Institute, Freiburg, S. 264–282.

2
Callaway, R. M.; Bedmar, E. J.; Reinhart, K. O.; Silvan, C. G.; Klironomos, J. (2011): Effects of soil biota from different ranges on Robinia invasion: acquiring mutualists and escaping pathogens. Ecology 92(5), S. 1027–1035.

3
Jäger, E. J. (Hrsg.) (2016): Rothmaler-Exkursionsflora von Deutschland. Gefäßpflanzen: Grundband. Berlin/Heidelberg.

4
Ebd.

Artenregister

Über die Autoren

Dr. Hannes Petrischak

ist Biologe und leitet seit Oktober 2016 den Geschäftsbereich Naturschutz der Heinz Sielmann Stiftung. Neben dem Konzept und der Gesamtredaktion für dieses Buch stammen von ihm insbesondere die Texte zu Urzeitkrebsen, Spinnen und Insekten sowie mehrere Abschnitte über die Landschaften und Naturschutz.
Fotokürzel: HP
Kontakt: hannes.petrischak@sielmann-stiftung.de

Ralf Donat

begleitet seit 1991 die Entwicklung der Bergbaufolgelandschaft in der Niederlausitz und ist seit 2005 in der Heinz Sielmann Stiftung Leiter von Sielmanns Naturlandschaft Wanninchen. Er hat für dieses Buch alle Texte über Wanninchen (Landschaftsbeschreibung, Käfer an alten Eichen, Vögel, Kraniche, Wölfe, Moorschutz) sowie die Kapitel über Amphibien und Reptilien beigesteuert.
Fotokürzel: RD
Kontakt: ralf.donat@sielmann-stiftung.de

Jörg Fürstenow

ist in der Heinz Sielmann Stiftung für Flächenmanagement und ökologisches Monitoring zuständig. Seit Ende der 1980er-Jahre verfolgt er die Entwicklung der Döberitzer Heide. Seine langjährige Erfahrung aus vegetationskundlichen und faunistischen Kartierungen ist in viele Abschnitte dieses Buches prägend eingeflossen; er hat außerdem den Text über die Flechten verfasst.
Fotokürzel: JF
Kontakt: joerg.fuerstenow@sielmann-stiftung.de

Tim Funkenberg

ist Diplom-Biogeograph mit besonderem Interesse an der Avifauna. Seit 2017 ist er für die Heinz Sielmann Stiftung in den Aufgabenbereichen ökologisches Monitoring, Landschaftspflege und Verkehrssicherung tätig. Er schrieb die Beiträge über die Vögel der Sandheiden und der Röhrichtzonen.
Fotokürzel: TF
Kontakt: tim.funkenberg@sielmann-stiftung.de

Dr. Jörg Müller

Biologe, hat seine Tätigkeit bei der Heinz Sielmann Stiftung als Projektmanager von Natec (Natur und Technik in der Kyritz-Ruppiner Heide) Anfang 2018 aufgenommen. Aus seiner Feder stammen die Beiträge über die Tangersdorfer Heide, Moose, Pilze, Neophyten, Wildschweine und den Schlammpeitzger; auch weitere Abschnitte zu Vegetation und Landschaftspflege hat er entscheidend mitgestaltet.
Fotokürzel: JM
Kontakt: joerg.mueller@sielmann-stiftung.de

Peter Nitschke

Diplom-Forstingenieur (FH), ist seit 1999 an verschiedenen Standorten der Heinz Sielmann Stiftung tätig und leitet Sielmanns Naturlandschaft Döberitzer Heide. Seine langjährige Erfahrung und Begeisterung für die großen Säugetiere kommen in seinen Texten über Wisente, Przewalski-Pferde und Rotwild zum Ausdruck.
Fotokürzel: PN
Kontakt: peter.nitschke@sielmann-stiftung.de

Dr. Matthias Wichmann

ist Biologe und Leiter von Sielmanns Naturlandschaften Brandenburg. Seit Anfang 2017 ist er für die Heinz Sielmann Stiftung tätig. Er verfasste die Beiträge über Besenheide, Bauernsenf und Binnensalzwiesen und wirkte an weiteren Abschnitten über Vegetation und Landschaftspflege mit.
Fotokürzel: *MW*
Kontakt: matthias.wichmann@sielmann-stiftung.de

Ein herzlicher Dank gilt allen Fotografen, die uns Bilder zur Verfügung gestellt haben:
Udo Rothe (UR) vom Schlammpeitzger, Gerald Lemke (GL) von einem Ziegenmelker, Claudia Donat (CD) von Besuchern in Wanninchen, G. Engelmann (GE), Olaf Göpfert/Peter Budke (OG/PB), Thomas Stefan (TS) und Dr. Waltraud Zimmermann (WZ) von Wisenten und Przewalski-Pferden, Thomas Machowina (TM) von Rotwild, Petra Kohtz (PK) von Wölfen und ganz besonders Mathias Putze (MP) mit mehreren Aufnahmen von Vögeln.

Nachhaltigkeit bei oekom

Die Publikationen des oekom verlags ermutigen zu nachhaltigerem Handeln: glaubwürdig & konsequent – und das schon seit 30 Jahren!

Bereits seit 2017 verzichten wir bei den meisten Büchern auf das Einschweißen in Plastikfolie. In unserem Jubiläumsjahr machen wir den nächsten Schritt und weiten den Plastikverzicht auch auf alle ab 2019 erscheinenden Hardcover-Titel aus.

Auch sonst sind wir weiter Vorreiter: Für den Druck unserer Bücher und Zeitschriften verwenden wir vorwiegend Recyclingpapiere (mehrheitlich mit dem Blauen Engel zertifiziert) und drucken mineralölfrei. Unsere Druckereien und Dienstleister wählen wir im Hinblick auf ihr Umweltmanagement und möglichst kurze Transportwege aus. Dadurch liegen unsere CO_2-Emissionen um 25 Prozent unter denen vergleichbar großer Verlage. Unvermeidbare Emissionen kompensieren wir zudem durch Investitionen in ein Gold-Standard-Projekt zum Schutz des Klimas und zur Förderung der Artenvielfalt.

Als Ideengeber beteiligt sich oekom an zahlreichen Projekten, um in der Branche einen hohen ökologischen Standard zu verankern. Über unser Nachhaltigkeitsengagement berichten wir ausführlich im Deutschen Nachhaltigkeitskodex (www.deutscher-nachhaltigkeitskodex.de). Schritt für Schritt folgen wir so den Ideen unserer Publikationen – für eine nachhaltigere Zukunft.

Dr. Christoph Hirsch
Programmplanung und
Leiter Buch

Anke Oxenfarth
Leiterin Stabsstelle Nachhaltigkeit